东 北 农 业 大 学
现代农业发展研究中心　农村合作经济丛书
农村合作经济创新团队

农民用水合作组织：成员行为、组织绩效与激励机制

颜　华　著

中国农业出版社
北　京

农村合作经济丛书
编 委 会

主　任： 郭翔宇

副主任： 胡胜德　颜　华　张　梅

委　员： 乔金友　李　丹　余志刚

王颜齐　齐　力　王　勇

马玉波　刘永悦　刘雨欣

李德丽　费佐兰　胡　月

本书得到下列基金项目资助：

国家社会科学基金项目“粮食主产区农民用水合作组织的成员行为选择及其激励机制构建研究”（14BJY092）

前 言

2016年4月24日，习近平总书记在黑龙江省考察时指出，农业合作社是发展方向。早在十年前，时任浙江省委书记时，习近平就指出，发展农村新型合作经济，是促进现代生产要素投入农业和现代生产方式改造农业、促进现代农业发展的一个重要选择；是在坚持和稳定农村基本经营制度的基础上，进一步推进农业经营体制创新，完善农村生产关系的一项重要举措；是政府转变农业管理职能，有效落实对农业农村的支持保护政策的一种有益尝试。在2006年12月19日召开的浙江省发展农村新型合作经济工作现场会上，习近平强调，把建立和发展农民专业合作、供销合作、信用合作"三位一体"的农村新型合作经济，作为推动现代农业发展的重要举措，使这项工作成为解决"三农"问题的一个重要途径。

我国农村新型合作经济，是在农村改革之后发展起来的，作为其主要组织形式的农民专业合作社是在20世纪90年代初开始出现的。2007年，《中华人民共和国农民专业合作社法》颁布实施之后，农民专业合作社步入快速发展轨道。截至2017年7月底，全国在工商部门登记的农民专业合作社达到193.3万家，入社农户超过1亿户，约占全国农户总数的46.8%。农民合作社业务范围涵盖粮棉油、肉蛋奶、果蔬茶等主要产品生产以及农机、植保、水利、资金、信息、旅游休闲农业等多个领域，并展现出股份合作、资金互助合作、农民用水合作、合作社再联合等多种组织形式。农民专业合作社，作为重要的新型农业经营主体和农业社会化服务主体，在农业现代化过程中做出了重要贡献，特别是在促进农业规模经营、推动农业供给侧结构性改革、带动农民收入增长中发挥着越来越突出的作用。

东北农业大学作为国家"211工程"重点建设大学和"双一流"建设高校，坚持立足"三农"，面向全国，积极服务国家和地方现代农业建设和农村发展与乡村振兴的办学定位，所属相关学院积极从事涉农人才培养、科学研究和社会服务工作。其中，经济管理学院一直重视农村合作经济发展的理论和政策研究，早在1997年就在农业经济管理学科下设立农村合作经济研究方向，招收硕士研究生，2000年招收博士研究生，2003年招收博士后研究人员。截至目前，先后有3名博士后研究人员、9名博士研究生、32名硕士研究生完成或正在进行农村合作经济领域的博士后工作报告和学位论文研究工作。1998年，东北农业大学成立农村经济与社会发展研究中心，下设农村合作经济研究所。2004年，研究中心入选黑龙江省哲学社会科学研究基地，2007年入选黑龙江省普通高校人文社会科学重点研究基地，2017年入选黑龙江省重点培育智库。2012年，东北农业大学农村合作经济与现代农业发展创新团队入选黑龙江省高等学校哲学社会科学创新团队。在过去的20年时间里，东北农业大学农村合作经济团队先后主持完成国家社会科学基金项目、国家自然科学基金项目、国家软科学计划研究项目和教育部、农业农村部及黑龙江省各类科研课题50余项，发表相关领域学术论文100余篇，获黑龙江省社会科学成果奖10余项。

本套丛书是本团队主要成员郭翔宇、胡胜德、颜华、张梅四位教授长期研究的成果，包括《农村合作经济：组织、效率与国际比较》《农产品供应链与农民专业合作社绩效优化研究》《农民专业合作社规范运营与创新发展研究》《农民用水合作组织：成员行为、组织绩效与激励机制》《农机合作社运营效率与治理机制研究》《黑龙江省农民专业合作社示范带动效应研究》等六部专著。其中，《农民用水合作组织：成员行为、组织绩效与激励机制》是颜华主持的国家社科基金项目的成果。

本书分为两部分：综合篇与专题篇。在综合篇中，从成员行为选择角度对农民用水合作组织的发展进行了研究。在对文献梳理及概念界定的基础上，分析了粮食主产区农民用水合作组织的历史沿革、发展现状、运行方式与主要困境，并对其组织绩效进行了评价，在此基础上分析了粮食主产区农民用水合作组织的成员行为选择的主要特征及其影响效应，明确了农户行为选择的关键性制约因素，进而构建了合理、有效的激励机制，并提出了相关政策。在专题篇中，对黑龙江省农民用水合作组织发展的制约因素、黑龙江省农民用水合作组织的运行机理及龙凤山灌区农民用水合作组织运行机制等问题进行了研究。

本研究的重要内容及主要观点如下:

1. 粮食主产区农民用水合作组织的绩效整体较高,但仍有近30%的农民用水合作组织绩效有待提高,而在对其绩效的影响因素分析之后,认为是否有产权、灌溉水分生产率、单位面积灌水量、是否有专人维护、水费收取率、财务公开次数、灌溉用水充足比例、是否民主决策、是否有完善的机构设置、单位灌溉用水收益等指标对粮食主产区农民用水合作组织绩效的影响最大。

2. 农民用水合作组织中成员的行为包括灌溉行为、决策行为、缴纳水费的行为以及参与管理的行为,从总体上来看,这些行为“搭便车”的倾向明显。而成员在进行行为选择时体现出了明显的趋利性、盲目性、消极性及矛盾性的特征。通过规范分析及博弈分析可知,农民用水合作组织中成员的行为选择——合作或是“搭便车”行为对用水户、农民用水合作组织及政府政策制定都有重要影响。

3. 粮食主产区农民用水合作组织成员行为选择受成员个人特征、成员经营特征、成员心理认知以及农民用水合作组织制度建设等因素的影响。通过研究发现,成员的文化水平、成员的灌溉面积、成员的灌溉方式、成员对农民用水合作组织的了解程度、成员对农民用水合作组织成立必要性的认识、成员加入农民用水合作组织后上交水费变化以及灌溉资金投入的变化、成员对农民用水合作组织的满意度、成员加入农民用水合作组织的方式以及用水户代表产生方式等因素对农民用水合作组织的成员行为选择具有显著性影响。

4. 从内部激励与外部激励入手构建了促进用水户选择合作行为的激励机制。从外部激励来看,要重点构建“政府补助与项目审核相结合”的资金投入机制、“明确地位与规范运行相统一”的法律监督机制、“逐渐放权与引导发展相协调”的政策扶持机制;从内部激励来看,要重点构建“所有权不变、经营权灵活承包转让”的灌溉设施产权机制、建立“水利工作站+用水户小组”逐级管理的设施管护机制、“用水户小组会议+用水户代表大会+董事会”的三级决策机制、“以量计费、梯级水价”的灌溉用水管理机制、“合作组织理论宣传+灌溉用水技能培训”的成员培养机制。

5. 要保证构建的激励机制有效运行，需要政府的扶持和提高农民用水合作组织自身的发展能力。首先，政府应该适度放权，减弱对农民用水合作组织的行政控制性，实施“多予、少取、放活”的措施，加大对农民用水合作组织的扶持力度；其次在自身能力建设上，农民用水合作组织应该从经济来源、组织建设、成员管理和经验借鉴上增强独立发展的能力，要加强对农民用水户的培训，并积极借鉴国内外的先进发展经验，实现市场化的发展，提高成员的满意度，推动成员在农民用水合作组织中积极合作。

目 录

专 题 篇

综　合　篇

1 引 言

1.1 本课题研究的背景与意义

1.1.1 研究背景

中国的农民用水合作组织成立得比较晚，发展过程可以概括为三个阶段。第一个阶段是中国在 1985 年正式加入了亚洲开发银行，1988 年亚行对于灌区的技术援助项目《改进灌溉管理与费用回收》在中国启动，在中国的几个灌区内开始研究如何改进灌区的管理和费用征收的办法，在对内蒙古、山东、陕西、四川、浙江和江苏等省灌区调研的基础上，提出了将农户吸收参与灌区灌溉管理中的建议。第二个阶段是 1995 年以后，在世界银行的贷款支持下建立起来了我国长江流域的水资源开发项目启动，引入“经济自立性灌区”（SIDD）的概念，并在湖南省的铁山灌区以及湖北省的漳河灌区进行试点。但在推行过程中和我国实际不太相符。因为我国水利管理部门和行政部门的联系很强，所以在实际执行过程中，我国部分学者提出“经济自主灌排区”的概念，强调灌排区不一定经济自立，还是要国家投入一部分管理经费，但强调自主管理。于是进入理念引入的第二个阶段，就开始越来越强调建立用水户协会。第三个阶段是 1995 年 6 月我国的第一个农民用水户协会正式成立——湖北的漳河三干渠洪庙支渠。湖南铁山灌区之后成立了“铁山供水公司”，以此来对灌区内干渠以上工程渠系进行统一的管理，不仅是针对农民用水户，还包括企业用水户来积极推行成立经济自立灌区。据水利部统计，全国的农民用水户协会已达 2 万多家，管理灌溉面积近 1 亿亩[①]，其中大型灌区内成立了 9 500 家，管理的灌溉面积达到 6 000 万亩。全国农民用水户协会的发展并不平衡。中部和西部地区的农民用水户协会发展较快，东部地区的协会却发展较慢；北方地区的农民用水合作组织发展得较快，而南方地区的发展较缓慢；水资源不足的地区用水户协会发展较快，而水资源相对丰富的地区用水户协会发展得较慢；对灌区实施改造的地方发展得较快，而未实行灌区改造的地区发展得较

① 亩为非法定计量单位，1 亩≈667 平方米。下同

慢。同时，农民用水合作组织发展的组织系统不完善，运行机制不健全，这些问题的存在阻碍了农民用水合作组织的快速发展。

粮食主产区在保障全国粮食安全中占有重要的战略地位，而其粮食产量在很大程度上取决于水资源及其利用与管理。用水户参与灌溉管理，发展农民用水合作组织是提高水资源利用与管理效率的有效途径。我国从 1995 年开始在湖南、湖北省成立第一批农民用水合作组织，目前其发展已进入实质性的推进阶段，主要表现形式为农民用水户协会、水利合作社、灌溉合作社。由于农田水利的公共品属性，成员在使用过程中经常出现道德风险及“搭便车”等行为，从根本上制约了农民用水合作组织的发展。本研究正是基于农民用水合作组织成员行为选择及其激励机制构建角度深入研究其发展问题，这有利于从根本上抓住农民用水合作组织发展的关键性制约因素和解决途径，是一个具有重要理论意义和应用价值的现实课题。

1.1.2 项目研究的意义

2004 年以来，有 6 个“中央 1 号文件”提到农民用水合作组织在农业生产中的作用，并提出要发展农民用水合作组织，国内农民用水合作组织在实践发展上已进入推进阶段，目前全国农民用水合作组织达 7.8 万个，管理灌溉面积 3 亿亩，占全国有效灌溉面积的 34%，有效地保证了粮食主产区粮食产量及国家粮食安全。但整体来看，农民用水合作组织的发展并不规范，其成员的行为选择从根本上制约了农民用水合作组织的发展。本课题正是以此为切入点，分析农民用水合作组织成员行为选择的动因、影响及其制约因素，并提出构建改善成员行为选择的激励机制，具有较强的理论价值与现实意义。

（1）深化和丰富了农民用水合作组织相关理论研究的主题与视角。我国学者对农民用水合作组织的研究主要集中在其现状与问题分析、绩效评价与提升、制度建设等方面，对于参与式管理的主体——成员的行为和意愿研究很少，而这是决定农民用水合作组织持续发展的关键因素。本课题的研究是从成员行为选择角度研究农民用水合作组织发展问题，深化和丰富了农民用水合作组织相关理论研究的主题与视角。

（2）尝试构建改善成员行为选择的激励机制并提出其有效运行的政策与措施，为政府管理部门政策安排提供智力支撑。本研究主要针对粮食主产区的农民用水合作组织进行调查研究，通过对成员行为选择所做出的分析，拟建立一种从内外部激励改善农民用水合作组织成员行为选择的机制，不仅能为农民用水合作组织的良性运行提供建议，还可以为相关管理部门提供政策性的参考。

1.2 国内外文献综述及相关研究进展

1.2.1 国外研究动态

农民用水合作组织最早源于国外的参与式管理，这种合作形式在国外主要体现在农民用水户协会（WUAs）的运行上。因此在理顺国外学者对农民用水合作组织的研究时，主要包含对农民用水户协会（WUAs）的研究。

1. 农民用水合作组织成立的目的和必要性

John Duewel（1984）对爪哇的农民灌溉工程进行研究，发现爪哇的农民用水户协会成立的目的是为了减轻人口增长对自然资源造成的压力，为了减小这种压力，提高水资源的使用效率，必须进行组织结构调整。Reddy，V Ratna，P Prudhvikar Reddy（2002）指出印度的农民用水者协会成立的目标是发挥最大的灌溉潜力，确保公平和可信赖的水资源供给，提高现存灌溉网络的运行效率。Colvin J（2008）指出南非的农民用水户协会成立的目标是协调农民之间的参与机制，这种参与机制要处理好包括当地政府的更广泛的所有者利益。Jusipbek Kazbekov（2009）指出灌溉组织成立的首要目标是提供有效的水资源管理，农民用水户协会也一样，必须满足这个目标，才有存在的必要性。他通过对吉尔吉斯斯坦的农民用水户协会进行研究，认为该地区的农民用水户协会已经实现了解决水资源分配问题的功能。Jacob W. Kijne（2001）认为水资源的短缺导致许多国家的水资源管理由以供应为基础的灌溉管理向以需求为基础的灌溉转变，这种转变需要制度变革，包括农民用水户协会的组建，用水户协会是水资源综合管理发展的一个重要步骤。Boniface P. Kiteme，John Gikonyo（2002）提出在不同的用户对水资源需求不断增长、雨水和地下水等替代资源昂贵、河水资源日益减少的背景下，农民用水户协会被认为是解决这些短缺冲突与用水矛盾最有效的措施。Murat Yercan（2003）指出在过去的公共干预下，水资源管理已出现制度成本和信息的问题，他认为将农业用水管理从国家转移给农民用水户协会、合作社等是农业用水管理改革的最好办法。J. Raymond Peter（2004）指出农民用水户协会的优势在于能够将资金、劳动力等要素有效地结合，从而更好地满足用水户的需求，提高农户的生产效率。A. Mohsen Aly，Y. Kitamura，K. Shimizu（2013）通过比较加入与未加入农民用水户协会的用水户的做法，以及斗渠的改进水平，发现农民用水户协会对斗渠的改进管理起到积极作用。

2. 农民用水合作组织的运行效果和绩效评估

Solanki，A S、Singh，C P（2003）通过对印度 Som Kadgar 部落的研究得出，农民用水户协会成立后，该地区的粮食产量有了大幅度提高，如玉米产量由 429 千克/公顷增加到 825 千克/公顷，小麦的产量从 612 千克/公顷增加到 1412 千克/公顷，每家农户的收入由 17 196 卢比增加到 26 671 卢比，另外，农民用水户协会的成立解决了农户内部的用水冲突问题。Murat Yercan · Ela、Atis · H. Ece Salali（2009）将土耳其的农民用水户协会（WUAs）与合作社进行绩效比较，采用的指标有水费收集率、成本恢复、会议参与度及灌溉强度等，他发现，农民用水户协会的绩效优于合作社的绩效，也就是说在灌溉管理方面农民用水户协会有更大的优势。Aeschbacher 等（2005）指出，农民用水户协会一直在水资源分配和缓和不同所有者之间冲突过程中发挥重要作用。Nicolas Faysse（2012）认为，墨西哥大部分的农民用水户协会在小范围的灌溉工程中发挥积极的作用，因此他主张在农业灌溉中应积极倡导家庭的参与。Jusipbek Kazbekov（2009）对吉尔吉斯斯坦的农民用水户协会的绩效进行评估，结果显示，农民用水户协会有效地提高了水资源分配的公平性，同时他认为农民用水户协会应该加强对农民和管理者的培训，来增强他们共享水资源的能力。Cengiz Koç（2005）构建了 12 个财务指标来衡量和评估用水户协会的财务绩效，得出应仔细监控与影响因素值相差较大的财务指标，从而提高用水户协会的财务管理水平及其可持续性。Cetin Kaya Koc，Kadir Ozdemir，A. K. Erdem（2006）设计了用于评价用水户协会运营管理、操作和维护的绩效水平的调查问卷，采用随机抽样方法抽取了部分用水户，得到用水户的普遍观点是，用水户协会的灌溉基础设施的完好率对于用水户协会产生了非常积极的影响。Jusipbek Kazbekov，Iskandar Abdullaev，Herath Manthrithilake，Asad Qureshi，Kakhramon Jumaboev（2009）利用充足性、有效性、可靠性和公平性 4 个方面指标来对农民用水户协会进行评价，结果表明，所有用水户协会的充足性和效率都是强有力的，而对于可靠性和股本两方面的表现较差。Frija Aymen，Speelman StijnChebil Ali，Buysse Jeroen，Van Huylenbroeck Guido（2009）首先运用数据包络分析（Data Envelopment Analysis，DEA）模型评价农民用水户协会的管理效率和工程效率，再采用 Tobit 模型对关键技术和组织决定进行评价，结果显示，用水户协会的低效率与其效率低下的内部管理和运作支出挂钩，而不是工程效率的低下。Bekir S. Karatasa，Erhan Akkuzub，Halil B. Unalb，Serafettin Asikb，Musa Avcib（2009）利用卫星遥感技术，根据整体消费比率、相对供水、贫化馏分、作物水分亏缺和相对蒸散这 5 个指标评估用水户协会的灌溉绩效，由所有绩效评价指标的平均值可知，所有用水户协会的灌溉绩效通常是较差的，同时，绩效指标表明，用水户协会灌溉用水的供给达不到其需求，从而得出接近水源可以是一个获得水资源的优势，当灌溉用水不足时，则可以在作物根区使用地下水。J. I. Córcoles，J. A. de Juan，J. F. Ortega，J. M. Tarjuelo，M. A. Moreno（2010）利用基准测试技术，基于不同用水户协会之间的比较，以确定最佳的实践做法，指出其差异是由于不同的作物系统、水力设计、灌溉系统、管理策略。Özlem Karahan Uysal，Ela Atş（2010）认为灌溉系统的绩效依赖于用水户协会的绩效水平，得出用水户协会绩效的效用、生产率、可持续性及金融效率指标良好，而充分性指标较差的结论，进一步提出应加强控制以及提高农民的教育水平。Aymen Frija，Jeroen Buysse，Stijn Speelman，Ali Chebil，Guido Van Huylenbroeck（2010）主要研究了规模效应对于用水户协会绩效的影响，他们运用数据包络分析模型量化了用水户协会的规模效率和规模弹性，结果表明，规模效率达到高水平的用水户协会的输出空间（水的体积分布和灌溉管理的公顷数量）是高度多样化，并且 41%的用水户协会是规模收益递减的，16%的用水户协会是规模收益不变的，43%的用水户协会是规模收益增加的，因此，得出了规模的定位是根据输出密度而不是输出大小的结论。Sauer Johannes，Gorton Matthew，Peshevski Mile，Bosev Dane，Shekerinov Darko（2010）从成员参与率、成员满意度和支付行为三个方面进行用水户协会的绩效评价，分析表明，成员参与率和满意度与农场大小呈正相关，成员满意度和支付行为与社会资本的结构和关系维度密切相关，尤其是与用水户协会高级管理人员的被信任程度和资源利用的透明程度相关，可以看出，当地因素的重要性决定了用水户协会的成功。

3. 农民用水合作组织的水资源管理

Awan，Usman Khalid 等（2011）对中亚的农民用水户协会的土地和水资源进行了研究，研究中显示，农民用水户协会管理的水资源存在 2%的渗漏损失，他认为，造成这种现象的原因主要是过度的水资源供给和对潜在地表水供给的低估。因此他主张，要改变过去那种不切实际的水资源运输效率的估计，采取合理的限额管理。Dono，Gabriele（2010）在欧盟成员国被要求实施有效率的水资源管理系统，采用合理的水资源定价方法时，他对农民用水户协会的水价制定问题进行研究，将两种水价制定办法进行比较：一种是用仪表测量农场的用水量，另一种是以区域面积为定价基础。他通过比较两种方案的经济效率和对水资源使用的影响，最后提出用仪表测量用水量这种方法会激励水资源替代物的产生，还会恶化农民用水户协会的财务状况，对环境造成消极的影响。Dono，Gabriele 等（2012）在 2010 年研究的基础上，进一步研究欧盟成本回收与经济效率两个指导性框架之间的冲突，他提出了一个由两部分组成的支付系统，即一个是与土地面积相关的费用，另一个是考虑到灌溉强度的费用。结果显示，这个支付系统有明显的效果：成本回收率更高，水资源使用量降低。这个支付系统对协会而言并不是很昂贵。因此，农民用水合作组织在管理水资源时，要采用限额管理的方法，合理制定水价，既要实现水资源合理利用，也要实现农民用水合作组织的可持续运行。

4. 农民用水合作组织的运行管理

Dominic Stucker（2012）对中亚的农民用水户协会进行了研究，他指出农民用水户协会应该是一个非商业和非盈利的机构，在这个机构中农民应该定期开会，对协会的经营发展计划做出决策。Klaartje Vandersypen（2008）指出在农民用水户协会进行水资源管理的过程中对农民进行培训是很有必要的。Yukio Tanaka、Yohei Sato（2005）对日本土地改良区的农民用水户协会组织运行进行了调查，他发现，在诸多因素中，公正对农民用水户协会的可持续发展有重要影响。Joost Wellens（2013）认为，由于农民用水户协会成员缺乏必要的教育，在农民用水户协会发展过程中需要有政府管理的介入。因此，农民用水户协会应加强对农民进行培训，其发展需要有政府管理的介入。

5. 关于用水户行为的研究

Yakubov Murat，Hassan Mehmood（2007）分析了用水户参与农民用水户协会前后态度、知识及观点的变化，有明显的迹象表明，由于用水户参与协会的管理、规划、运作及决策，这对用水户的态度、行为、能力和技能产生了积极的影响，大大增加了用水户的社会资本。Johnson Sam H III，Stoutjesdijk Joop（2008）认为用水户没有参与协会管理的经验，为了确保用水户的有效参与，则需要形成覆盖中央、省、区的农民用水户协会支持单位体系，从而为用水户提供培训工作和技术人员支持。Matthew Gorton，Johannes Sauer，Mile Peshevski，Dane Bosev，Darko Shekerinov，Steve Quarrie（2009）对农民用水户协会会员的支付行为进行了实证分析，结果表明，关键的决定因素包括会员的满意度、协会行为的透明度与受信任程度、成本回收率、农场规模大小和灌溉成本。

1.2.2 国内研究动态

我国的农民用水户协会（WUA）在世界银行项目的推动下于1995年逐渐发展起来，国内学者也随之对其展开了研究，目前，国内学者对农民用水户协会的研究主要集中在农民用水户协会发展的现状及问题分析、运行的模式、运行的绩效、可持续运行及制度构建等方面。

1. 农民用水合作组织的发展现状和问题研究

即以某一区域为例透视农民用水户协会的发展及其存在的主要问题，如立法缺失、管理费用不足、政府扶持力度不够等，并提出改善用水户协会经营机制、明确产权主体、准确政府定位等方面提出了建议。贺雪峰（2010）对我国成立最早的张庙农民用水户协会进行研究，他指出农民用水户协会在发展过程中存在“水土不服”的现象，原因有：一是中国的小农经济模式，耕地分散，难以建立有效率的小水利；二是中国农村开放性强，难以制裁违规者；三是与西方国家的社会不同，基层组织比农民用水户协会更适合本土实际；四是农民的个体理性强。因此他认为，中国农田水利建设的方向是重建农村基层组织体系，而不是照搬世行推荐的所谓农民用水户协会。辛建军（2009）对陕西陇县的农民用水户协会进行了调查，他指出农民用水户协会的组建为灌区的灌溉管理工作起到了示范作用，但也存在一些实际问题，如协会管理费用不足，难以维持运作，政府扶持力度不够，不重视协会的发展等，它所描述的现象也正是在全国普遍存在的问题。李远华（2009）指出我国已经成立的农民用水户协会中有1/3能够良性运行，1/3能够勉强支撑，剩下的1/3运行状况差，有的甚至“有名无实”。他认为农民用水户协会的努力方向是：一是积极争取加大投入；二是以用水管理为中心，提高灌溉效率；三是加强能力建设；四是加强农户的参与度。邵龙、张忠潮（2013）从制度障碍角度研究我国农民用水户协会存在的问题，他们认为农民用水户协会目前存在立法缺失、法律主体地位不明确；运行中所依靠的小型农业水利设施产权制度有缺陷，产权主体不明确；行政色彩浓重，制度创新的阻碍较大等是发展中遇到的主要问题。要改变这些障碍，政府的作用和定位很重要。蔡晶晶（2012）从乡村水利合作建构的三种制度途径——科层建构、交易建构、社会建构出发，研究乡村水利合作出现困境的深层障碍。她指出，用水户协会目前面临科层化、缺乏激励与组织失效的问题，因此从市场逻辑、组织逻辑和社会逻辑分别构建可以改善用水户协会经营的机制。张慧等（2014）在研究农民用水户协会发展存在的问题时，着重强调了干部及群众对协会没有深刻的认识，没有形成一种全力支持和积极参加协会工作的良好氛围。由金玉（2007）分别从农民用水户协会的组建、运行管理的角度，归纳了农民用水户协会存在的若干问题，如，组建方面有宣传培训不到位、组建程序不规范、接收渠系破损严重等问题，运行管理中出现产权不明晰、维修资金不足、“四到户、一公布”落实不够等问题。赵飞、赵春成（2009）通过对吉林省农民用水户协会的实地调查，发现各地普遍存在协会法律地位不明，民管水利工程供水水价不到位，农民用水户协会缺乏规范化管理，民办工程产权不明晰等诸多问题。秦静茹（2010）认为农民用水户协会在取得良好效果的同时仍存在诸多问题，例如，部分灌区对农民用水户协会的组建认识不足，目前关于农民用水户协会的理论、政策不够完善，农民用水户协会存在民主管理制度不健全等问题。李德丽、余志刚、郭翔宇（2012）通过梳理黑龙江省农民用水合作组织的发展过程及特点，发现农民用水合作组织主要存在地位没有得到充分肯定、独立性较差、用水户参与管理较少、组织形式单一的问题。

2. 农民用水合作组织的运行模式研究

罗斌、梁金文（2007）指出以支渠水文边界为单元成立农民用水户协会、以村委会为单位成立协会分会、以乡镇行政区域为单位成立协会监事会的“三位一体”的管理新模式是农民用水户协会健康发展的重要基础。这三级组织相互制约，相互促进，相互监督。柴盈（2013）从激励与协调视角对灌区实质性WUA、名义型WUA1、名义型WUA2三种模式的WUA管理效率进行了研究，三种模式分别为实质型WUA（源于公共部门和宗族都支持而形成的）、名义型WUA1（仅仅公共部门一方愿意，宗族并未提供支持）、名义型WUA2（公共部门和宗族都不支持）。他通过采用DEA模型对三者效率进行比较，发现三者的管理效率实质型WUA＞名义型WUA1＞名义型WUA2。因此，他指出，公共部门与宗族之间的治理关系对农民用水户协会的发展很重要。王雷（2005）对两种世行模式与非世行模式的农民用水户协会发展进行了比较。他指出世行模式的前期投入与政府支持在其他灌区难以实现，因此，他主张在发展WUA时要结合当地的实际情况，从实际需要出发，不能套用一成不变的模式。姜东晖、胡继连（2007）对山东省SIDD管理模式进行了调查研究，他认为这种管理模式提高了灌区管理效率，但需要政府更多的扶持，还需要明确政府的角色定位。何寿奎等（2015）对目前农民用水户协会管理的模式进行了比较，他认为，经济自立灌区SIDD的管理模式可以充分调动农民参与的积极性，但是在管理责任上很难界定；而政府主导自上而下的用水户协会行政色彩过于浓重，农户参与管理名存实亡；“中继者”角色的用水协会管理的规章制度不健全，跨区域协调困难；政府推动下的农民用水户协会对政府资金支持过于依赖，难以长久发展。应若平（2006）详细介绍了湖南省铁山灌区灌溉管理改革模式，指出了铁山灌区是“供水公司＋农民用水户协会＋用水户”的末级渠系管理模式。曾桂华（2010）指出在农民用水户协会的建设过程中，要区别不同的地理、经济和社会状况，选择不同的灌溉模式，以山东省农民用水户协会参与灌溉管理为例，根据农民用水户协会与供水公司的关系总结出“供水公司＋农民用水户协会＋用水户”“农民用水户协会＋用水户”和完全转让给农民用水户协会三种灌溉模式；根据农民用水户协会成立的背景总结出政府主导的农民用水户协会、群众自愿组成的农民用水户协会、项目带动组建的农民用水户协会和通过农业公司组建的农民用水户协会四种灌溉模式。李德丽（2013）通过比较黑龙江省现有农民用水合作组织的发展模式，总结其存在的问题，提出了四种适合的运行模式："水管部门＋供水机构＋农民用水合作组织＋用水户"模式、"水管部门＋供水公司＋农民用水合作组织＋用水户"模式、"水管部门＋农民用水合作组织＋用水户"模式、"农民用水合作组织＋用水户"模式。何寿奎、汪媛媛、黄明忠（2015）从自主治理的视角，概括了农民用水户协会的运行管理模式，包括经济自立灌排区管理模式、政府主导"自上而下"的农民用水户协会、"中继者"角色的农民用水户协会和政府推动下的农民用水户协会。

3. 农民用水合作组织的运行绩效研究

农民用水合作组织在降低灌溉成本、提高水资源利用效率、保证灌溉用水及水利设施维护上效果显著。方凯、李树明（2010）对甘肃省农民用水户协会的绩效进行了评价，他们从妇女参与率、水费收取率、维护渠系费用的增加幅度方面对甘肃省30个协会进行比较，他认为农民用水户协会成立后，支、斗渠以下工程维修及时、灌溉效率得以提高，农户节水意识增强、灌溉成本降低、水资源利用率提高，农户参与意识增强，但各协会运行绩效不同，因此在今后发展中要因地制宜，规范农民用水户协会的运行。张自伟、张启敏（2009）采用AHP方法对青铜峡灌区农民用水户协会的运行绩效进行分析，他指出青铜峡灌区的农民用水户协会发展尚处于探索阶段，发展较好的农民用水户协会数量有限，因此在今后长期发展中，要注重可持续发展。赵永刚（2007）对渭河流域农民用水户协会的绩效进行研究，他指出，农民用水户协会的成立有效解决了灌区田间工程有人用、无人管的问题，增强了农民的民主管理意识，改进了工程维护和田间灌排服务，促进了节约用水。高雷、张陆彪（2008）对湖南省铁山南灌区的10个农民用水户协会进行调查分析，他认为农民用水户协会的成立对农户的生产、保证灌溉用水和水利设施维护上有明显作用。郭玲霞（2014）对农民用水户协会在水资源管理方面的绩效进行了研究，他指出用水户协会在提高农业生产效益和水资源可持续使用方面普遍性强，在山区地区的协会更加注重农田水利设施中的供水设施建设，突出强调了平原地区的农民用水户协会在水资源供给和日常灌溉管理具有显著的优势。张陆彪、刘静、胡定寰（2003）发现农民用水户协会在解决水事纠纷、节约劳动力、改善渠道质量、提高弱势群体灌溉水获得能力、节约用水、保证水费上缴和减轻村级干部工作压力等方面绩效水平显著。王建鹏、崔远来、张笑天、杨平富、郑国、程磊（2008）以农民用水户协会、协会范围内村组、协会范围内用水户、非协会范围内村组、非协会范围农户、与用水户协会相关的管理单位为研究对象，对比分析了农民用水户协会的绩效水平，总的来讲，农民用水户协会的建立已取得了许多明显的成效。杨海燕、贾艳彬（2009）提出农民用水户协会在完善小型水利工程维修与管护、降低水费成本、改善用水效率、促进粮食增产以及增加农民收入方面的绩效突出。李鸿鹰（2010）结合农民用水户协会各年度间的纵向对比分析与农民用水户协会区域和非农民用水户协会区域的横向对比分析，发现农民用水户协会的财政绩效、工程管护绩效、农业和农户经济绩效、脱贫绩效及妇女参与管理绩效均日趋良好。陈琛、骆云中、柏在耀、冯永川、谢德体（2011）结合实地调研数据，分别从组织系统、经济系统、灌溉系统三个方面进行农民用水户协会的绩效评价，得出农民用水户协会绩效水平逐渐提高的结论。杜鹏、徐中民、唐增（2008）运用统计学手段综合评价了甘肃省张掖市甘州区农民用水户协会的运转绩效，结果显示，除了试点、示范协会以外的农民用水户协会的绩效普遍不显著。高雷、张陆彪（2008）运用针对面板数据的自然试验评估法，研究了农民用水户协会对农业生产的绩效，提出农民用水户协会值得在我国有条件的地方逐步推广。王建鹏、崔远来、张笑天、杨平富、郑国、程磊（2008）利用层次分析法和熵值法相结合确定指标综合权重，建立了基于灰色关联法的农民用水户协会绩效综合评价方法，得出湖北省漳河灌区农民用水户协会运行绩效总体偏好。张自伟、张启敏（2009）利用层次分析法建立了农民用水户协会绩效评价的指标体系及综合评价模型，其结果比较客观、全面地反映各个农民用水户协会的绩效水平，对促进灌区经济效益的提高和水资源的利用具有很大的意义。陈勇、王猛、徐得潜、程媛媛（2010）以灰色系统理论与层次分析法为理论基础，构建了农民用水户协会综合评价方法，对安徽省肥西县农民用水户协会绩效进行评价，结果为总体发展良好。方凯、李树明（2010）采用因子分析方法对农民用水户协会的绩效进行评价，并对其进行聚类，分析结果表明，30个农民用水户协会在自身发展因子方面得分存在较大差异，这也是导致其绩效差异较大的原因。周侃（2010）也采用模糊综合评价的方法进行了农民用水户协会的绩效评价，评价结果显示，33个农民用水户协会样本中，75.76％的协会处于较好等级及以上，21.21％的协会处于一般等级，只有3个协会处于较差等级，可见，农民用水户协会总体呈良好状态。程媛媛、徐得潜、王猛、陈勇（2010）运用多元联系数集对分析评价方法对农民用水户协会绩效进行综合评价，其结果表明，该方法能够很好地解决农民用水户协会绩效评价额问题。吴善翔（2012）构建了基于平衡计分卡原理的农民用水户协会绩效评价模型，明确了平衡计分卡在农民用水户协会绩效评价的适用性。黄彬彬、张晓慧（2015）首先利用平衡计分卡原理建立了农民用水户协会绩效评价指标体系，再结合层次分析法与变异系数法建立评价指标的综合权重，最后利用模糊综合评价法对农民用水户协会的绩效进行评价，结果显示，该协会绩效水平良好。

4. 农民用水合作组织的可持续发展研究

蔡晶晶（2012）对我国农民用水合作组织的制度基础进行研究，她认为农民用水户协会如果只依靠政府这一外部力量推动，形式意义大于实际效果，因此她主张将外源型合作转变为内生型合作。冯天权、刘久泉（2012）对漳河灌区的农民用水户协会的可持续发展进行了研究，他们认为要实现协会的可持续发展，需要对农户进行培训，对协会规范管理，正确处理与村委会的关系，加大政府的扶持、引导和监督。王红雨（2010）认为协会要获得可持续发展，需要参与到农业综合开发中去，在农业综合开发中建立一种激励机制，调动农民的积极性，实现“建”与“管”的有效对接，增强其规范运行和持续发展的能力。因此，要实现农民用水合作组织的可持续发展，要加大政府的扶持、引导与监督，建立激励机制提高农户参与的积极性并规范农民用水户协会管理。

5. 灌区农户行为选择研究

即从某一视角研究农户的行为博弈和行为变化，如合作行为、用水行为、灌溉技术选择行为，并分析制度环境变化、水价政策变化等对农户行为的影响，根据不同的影响程度进行制度或机制设计。杜威漩（2012）构建了农户用水行为的制度影响模型，主要对我国现行的用水制度安排对农户用水行为的影响进行了研究，他发现，不完善的农业用水制度会导致农户浪费性用水。因此他进行了制度设计，构建以农业用水量作为标准的计量管理模式和以大中型灌区农水企业和农民用水户协会为主体的双层农业水费征收制度，来改善农户的用水行为。韩青（2005）从博弈的视角对农户的灌溉技术选择行为进行分析，并分析激励机制对农户灌溉技术选择的影响，他得出结论：有效的激励机制可以增加农户选择先进节水技术的预期，增加节水灌溉技术的供给。葛颜祥、胡继连（2003）对不同水权制度下农户的用水行为进行比较，他认为，只要给予农户相应的节水鼓励，就会改善农户的用水行为。他发现，可交易水权制度安排会形成农户节水的强大内部驱动力，而有限水权交易制度安排下，农户用水行为改变要依赖于水权的初始分配合理性。韩洪云、赵连阁（2002）对灌区农户合作行为进行研究，他构建了农户合作行为的经济模型，发现作为理性经济人，一个人预期他人供给的物品多，自己就会供给较少的物品，存在“搭便车”的心理。他还发现，影响灌区内的农户选择合作行为的内生性因素主要包括农户自身的收入水平以及农户所处的地理环境，外生性因素主要包括私人物品以及公共物品二者消费的相对重要性及公共物品的价格。他认为如果要促进灌区管理的合作化，政府应该在用水的补偿机制、成员的合作规则及政府的政策扶持方面进行改进。赵丽娟、乔光华（2008）以内蒙古自治区3个旗、县、区的农户为调研对象，对农户加入用水户协会的诱因进行了实证研究，结果表明，提高灌溉效率和改善灌溉面积，增加农民收入是最主要的原因。年自力、郭正友、雷波、刘钰（2009）根据新疆和云南144户农户的调查，从家庭特征、水费支出情况、水费承受能力、水价浮动的反应等几个方面分析了用水户面对不同水价政策变动的态度和应对措施，认为用水户作为基本生产单位，其应对农业水价改革的决策行为是理性和利己的，所以只有在充分考虑到农户的实际反应时，国家制定的相关政策才能发挥最大的政策效应。韩青、袁学国（2011）从自然与社会环境因素、制度和经济因素、农民个人（家族）和作物特征因素3个方面建立影响农户灌溉用水行为的因素框架，结果表明，排灌系统的完善、农业生产结构的调整和水权市场的建立等因素，在一定程度上提高了农户灌溉水的利用效率。贾术艳（2015）分析了农民用水合作组织成员在灌溉、决策、缴纳水费、参与管理过程中的行为选择及行为特征，发现成员在行为选择过程中具有明显的“搭便车”倾向，表现出趋利性、盲目性、消极性及矛盾性的特征。

6. 激励机制研究

旷爱萍（2011）对广西壮族自治区农民合作经济组织进行了激励机制方面的研究，他认为，激励机制在农民合作经济组织的发展过程中，扮演着重要角色，激励机制是否完善也逐渐成为影响农民合作经济组织最为持久的因素。农民用水合作组织虽未被明确列入农民专业合作组织中，但在合作的本质上与其类似，在发展上也依赖于激励机制的完善程度。徐龙志、包忠明（2012）通过对江苏省农民合作经济组织进行调研，深入研究了农民合作经济组织的内部治理及行为激励机制，他认为社员行为激励应包括显性及隐性激励机制，从合作组织发展的周期不同来采取不同的激励机制。在合作社创始初期，应采取奉献合作的精神和政治回报的激励机制；在发展阶段，应采取公共福利激励机制；在成长阶段，应采取市场控制激励机制；在成熟阶段，应采取经济激励机制。孙越（2008）对非营利组织的激励机制进行了研究，他指出非营利组织在不能带给社员丰厚经济利益的状况下，应从激励机制入手来激励社员的行为。一是从外部环境入手完善政府的政策法规建设；二是从社会公信力入手明确组织的宗旨，提高组织的社会公信力；三是倡导组织与员工共同发展的组织文化；四是建立完善的组织薪酬制度。申喜连（2011）提出行政组织和企业组织作为社会的典型组织形式，在有效激励员工和提高组织效率的目标上具有共同性。他从分析两种组织激励机制各自存在的问题入手，提出行政组织与企业组织在激励机制借鉴上的意义。农民用水合作组织既属于非营利组织，也属于一种行政控制的组织，因此在未来发展中向企业组织方向转变迫在眉睫，在激励机制上也应借鉴于其他非营利组织和企业组织。

1.2.3　研究述评

综上，国外农民用水合作组织的发展多以自由式发展为主，学者对农民用水合作组织的研究多集中在其发展绩效和灌溉管理效率上，对水价和水权的研究以及灌溉技术采用上也具有创新之处。而我国的农民用水合作组织发展时间短，受政策环境的影响较大，因此我国学者对农民用水合作组织的研究多集中在其制度构建、发展绩效和可持续发展等方面，对更深层次的农户参与行为、产权、价格和技术应用方面的研究创新较少。因此，本书基于以上研究内容，从农户意愿和行为角度研究农民用水合作组织的发展，并为其可持续发展构建激励机制。

1.3　主要研究内容与方法

1.3.1　主要研究内容

本课题对农民用水合作组织成员行为选择的研究主要通过 8 个章节来进行，共分成 4 个部分，每一部分的具体章节研究内容如下：

（1）第一部分为基础部分，主要包括第 1 章和第 2 章。第 1 章首先对本课题的选题背景、研究的目的和意义进行阐述，然后进一步对国内外相关的研究文献进行梳理，对课题的研究结构进行罗列，陈述了研究方法，最后勾画出了课题研究的技术路线。这一部分以其他相关研究作为本研究的起点，为全文的研究奠定了研究基础；第 2 章是理论基础部分，首先对农民用水合作组织及成员行为选择进行概念界定，明确了研究的对象，然后阐述了本书研究的理论支持，包括公共产品理论、产权理论、集体行动逻辑理论、制度变迁理论等。

（2）第二部分为理论分析部分，研究了粮食主产区农民用水合作组织的发展及成员行为选择的特征及影响，包括第 3、4、5、6 章。在实地调研的基础上，对粮食主产区农民用水合作组织的历史沿革、发展现状、运行方式及发展的困境进行了分析，并运用投影寻踪方法分析了粮食主产区农民用水合作组织的运行绩效。在此基础上分析了粮食主产区农民用水合作组织成员的行为及行为选择的特征，运用博弈论的研究方法及对比方法分析成员行为选择的影响，主要包括对成员利益的影响、对农民用水合作组织的影响、对政府政策制定的影响等。

（3）第三部分为实证分析部分，研究了粮食主产区农民用水合作组织成员行为选择的影响因素。为第7章。以黑龙江、湖南、湖北、山东4省的调研数据为依据，运用二元Logistic的研究方法进一步找出影响粮食主产区农民用水合作组织成员行为选择的因素，为下一部分构建激励机制奠定了研究基础。

（4）第四部分为对策部分，研究了粮食主产区农民用水合作组织成员行为选择的激励机制构建，以及保障激励机制有效运行的对策和措施。包括第8、9章。从内部和外部两个方面构建可以激励成员选择合作行为的机制，外部包括资金投入、法律监督、政策扶持机制，内部包括产权、决策、设施维护、灌溉用水管理等机制。在激励机制构建的基础上提出可以保障激励机制有效运行的措施，包括政府扶持、农民用水合作组织自主能力等方面。

1.3.2 研究方法

（1）实地走访与问卷调查法。实地走访主要针对各类管理部门，对农民用水合作组织的成立、发展、运行效果及政府相关政策进行访问；采用问卷调查方法对农民用水合作组织成员参与水利工程建设、进行灌溉设施维护、参与协会活动、缴纳水费、节约用水等行为进行问卷调查，在此基础上分析其行为选择的特征。

（2）投影寻踪方法。运用投影寻踪模型评价了我国粮食主产区农民用水合作组织的绩效及其影响因素。

（3）博弈论方法。运用博弈分析方法对农民用水合作组织成员行为选择的成员利益效应进行分析，对成员合作行为或是“搭便车”的行为效果进行比较，从而识别出最有效的行为。

（4）对比分析法。运用比较分析方法研究农民用水合作组织成员合作行为及“搭便车”行为，并且分析了这两种选择对成员、农民用水合作组织及政府政策的影响。

（5）二元Logistic回归方法。运用二元Logistic回归方法分析农民用水合作组织成员行为选择的影响因素，为构建激励成员选择合作行为的机制作铺垫。

2 内涵界定与理论分析

2.1 相关概念界定

2.1.1 农民用水合作组织

农民用水合作组织是农民用水户协会、水利合作社、灌溉合作社组织的统称。其基本特征是：以某一水利工程设施（灌溉渠系、排水系统、水源设施等）所服务的区域或乡、村、组的行政区域为范围，由农户自愿参加，按照合作互助、民主管理和自我服务原则组建，主要负责开发和购买灌溉水资源、收取灌溉水费、分配灌溉水量、调解农户间水事纠纷、参与灌区内的水权管理和农田水利设施工程管护等工作，是一种非营利性的自我管理的经济组织和自治组织。

从其定义来看，可以明确农民用水合作组织具有三个内涵：①农民用水合作组织是农民自己的组织，是经过民主协调、经大多数用水户同意组建的；②农民用水合作组织成立的宗旨是互助合作、自主管理、自我服务，是不以营利为目的的社会性服务实体；③农民用水合作组织的职责是组织用水户建设或改造自己所管护的灌排工程，接受水行政主管部门政策指导和灌区专管机构的业务技术指导，组织农民开展冬春农田水利基本建设，与灌区单位签订供用水合同，组织实施灌溉与排水，调解农户间用水矛盾，向用水户收取水费，不断提高用水效率。

2.1.2 成员行为选择

成员行为选择是指农民用水合作组织的成员从某一种利益角度出发，在农民用水合作组织的发展过程中选择是否参与到其中，以及参与程度的大小，具体而言包括农户的行为博弈和行为变化，如灌溉行为、决策行为、缴纳水费的行为、参与管理的行为等。本书在研究这些成员行为选择的同时，还要分析制度环境变化、水价政策变化等对农户行为的影响，根据不同的影响程度进行制度或机制设计（图 2－1）。

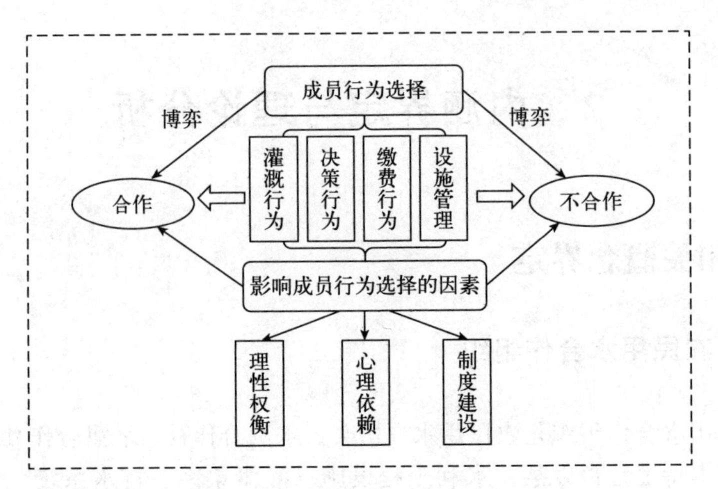

图 2-1 成员行为选择的内涵

2.2 理论基础

2.2.1 公共产品理论

公共产品理论，是属于新政治经济学中的基本理论之一，对于如何正确处理政府与市场之间的关系、如何转变政府职能、构建政府基本的公共财政收支体系、促进公共服务的市场化等具有指导性意义。按照公共经济学的理论来讲，社会产品可以分为两类：公共产品以及私人产品。在萨缪尔森的《公共支出的纯理论》中的定义是，纯粹的公共产品或劳务是这样的产品或劳务，即每个人消费这种产品或劳务不会导致别人对该种产品或劳务消费的减少，而且与私人产品相比，公共产品具有三个显著特征：效用不可分割、消费存在的非竞争性以及受益上的非排他性。私人产品就是那些只能由某个或某些消费者进行占有以及使用，在性质上存在着敌对性和排他性以及可分性的那些产品。而介于私人产品和公共产品之间的产品则是准公共产品。

公共产品具有两点明显特性。①消费中非竞争性。同私人产品具有消费的强竞争性相比，某一公共产品一旦被提供后，每增加一个单位的消费，公共产品的边际成本为零；任何人都可以消费，每个人的消费都不会影响其他个人对同一公共产品的消费数量和质量。②收益上的非排他性。排他性是私人产品的重要特征。非排他性则是公共产品的另一重要特征，当一些人享用某一公共产品时很难把不付费的那部分人排除在外。收益上的非排他性在公共产品的消费上也就不可避免地会出现“搭便车”现象。

按照公共产品的特性将其分为纯公共品和准公共品。纯公共产品是指具有完全的非竞争性和非排他性的产品，这些产品不能确定明确的价格，包括政府的行政管理、社会救济、社会治安及环境保护等。由于纯公共产品不仅边际生产成本为零，而且边际拥挤成本也为零，所以这类产品在现实中并不普遍存在。准公共产品就是指那些处于纯公共产品和私人产品之间的一类产品，此类产品不能同时具有非竞争性以及非排他性，在地域上可分割，同时这类产品和私人产品相比又有不同，在一定区域和时间内具有非竞争性以及非排他性。因此进一步划分，准公共产品又可以分为俱乐部产品或者收费产品和公共资源。俱乐部产品是指那些在消费上存在非竞争性或者竞争性非常低但却有很高的排他性，消费者只有付费，供给者在意愿上才会提供这类产品；而公共资源则是指那些在消费上存在明显非排他性以及那些排他性较低，却存在着竞争性的产品，这种产品排他性的成本很高，而且要排除潜在的消费者，难度比较大，很难阻止他人消费。这类产品主要有社会保险、职业教育、医疗卫生、江河治理、水利灌溉设施以及道路建设等。

2.2.2　产权经济理论

产权即产品或事物所属的权力。产权理论的创始人即是1991年诺贝尔经济学奖获得者——科斯，他是现代产权理论的奠基者，科斯在一生中主要考察的不只是经济运行过程的本身，是在经济运行的背后那些财产权利的结构，也就是经济运行所依赖的制度基础。科斯认为，没有产权的社会是一个效率绝对低下、资源配置绝对无效的社会。为确保经济产权的高效率，他认为，产权应具有以下特点：①明确性，也就是说，它是所有权利的业主，能限制和破坏一个完整的系统及惩罚的权利；②排他性，它使所有的赔偿和损失的行为，可直接链接到人们有权采取这一行动的权利；③流通性，产权主体可以通过产权流动、重组，获取产权收益最大化；④操作性。

根据产权的内涵，产权可分为四类：私有产权，政府产权，公共产权和共同产权。私有产权是所有权、使用权及该项目的处置和受益权为一个特定的人，财产人可以处置自己的财产，而不受限制。政府产权是指代表国家的、由政府拥有上述权利的项目，并决定谁具体使用这些权力。政府属性不仅可以代表公众的利益，也可以代表一个特定群体利益。公共产权指的是消费的不是商品的独占所有权——公共产品。共同产权是指只有一个共同体的会员可以享受相应的权力。四种类型的产权，私有产权和政府产权的资源的所有权和使用权可以由所有者与使用者之间的租赁协议的方式来实现使用。

产权拥有多功能性，而最重要的功能就是引导和激励人们将外部性内在化。另外，还具有激励功能、制约功能和配置资源功能等。在经济发展过程中，只有产权界定的明确和充分，才能促使资源被合法地使用、交换或管理。农田水利中存在的产权主要为水权。在我国，水资源的所有权为国家所有，但使用权却因用途和地域而存在差异。如果水权没有明确的界定，那就会造成“公地悲剧”，因此，水权的界定也属于农田水利建设的基础。

2.2.3 制度变迁理论

制度变迁理论涉及制度变迁的原因、制度的起源、制度变迁的动力、制度变迁的过程、制度变迁的形式、制度移植、路径依赖等。制度变迁理论的代表人物有道格拉斯·诺斯、科斯、德姆塞茨等。这一理论产生于20世纪70年代左右，提出这一理论的主要代表人物是道格拉斯·诺斯。

诺斯认为，制度是被制定出来的规则、守法程序、行为道德规范等。这可以理解为：一是制度与人的动机、行为有内在联系，也就是说制度是人的利益及其选择的结果；二是制度是一种公共品，是无形的，具有一定的排他性；三是制度在本质上与组织有所不同。诺斯把制度分为制度环境与制度安排。他指出，制度包含正式制度（指人们有意识地创造的一系列政策法规）、非正式制度（指的是人们在长期交往过程中无意识形成的，包括价值观念、伦理规范、风俗习惯等）。诺斯在提出制度变迁理论时，进行了一些假设：①经济人假设；②边际分析假设；③成本—收益分析；④制度是内生变量；⑤信息费用的不确定性；⑥现实人，即人具有有限理性、机会主义倾向以及意识形态等。

所谓制度变迁指的是一种创新和体制框架的更新，是制度的替代、转换与交易的过程。制度可以被视为一个公共产品，它是由个人或组织生产（制定），这是一种供应系统。由于对人的有限理性和资源稀缺性，制度的供给是有限的，是稀缺的。随着外部环境和自身理性度上升的变化，人们会不断提出新制度的需求，以实现预期的增加。如果系统的基本供需平衡，系统是稳定的；当现有系统不能满足人们的需求，成本和效益，促进或延缓制度变革的比率系统就会改变。机构或组织的变化起着关键的作用，只在预期收益率的情况下，大于预期成本，直至最终实现制度变迁。从另一方面来看，推动制度变迁的动力，主要有两种类型，其中包括“第一行动小组”和“第二行动小组”，无一不是制度变迁的决策者。这个过程一般可以分为以下五个步骤：首先，第一行动小组的形成，在制度变迁的过程中起主要的推动作用；第二，关于制度变迁所进行的主要方式；第三，制度变迁进行的原则，以用来评估计划和选择；第四，形成了推动第二行动小组进行制度变迁，即该组起到辅助作用；第五，在协调一致的努力下，两组实现相互作用的制度变迁。

根据推动制度变迁力量的不同，可以将制度变迁整体上划分为两种情况：一是“自下而上”的制度变迁；二是“自上而下”的制度变迁。“自下而上”的制度变迁，它是由个人或一群人，通过新的制度产生机会，自发倡导、组织和实施的制度变革，也被称为诱致性制度变迁。组织推动变化，即所谓的“自上而下”的引诱是指政府通过行政手段或命令，引进和实施的法律形式的制度变迁，也被称为强制性制度变迁。农田水利建设，一直是属于一种准公共品，建设和管理的主体一直是政府，那么农田水利建设与管理在新中国成立后也存在制度变迁的过程，但在这一过程中则以政府的强制性制度变迁为主，民间力量的诱致性变迁为辅助。在今后发展中，农田水利建设与管理如果要转变发展路径，必然要经过一系列的制度变迁。

2.2.4　博弈理论

博弈论，又可以称为对策论，它是研究如何使用最严谨的数学方法及模型来解决冲突对抗过程中主体最优决策的问题的理论，是研究竞争的逻辑和规律的数学分支。简单地说，博弈论就是研究在给定信息结构的条件下，决策主体如何在现有条件的基础上来进行决策，以获得最大化的效用，以及不同决策主体之间决策的均衡。博弈论是研究理性的局中人如何在双方利益互相作用与影响的局势中，来获得最大化个人利益，以及如何进行策略的设计和选择实现均衡的问题，也就是研究如果某个局中人的策略选择受到了其他局中人的利益选择的影响，而他的策略选择又会反过来影响其他局中人的策略选择时的各个局中人的决策和均衡的问题。博弈论的思想起始久远，在现代博弈论中，研究对象以及研究内容的博弈论思想和实践，就可以追溯到2000多年前，齐王与田忌的赛马、《孙子兵法》里所撰写的军事状况博弈。但是博弈论应用在经济领域的情况则起源于古诺（A. A. Cournot，1838）和伯特兰（J. Bertrant，1883）等人，他们的两寡头垄断以及关于产品交易行为的研究奠定了博弈论发展的基础。大家所公认的博弈论研究始于美国数学家冯·诺依曼1928年和1937年先后发表的两篇文章，但是真正意义上的经济博弈论起源于冯·诺依曼与美国的经济学家摩根斯坦两人所创作的《博弈论与经济行为》。这本书的撰写奠定和形成了这门学科的理论与方法论基础。在该书中，冯·诺依曼和摩根斯坦主要概括了经济主体的典型行为特征，提出了策略型或标准型和扩展型等基本的博弈模型。在不久后，纳什明确提出了纳什均衡的概念，后继的理论也都是围绕这一核心展开的。

总的来说，博弈论可以划分为合作博弈和非合作博弈。合作博弈和非合作博弈之间的区别主要在于人们的行为相互作用时，当事人能否达成一个具有约束力的协议，如果能，就是合作博弈，否则就是非合作博弈的一类。合作博弈注重的是团体理性，强调团体效率、公平与公正；而非合作博弈看重个人的理性以及个人的最优决策，这种决策有可能是有效率的决策，也可能是无效率的或者没有意义的决策。非合作博弈从时间的角度包括静态博弈与动态博弈，从信息的角度包括了完全信息博弈以及不完全信息博弈。博弈论策略性表述由三个要素组成：局中人、策略、支付函数。局中人就是博弈过程的参与人，这些参与者都是博弈过程决策的主体，他们可以根据个人的利益需求来决定各自的行为；策略即指博弈过程中的局中人可以采取的那些行动方案，每一个局中人都存在可以选择的不同数量的策略；而支付函数即指各个局中人从各种策略组合中获得的收益，其中收益往往采用局中人的效用概念，它是策略组合的函数。在现代社会中，人们更多地体现的是“经济人”“理性人”，各种与人的交往中必不可少的便是博弈，来寻求自己最大的效用和利益，农民用水合作组织中的成员也不例外，各个成员之间、成员与非成员之间、成员与组织之间、成员与政府之间，每一个行为选择都是博弈的过程。

2.2.5 集体行动理论

曼瑟尔·奥尔森是美国著名的经济学家，他的“集体行动理论”是研究集体行为和公共选择的重要理论，是对集体行动理论进行系统阐述的经典著作，被认为是公共选择理论的奠基之作。组织都有自己的目的，其中为大多数组织所具有，特别是经济组织都有的目的，就是增进其成员的利益。但是需要具备前提就是要求具有理性的组织及其成员，而不是愚昧或容易被欺骗的成员和组织。每一个组织的目的就是追求最大化的利益，但也会涉及追求的利益包括什么。这里所指的组织所追求的利益不仅有经济利益，还有社会利益以及政治利益等不属于经济利益的利益，在各个集团中都统称为集体利益。一方面集体利益就是整个集团的利益，并非是某个个人单独追求的。奥尔森认为集团指的是那些“追求共同或相同利益的个体或个人”。由于集团内部的成员数量有所差异，将集团分为小集团和大集团，只有集团内部成员的数量较为庞大才叫做大集团，而只有少数成员的集团就是小集团，而这两种集团是具有不同性质的。传统集团理论会认为集团之所以产生是因为人的本能（随意变体的观点），或者现代集团是原始社会进化的结果（正式变体的观点）。

集体行动的逻辑是由奥尔森在集体行为方面开创的挑战传统观点的理论。他以市场中单个企业和整个行业的利益博弈为起点，然后逐渐深入地分析了个人利益与集体利益之间的博弈。奥尔森挑战的是这样一条被广泛接纳的观点："只有具有共同或相同利益的个人或组织组成的集团才会增强获取共同利益的相关性"。他通过演绎和归纳，得出了完全不同的结论，他认为如果某个集团中的人数过少，或者集团中存在着强制或其他的特殊手段推动个人按照集团的共同利益做事，那么有理性地为了寻求自我最大化利益的个人，就不会采取任何行动去实现集团的共同利益。他指出，小规模的集团相比于大规模的集团在增进彼此共同利益方面更具有优势，因为这样集团内部的每个成员才能比较清楚地发现为了实现共同利益的过程中每个人所付出的努力和投入的份额；但在大集团内部就难以实现，因为每个成员并不能清楚地看见个人付出对于共同利益的影响，所以更容易减少自己的付出，将共同利益的实现转嫁到或附加给他人，并从中获取平均利益。这一理论在农田水利建设上体现在建设主体和管理主体，从这一理论出发，亦可称集团。在农田水利建设中涉及规划主体即政府这类大集团，也涉及管理主体基层管理站或 WUA 这类小集团，如何找出共同利益激励集团成员的行动，推动其做出集体行为，对水利建设来说是重要的问题。

3 粮食主产区农民用水合作组织的基本情况

3.1 粮食主产区农民用水合作组织的历史沿革

20世纪80年代中后期以来，大部分发展中国家开始借鉴发达国家的灌区管理经验，将参与式灌溉管理引入到灌区管理当中，并且，在世界银行及众多国际机构“贷款项目”的支持下，组建了农民用水户协会进行灌溉管理，在这样的背景下，我国也开始引入农户参与的灌溉管理制度的试点，即农民用水户协会，其发展可以分为三个阶段。

3.1.1 “外力推动”阶段

1995年6月，世界银行贷款“长江流域水资源开发项目”正式在我国启动，也将“用水户协会”这一概念引入我国，同时，在湖北、湖南这两个粮食主产区率先进行了第一批农民用水户协会的试点工作。1996年，国家计委、水利部启动了大型灌区配套改造试点项目，明确要求各地结合项目建设在支渠以下开展用水户参与灌溉管理工作。经过三年的试点，用水户参与灌溉管理在我国取得了初步成效，主要体现在减轻了财政负担，改善了灌溉服务，减少了用水户之间的矛盾，水费收取率、使用透明度提高，一定程度上遏制了“搭便车”现象，提高了农民参与灌溉管理的积极性等。1998年，“利用世行贷款加强灌溉农业二期项目”开始启动，涉及黄淮海平原的五个粮食主产区，即河南、河北、山东、江苏、安徽，农民用水户协会也相继在这五个省份逐渐发展起来。这七个粮食主产区的农民用水户协会主要是在外力推动下成立的，这一阶段大约持续到2000年。

3.1.2 “行业推动”与“外力推动”并存阶段

“利用世行贷款加强灌溉农业二期项目”持续至2002年结束，河南、河北、山东、江苏、安徽等省这些粮食主产区仍主要借助外力来推动农民用水户协会的发展。从2000年开始，我国水利部门也开始加大农民用水户协会的推广力度，尤其是大型灌区，这种推动是以水管单位和水利行业的利益为导向的。2000 年，水利部印发了《关于开展大型灌区改革试点工作的通知》（以下简称《通知》），选择 20 个大型灌区作为改革试点灌区，《通知》中虽然提到了发展用水户协会，但对于协会的性质及其在改革中的地位并没有清楚的界定。2002 年，国务院办公厅转发了《水利工程管理体制改革实施意见》，将改革小型农村水利工程管理体制作为国家水管体制改革的内容之一，并且提出“小型农村水利工程要明晰所有权，探索建立以各种形式农村用水合作组织为主的管理体制，因地制宜，采用承包、租赁、拍卖、股份合作等灵活多样的经营方式和运行机制”，首次明确了农民用水合作组织作为农村水利工程管理体制改革的一种形式。2003 年，水利部印发了《小型农村水利工程管理体制改革实施意见》，将“以明晰工程所有权为核心，建立用水户协会等多种形式的农村用水合作组织，投资者自主管理与专业化服务组织并存的管理体制”作为小型农村水利工程管理体制改革的目标之一。除了在外力推动下发展农民用水户协会的七个粮食主产区外，2004 年，在行业推动下，黑龙江省也开始了农民用水户协会的发展，这一阶段约持续到 2005 年。

3.1.3 “政府推动”与“外力推动”并存阶段

由于世界银行贷款一期、二期项目的实施效果良好，所以，从 2006 年开始，“利用世行贷款加强灌溉农业三期项目”启动，河南省、河北省、山东省、江苏省、安徽省是实施省份，吉林省、内蒙古自治区、云南省、重庆市、宁夏回族自治区作为参与省份，也开始了农民用水户协会的发展，该项目持续到 2011 年。不过，自 2005 年以来，我国农民用水合作组织的发展是以“政府推动”为主的。为了解决取消了“两工”后谁来组织农民投工投劳建设和管理农村水利基础设施这个问题，各级政府开始重视农民用水户协会的发展，农民用水户协会的建设从水利部门一家的事，逐渐成为各级政府的事。中央政府和有关部门联合出台了一系列政策支持农民用水合作组织的发展。2005 年，水利部、国家发展与改革委员会、民政部联合印发了《关于加强农民用水户协会建设的意见》，对农民用水户协会的性质、权利义务、组建程序、运行和能力建设等有了明确的指导，该《意见》的发布可以认为是农民用水户协会发展的一个里程碑。2006 年 7 月，由水利部、民政部和国家发改委共同组织在新疆召开了全国农民用水户协会经验交流会，将用水户协会的发展推向高潮。此后，2007 年、2008 年、2010 年至 2015 年的中央 1 号文件，都提到要发展农户参与式灌溉管理或农民用水合作组织。2014 年，水利部、农业部、国家发展与改革委员会、民政部、国家工商行政管理总局联合印发了《关于鼓励和支持农民用水合作组织创新发展的指导意见》，首先阐述了创新农民用水合作组织发展的重要意义，其次指出要创新农民用水合作组织发展、规范农民用水合作组织建设、扶持农民用水合作组织发展，最后提出保障措施。在这一发展阶段，四川省、江西省、辽宁省这三个粮食主产区的第一批农民用水合作组织也分别在2006年、2007年、2008年成立。至此，我国13个粮食主产区全都开始了农民用水合作组织的建设与发展。

3.2 粮食主产区农民用水合作组织的发展现状

1995年至今，粮食主产区农民用水合作组织已发展了20余年，本书选取了湖北省、湖南省、山东省、黑龙江省的86家农民用水合作组织作为调研对象，根据这些农民用水合作组织的调研情况，分析了目前粮食主产区农民用水合作组织的现状。

3.2.1 农民用水合作组织的总体规模优势显著

与非粮食主产区的省份相比，粮食主产区农民用水合作组织的总体规模具有显著的优势，可以分别从农民用水合作组织的总数量、注册的农民用水合作组织数量、用水示范组织数量三个方面来分析。

1. 农民用水合作组织的总数量具有一定规模

截至2013年末，全国共有80 634家农民用水合作组织，涉及34个省、自治区、直辖市、新疆建设兵团、市，其中，13个粮食主产区的农民用水合作组织有32 425家，占全国的40.2%（图3-1），可见，在20多年的发展历程中，粮食主产区的农民用水合作组织经历了从无到有、从少到多的过程，目前已初具规模，成为我国农民用水合作组织发展的核心力量。

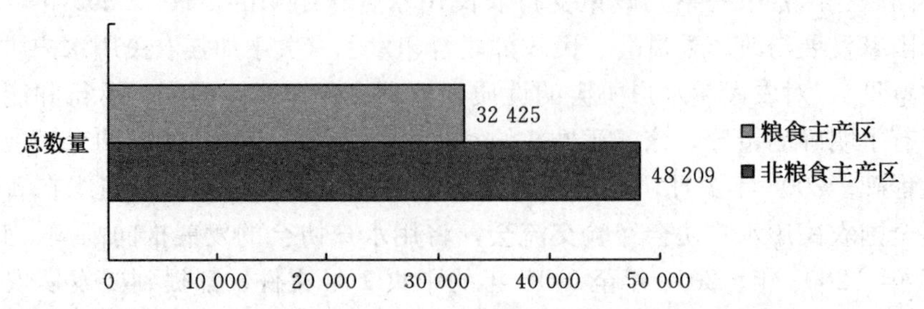

图3-1　粮食主产区与非粮食主产区的农民用水合作组织总数量比较（单位：家）

2. 注册的农民用水合作组织数量规模优势显著

在民政或工商部门注册的农民用水合作组织是得到政府部门的认可的，其数量的多少在一定程度上反映了农民用水合作组织的发展水平。截至2013年底，全国已在民政或工商部门注册的农民用水合作组织有33 237家，其中，粮食主产区已注册的农民用水合作组织有17 644家，占全国的53.1%（图3-2）。

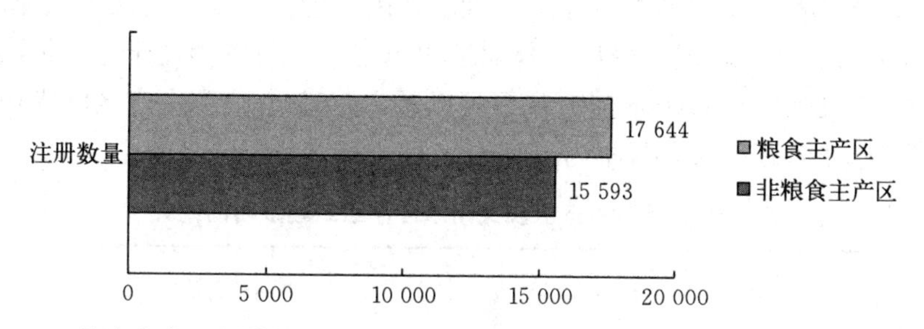

图3-2　粮食主产区与非粮食主产区注册的农民用水合作组织数量比较（单位：家）

3. 用水示范组织数量具有显著的规模优势

与全国其他省市的用水示范组织相比，粮食主产区的用水示范组织规模优势极其显著。2014年9月10日，全国农民合作社发展部际联席会议公布了国家示范社公示名单，其中用水示范组织有254家，包括29个省（市、区），其中，13个粮食主产区就囊括155家，占全国的61.0%（图3-3），远远高于非粮食主产区的用水示范组织数，这也说明了粮食主产区的农民用水合作组织发展水平相对良好。

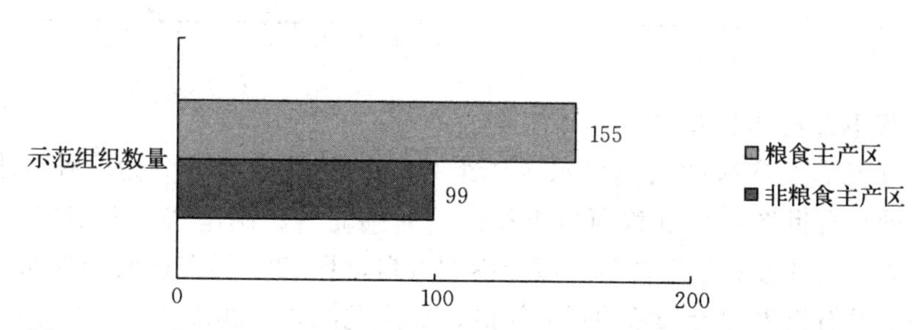

图3-3　粮食主产区与非粮食主产区的用水示范组织数量比较（单位：家）

3.2.2　农民用水合作组织的发展参差不齐

虽然粮食主产区农民用水合作组织的总体规模具有一定的优势，但是从粮食主产区内部来看，13个省份的农民用水合作组织发展参差不齐，具体体现在起步时间不同、发展基础存在差异以及数量差距明显。

1. 起步时间不同

13个粮食主产区的农民用水合作组织起步时间是不一样的（表3-1），湖北省和湖南省是最早的，其农民用水合作组织的发展始于1995年；河南省、河北省、山东省、江苏省和安徽省其次，于1998年开始起步；然后是内蒙古自治区和吉林省，2002年成立了第一批农民用水合作组织；再次是黑龙江省，从2004年开始正式发展；最后，分别是四川省、江西省和辽宁省，依次起步于2006年、2007年和2008年。从中可以看出，13个粮食主产区的农民用水合作组织起步差距很大，最早与最晚的相差有13年。

表3-1 粮食主产区农民用水合作组织起步时间统计

排名	省/自治区	起步时间（年）	排名	省/自治区	起步时间（年）
1	湖南	1995	8	内蒙古	2002
2	湖北	1995	9	吉林	2002
3	河南	1998	10	黑龙江	2004
4	山东	1998	11	四川	2006
5	河北	1998	12	江西	2007
6	江苏	1998	13	辽宁	2008
7	安徽	1998			

数据来源：根据资料整理。

2. 发展基础存在差异

13个粮食主产区的农民用水合作组织的发展基础可以分为两种（表3-2），一种是有世界银行贷款项目支持的，如湖北省、湖南省、河南省、山东省、河北省、江苏省、安徽省，以及内蒙古自治区和吉林省这两个参与省份；另一种是没有世界银行贷款项目支持的，如黑龙江省、四川省、江西省和辽宁省。虽然二者看上去只是有或者没有的问题，但是，从实际上来看，差距是很明显的。世界银行贷款项目不仅仅为这9个粮食主产区农民用水合作组织的发展提供了较充足的资金保障，还提供了丰富的经验及技术，使得这些省份的农民用水合作组织发展基础远远高于没有世界银行贷款项目支持的省份，为今后的长远发展打下了坚实的基础。

表 3-2　粮食主产区农民用水合作组织的发展基础统计表

世界银行贷款项目支持的省份	没有世界银行贷款项目支持的省份
湖北省 湖南省 河南省 山东省 河北省 江苏省 安徽省 内蒙古自治区 吉林省	黑龙江省 四川省 江西省 辽宁省

数据来源：根据资料整理。

3. 数量差距明显

虽然与全国其他省（市、区）相比，粮食主产区的农民用水合作组织总体具有一定的规模优势，但是，从其内部来看，13 个粮食主产区的农民用水合作组织总数量、注册的农民用水合作组织数量及用水示范组织数量的差距是比较显著的，也反映了粮食主产区农民用水合作组织的发展有好有坏、参差不齐的现象。

从表 3-3 可以看出，13 个粮食主产区的农民用水合作组织总数量差异很明显，最多的四川省总数量是最少的辽宁省的 30 多倍。此外，13 个粮食主产区的平均农民用水合作组织数是 2 494 家，高于平均数的仅有 4 个省份，占 30.8%。可见，在农民用水合作组织总数量这一方面，粮食主产区农民用水合作组织发展的差异是显著的。

表 3-3　2013 年粮食主产区农民用水合作组织数量统计表

单位：家

排名	省/自治区	总数量	排名	省/自治区	总数量
1	四川	6 748	8	河北	1 253
2	江西	6 450	9	吉林	876
3	河南	5 193	10	江苏	832
4	山东	3 687	11	安徽	820
5	湖南	2 299	12	黑龙江	337
6	湖北	2 191	13	辽宁	209
7	内蒙古	1 530			

数据来源：关于上报 2013 年大型灌区续建配套与节水改造、大型灌排泵站更新改造项目实施进度的通知。

如前文所述，注册数量的多少在一定程度上反映了农民用水合作组织的发展水平，通过分析表 3-4 可知，从注册的农民用水合作组织数量这一方面来看，13 个粮食主产区的排名有了较大的调整，最少的依旧是辽宁省，除此之外，其余 12 个省份的排名均有调整，注册数量最多的变成了江西省，是辽宁省的 120 多倍，排名第二的四川省的注册数量也是辽宁省的 100 多倍，与农民用水合作组织总数量相比，二者的差距进一步扩大。

表 3-4　2013 年粮食主产区注册的农民用水合作组织数量统计表

单位：家

排名	省/自治区	注册数量	排名	省/自治区	注册数量
1	江西	5 288	8	江苏	358
2	四川	4 604	9	黑龙江	242
3	山东	2 256	10	安徽	234
4	湖北	1 812	11	河北	165
5	湖南	1 094	12	吉林	113
6	河南	836	13	辽宁	42
7	内蒙古	600			

数据来源：关于上报 2013 年大型灌区续建配套与节水改造、大型灌排泵站更新改造项目实施进度的通知。

在 13 个粮食主产区的 155 家用水示范组织中（表 3-5），江西省、四川省、山东省、湖北省和湖南省有 133 家，占了 85.8%，远高于其他 8 个粮食主产区的示范组织数量，可见，13 个粮食主产区之间的农民用水合作组织发展差异是很大的。

表 3-5　2014 年粮食主产区用水示范组织数量统计表

单位：家

排名	省/自治区	示范组织数量	排名	省/自治区	示范组织数量
1	江西	46	8	江苏	3
2	四川	41	9	河北	2
3	山东	20	10	黑龙江	2
4	湖北	16	11	安徽	2
5	湖南	10	12	辽宁	1
6	河南	7	13	吉林	1
7	内蒙古	4			

数据来源：关于国家农民合作社示范社和全国用水示范组织的公告。

3.2.3　农民用水合作组织的形式呈现多样化

根据实际调研情况发现，目前粮食主产区农民用水合作组织的形式呈现多样化的趋势，具体体现在以下两个方面。一方面是发展形式的多样化。历经20多年的发展，粮食主产区的农民用水合作组织逐渐发展起来，以农民用水户协会作为主要的发展形式，但是，在某些地区并不适合发展农民用水户协会这种形式，因此，除了农民用水户协会外，其他形式的农民用水合作组织也在粮食主产区不断发展，呈现出多样化的特点，其中以合作社性质的农民用水合作组织最为突出，例如，扬水合作社、农田灌溉专业合作社等。合作社性质的农民用水合作组织也是在政府牵头下组建的，政府将项目配套的灌溉设备交由合作社管理，水利设施所有权归国家，由合作社和社员管理、使用及维护，合作社与设备管理处签订责任状，建立严格的责任制度。在所调查的4省86家农民用水合作组织中，有73家是农民用水户协会，有13家是合作社性质的。由于合作社性质的农民用水合作组织是近几年才发展起来的，目前数量较少是正常的。此外，正是由于出现了合作社性质的农民用水合作组织，各省（市、区）鼓励成立农民用水合作组织的时候，不再仅仅拘泥于农民用水户协会这一种形式，而是根据各地的实际情况，对于不适合成立农民用水户协会的地区，则选择成立合作社性质的农民用水合作组织。另一方面是服务形式的多样化。粮食主产区的农民用水合作组织不再只是单纯地依靠干渠、支渠、斗渠、农渠这些渠系工程为农田灌溉提供服务，在实施“小农水”工程的背景下，配套建设了更加先进的农田灌溉设施，使得灌溉不仅仅服务于有水源的地区，更可以覆盖到没有水源的地区，例如，山东省莒县的龙山农田灌溉专业合作社，由于龙山属于贫水区，因此，灌溉用水通过建设地下管道，从水库引到田间地头，在合作社进行灌溉服务时，采用分片区灌溉的方式，一个片区灌溉，多名社员上阵，一人同时可以负责10多个水口的灌溉，提高了灌溉服务的效率。总之，粮食主产区的农民用水合作组织，可以说是农民用水户协会与合作社性质的农民用水合作组织等多样化的发展形式齐头并进，传统与先进的多样化服务形式共同发展，从而逐步实现农田水利工程建设主体多元、管理主体明确的目标。

3.2.4　农民用水合作组织在农田水利建设和管理中发挥的作用

农民用水合作组织的任务就是建设和管理好农村水利基础设施，合理高效利用水资源，不断提高用水效率和效益，为农户提供公平、优质、高效灌排服务。经过实地调研发现，目前粮食主产区农民用水合作组织在农田水利建设和管理中发挥了一定作用，具体体现在三个方面，提高了水费收缴率、解决了灌溉水利用效率低的问题和减少了用水纠纷。

1. 农民用水合作组织在水费收缴方面发挥了作用

通过整理所调查的86家农民用水合作组织和365个成员的问卷发现，他们认为农民用水合作组织在水费收缴方面起到了比较重要的作用。从农民用水合作组织的角度来看，农民用水合作组织的成立提高了水费的收取率，改变了过去水费收不上或收取率低下的问题，现阶段的平均水费收取率已达到91.5%以上，有些农民用水合作组织的水费收取率甚至达到了100%。从农民用水合作组织成员的角度来看，44.7%的人认为农民用水合作组织有利于收缴水费（表3-6），一方面由于农民用水合作组织在水费收缴管理上做到了“三个及时公开”，即一是水价、水量、水费及时公开，二是水费收支明细及时公开，三是奖惩办法及时公开，很大程度上得到了成员的信任；另一方面农民用水合作组织改进了量水设施和量水方式，从而改善了灌溉用水中存在的测量偏差问题，使得计量结果更加准确，杜绝灌溉用水过程中不公平现象的发生。所以，在农民用水合作组织成立之后，其水费收缴方面得到了成员的广泛认可。

表3-6 认为有利于水费收缴的成员数及比例

项 目	频数	比例（%）
有利于水费收缴	163	44.7

数据来源：根据调研数据整理。

2. 农民用水合作组织解决了灌溉水利用效率低的问题

在所调查的365个农民用水合作组织成员中，有54.2%的人认为在提高灌溉水利用效率方面（表3-7），粮食主产区农民用水合作组织的表现显著，同时，关于所调查的86家农民用水合作组织的调查结果也显示，其平均灌溉水利用效率已达到89.4%，并且有59.3%的农民用水合作组织达到了平均水平，如图3-4所示。其根本原因在于农民用水合作组织成立之后，农民用水合作组织在渠系工程改造、维护及管理方面发挥了积极的作用。此外，农民用水合作组织通过改变传统的灌溉方法，实现准确、及时、定量供水，解决了大规模漫灌、用水无度的问题，从而提高灌溉水利用效率，达到节水灌溉的目的。

表 3-7 认为提高灌溉水利用效率的成员数及比例

项 目	频数	比例（%）
提高灌溉水利用效率	198	54.2

数据来源：根据调研数据整理。

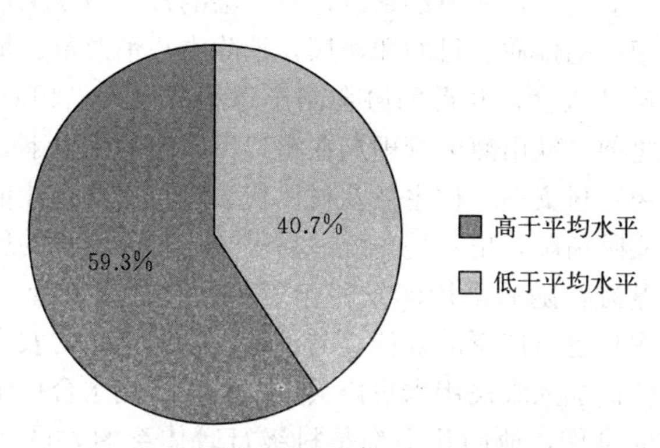

图 3-4 农民用水合作组织的比例

3. 农民用水合作组织的建立减少了用水纠纷

用水纠纷是我国基层农田水利灌溉工作中长久存在的问题，如何解决用水纠纷也是困扰各级水利部门的难题。农民用水合作组织的建立使得用水纠纷的减少甚至被完全解决成为了可能，调解用水纠纷也成为农民用水合作组织的主要职责之一。在所调查的 365 个农民用水合作组织成员中，有 217 人认为农民用水合作组织可以减少用水纠纷或矛盾，这部分人占了 59.5%（表 3-8）。可见，减少用水纠纷是现阶段粮食主产区农民用水合作组织最显著的作用之一。

表 3-8 认为减少用水纠纷的成员数及比例

项 目	频数	比例（%）
减少用水纠纷	217	59.5

数据来源：根据调研数据整理。

3.3 粮食主产区农民用水合作组织的运行方式

经过实地调研发现，目前粮食主产区农民用水合作组织的运行方式主要有四种。

3.3.1 村委会＋农民用水合作组织＋用水户

“村委会＋农民用水合作组织＋用水户”这种运行方式的典型代表是湖南省岳阳市岳阳县筻口镇的井塘农民用水户协会，主要有三方面的特点：一是农民用水合作组织成立之初，一般都是经过村委会的宣传与动员，尽量让农户了解农民用水合作组织的性质、目的和作用，消除农户怕改革、怕管不好的思想顾虑，引导农户申请入会，并帮助协会制定章程与制度；1998年，井塘农民用水户协会成立之前，铁山灌区管理局在筻口镇政府的配合下，开始了宣传动员工作，首先是组织村支书、村主任及村民代表进行考察，让他们充分了解农民用水户协会的实际情况，也就是先统一村委会与骨干农户的思想认识，为接下来的宣传打下基础，随后采用印发宣传资料、召开座谈会、挨家走访等方式，开始对普通农户进行广泛的宣传，与还存在抵触情绪的农户谈心，了解他们的顾虑，使得他们加入农民用水户协会。二是农民用水合作组织的会长、执委会成员或代表的身份，他们几乎都是村级行政体系的人员，如村党支部书记、村主任及其他村干部等；井塘农民用水户协会的5个执委会成员中，主席是中心原村党支部书记，副主席是4个行政村的村主任，在49名协会代表中，有46名是村组干部，可以说，井塘农民用水户协会不只是一个单纯的社会性民间组织，更像是一个依附乡村行政体系的准行政组织[44]。三是农民用水合作组织日常运行过程中，农民用水合作组织在进行筹集资金、维修渠系、调解纠纷等工作时，时常会借助于村委会的力量来调动农户的积极性、调解灌溉用水的纠纷等，以保障农民用水合作组织的正常运行。总的来说，采用这种运行方式的农民用水合作组织由于乡镇政府及村委会介入，大大降低了其运行成本，提高了其运行效率。需要注意的是，在农民用水合作组织运行过程中，不能忽视农户的意见和看法，究其根本，农民用水合作组织的成立是为了更好地服务于农户，所以，农户如何更好地参与到农民用水合作组织运行中去是值得思考的。

3.3.2 水行政主管部门＋农民用水合作组织＋用水户

在“水行政主管部门＋农民用水合作组织＋用水户”这种运行方式中，水行政管理部门是指各级水利局，典型代表是山东省禹城市的辛寨镇农民用水户协会，它是总协会，所辖的每个村还设有农民用水户分会，该运行方式主要特点有：第一，水行政主管部门起辅助作用，为农民用水户协会提供政策指引及技术支持等。禹城市水务局设立了灌溉服务中心，大力实施小型农田水利重点县高效节水灌溉试点县项目，并与各个乡镇政府合作，共同探索有效的工程管护机制等，以辅助农民用水户协会能够持续高效地运行下去。第二，一般都是由项目带动农民用水户协会的运行与发展。辛寨镇农民用水户协会分会基本上都是小型农田水利重点县高效节水灌溉试点县项目的覆盖区，在项目的支持下，农田里铺设了机井管道或泵站管道，每隔50米设置一个水栓，使得农田也喝上了“自来水”，设施建成后，泵站设施的维护、田间设施的维修保养、收取灌溉服务费等事项都交给辛寨镇农民用水户分会负责。总之，采用“水行政主管部门＋农民用水合作组织＋用水户”这种运行方式的农民用水合作组织，在水行政主管部门的政策及技术支持下，农民用水合作组织的日常运行可以借助于项目投资、政府支持和专家指导等，其优势是很明显的，例如，工程设施的完好率较高，组建和运行较规范，职能分工更明确，灌溉效率提高显著等。但是，由于不是所有的农民用水合作组织都能够争取到合适的项目，所以这种农民用水合作组织的运行多受制于项目的约束。

3.3.3　灌溉管理单位＋农民用水合作组织＋用水户

“灌溉管理单位＋农民用水合作组织＋用水户”这种运行方式的典型代表是黑龙江省五常市龙凤山灌区的农民用水合作组织，例如，胜远用水户协会、胜丰用水户协会、双山用水户协会、小石庙子用水户协会和彩桥用水户协会。龙凤山灌区管理局下设5个灌溉站，即小山子灌溉站、光辉灌溉站、卫国灌溉站、民意灌溉站、营城子灌溉站。随着国家农田水利设施配套工程及大型灌区续建配套节水改造建设工程的启动，龙凤山灌区的农田水利设施得到了进一步改善，使得其灌溉工程条件及灌溉设施的完好率要高于全省平均水平。2004年，龙凤山灌区借助黑龙江省水价改革试点工作，成立了黑龙江省第一批农民用水户协会，分为总协会与分协会，并召开了第一次用水户代表大会，确定了协会的章程及各项制度，将用水户吸收到灌区管理中，使得原有的灌区管理局单一管理方式转向了“灌溉管理局＋农民用水户协会＋用水户”共同参与的新型运行方式。由此可以看出，采用这种方式运行的农民用水合作组织有几个特点：一是农民用水合作组织的运行很大程度上体现的是灌区管理局的意志，在灌溉管理过程中受灌区管理局的领导较多，使得用水户参与的成分降低；二是分协会的权利不够，如不具有收缴水费的权利，间接地限制了支渠及其以下渠系工程的建设、管理及维护工作的进行，使得这些末级渠系的工程完好率与干渠等工程存在很大差距。所以，在实际运行过程中，农民用水合作组织要认真考虑设置分协会的必要性及其运行的有效性，以保证农民用水合作组织的正常运行。

3.3.4 农民用水合作组织＋农民专业合作社＋用水户

“农民用水合作组织＋农民专业合作社＋用水户”这种运行方式的典型代表是湖北省当阳市东风三干渠农民用水者协会。由于东风三干渠农民用水者协会管理了3座小（一）型水库和6座小（二）型水库，使得协会有条件进行多种经营的开发与生产，以实现协会整体经济的良性运转。因此，东风三干渠农民用水者协会成立了玉泉富民水产品专业合作社，采用“农民用水合作组织＋农民专业合作社＋用水户”的方式来运行东风三干渠农民用水者协会，一方面有效地缓解了农民用水合作组织的资金短缺的问题，另一方面也使得农民专业合作社与农民用水合作组织相辅相成，共同可持续地发展下去。在选取“农民用水合作组织＋农民专业合作社＋用水户”这种方式来运行农民用水合作组织时，必须要结合实际情况，考虑建立农民专业合作社的可行性，以及建立哪种农民专业合作社，如养殖专业合作社、种植专业合作社、农机合作社等。综合来看，这是解决农民用水合作组织资金短缺问题的有效运行方式，值得推广。

3.4 粮食主产区农民用水合作组织的发展困境

粮食主产区农民用水合作组织作为参与式灌溉管理制度改革的载体，作为小型农田水利工程管护的主体，在水利工程的建设和管理、减少用水纠纷、提高水费收取率、高效和有序灌溉等方面发挥了作用，但是，作为农民自己的组织，其效能尚未能充分发挥。

3.4.1 农民用水合作组织运行管理存在的问题

随着粮食主产区农民用水合作组织日常运行管理工作的不断深入，农民用水合作组织也逐渐暴露出一些不容回避的障碍性问题，制约着农民用水合作组织的可持续发展，主要体现在以下三方面：

1. 管理上缺乏独立性

《关于加强农民用水户协会建设的意见》中提出，农民用水户协会的宗旨是互助合作、自主管理、自我服务。然而，农民用水合作组织实际运行管理中却往往缺乏“自主”，这主要体现在以下两个方面。

(1) 从农民用水合作组织会长的身份来看，57.0%的会长都不是由农民担任，其中，26.8%是灌区或水利站的人员，30.2%是由村委会人员担任（表3-9），这些人都不是单纯的农民身份，他们考虑问题的角度或方式与农户存在差异，使得他们在农民用水合作组织日常管理中也采用在村委会、灌区或水利站管理方式，或者将二者全部或部分管理工作相结合，致使农民用水合作组织不能独立运行和管理。

表3-9 农民用水合作组织会长的身份

会长的身份	频数	比例（%）
农民	37	43.0
村委会人员	26	30.2
灌区或水利站人员	23	26.8

数据来源：根据调研数据整理。

(2) 从政府在农民用水合作组织管理过程中的参与程度来看，65.2%的农民用水合作组织都有政府不同程度的参与，32.6%是政府高度参与的，32.6%的政府参与程度一般，仅有34.8%是政府基本不参与管理的（表3-10）。这也从另一方面反映了农民用水合作组织管理独立性的缺乏，政府参与农民用水合作组织的管理，限制了农民用水合作组织自主管理的可实施性。

表3-10 政府在农民用水合作组织管理过程中的参与程度

政府的参与程度	频数	比例（%）
高度参与	28	32.6
参与程度一般	28	32.6
基本不参与	30	34.8

数据来源：根据调研数据整理。

2. 决策上缺乏民主性

民主管理是农民用水合作组织的组建原则之一，其目的就是让用水户能够充分参与到基层灌溉管理工作中去，但是，在实际调研过程中发现，成员认为，农民用水合作组织的民主决策比例较低，只占了38.6%，其余61.4%的农民用水合作组织都是采取领导决策的机制（表3-11）。结合农民用水合作组织会长身份的调查结果，不难发现，由于绝大多数的农民用水合作组织会长都是由村委会人员、灌区或水利站人员担任的，容易将农民用水合作组织变成村委会、灌区管理单位或水利站的下属机构，因此，导致了农民用水合作组织在进行日常决策时，常常是领导决定，用水户缺乏决策权。此外，所调查的86家农民用水合作组织中，民主决策的占50.0%，领导决策的占50.0%（表3-12），与成员的观点有偏差，原因是他们关于民主决策的理解是不同的，成员就是认为其是不是参加了决策，或举手表决，或投票表决，而农民用水合作组织理解的民主决策包含了成员未参加的领导班子的决策商议，这就产生了一定的差异。总的来看，粮食主产区多数农民用水合作组织没有做到按照民主管理的原则来进行决策。

表3-11 农民用水合作组织的决策机制（成员）

决策机制	频数	比例（%）
民主决策	141	38.6
领导决策	224	61.4

数据来源：根据调研数据整理。

表3-12 农民用水合作组织的决策机制（农民用水合作组织）

决策机制	频数	比例（%）
民主决策	43	50.0
领导决策	43	50.0

数据来源：根据调研数据整理。

3. 监督上缺乏有效性

如果在农民用水合作组织的日常运行中能够受到有效的监督与检查，那么，无论是管理独立性的缺乏，还是决策民主性的缺乏，也许都是可以改善或避免的。由于用水户没有参与管理的经验，农民用水合作组织的运行更需要主管部门的监督。所调查的86家农民用水合作组织中，有89.5%的农民用水合作组织受到主管部门的检查，可见，监督情况总体是比较好的。但是，除了考虑农民用水合作组织是否受到监督外，更应该注重监督的有效性，定期的监督能详细地观察到农民用水合作组织发展各个阶段的实际情况，检测其取得的成效和存在的问题，及时调整，以确保农民用水合作组织可以持续运行下去。在受到监督的77家农民用水合作组织中，只有37.2%是受主管部门定期检查的，其余52.3%的农民用水合作组织都是偶尔接受到检查（表3-13），可以说，其监督的有效性是极度缺乏的，这就制约了粮食主产区农民用水合作组织的可持续发展。

表 3－13 农民用水合作组织受监督与检查的情况

受监督与检查的情况	频数	比例（%）
定期检查	32	37.2
偶尔检查	45	52.3
没有检查	9	10.5

数据来源：根据调研数据整理。

3.4.2 成员对农民用水合作组织的认识存在偏差

农民用水合作组织成员是农民用水合作组织的主体，他们的态度直接影响着粮食主产区农民用水合作组织的发展，调研过程中发现，农民用水合作组织成员对农民用水合作组织的态度比较消极，主要反映在三个方面。

1. 成员对农民用水合作组织不了解

《关于加强农民用水户协会建设的意见》中提出，农民用水户协会的宗旨是互助合作、自主管理、自我服务。然而，农民用水合作组织实际的运行管理中却往往缺乏“自主”，这主要体现在以下两个方面。

从表 3－14 中可以看出，所调查的 365 个成员中，36.7%的人认为他们不了解农民用水合作组织，甚至有些人不知道自己已经是农民用水合作组织的成员，这是因为农民用水合作组织在村委会或灌区的组织下成立时，将所辖区域内的用水户都视为成员，但是并没有告知用水户或询问他们的意见。44.4%的成员是有点了解的，在访谈过程中发现，他们也只是知道农民用水合作组织的存在、办公场所的位置、会长是谁等这些简单的问题。在 69 个非常了解农民用水合作组织的成员中，有 43 个都是村干部，占 62.3%（图 3－5）。由此可以看出，绝大部分成员都不了解或不够了解农民用水合作组织，导致成员参与的积极性较差，农民用水合作组织的发展缺少群众基础。

表 3－14 农民用水合作组织成员的了解程度

成员的了解程度	频数	比例（%）
非常了解	69	18.9
有点了解	162	44.4
不了解	134	36.7

数据来源：根据调研数据整理。

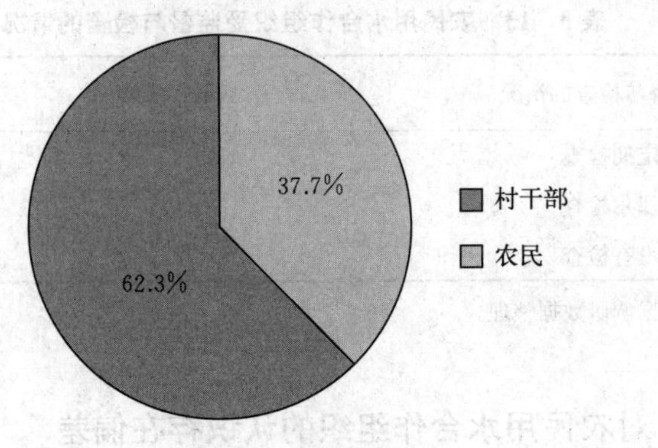

图 3-5　成员的构成

2. 成员对农民用水合作组织不满意

关于农民用水合作组织成员满意度的问题，为了便于分析，本书只设定了满意和不满意两个方面，从表 3-15 中可以知道，只有 25.2%的成员对农民用水合作组织的运行是满意的，74.8%的成员都不满意，这部分成员中，一部分是不了解农民用水合作组织，另一部分则是了解一些但对农民用水合作组织发挥的作用感到不满意。由于成员的满意程度低，也从侧面反映了农民用水合作组织民主决策的缺乏。虽然有许多农户对农民用水合作组织不满意，但是在问其是否有退出的想法时，273 个成员中，有 88 个人有退出的想法，其余 185 人都没有退出的想法（表 3-16），原因是成员持有观望的态度，就算目前对农民用水合作组织不满意，但加入也不会带来坏处，同时，增加了未来能够获得农民用水合作组织所带来好处的机会。

表 3-15　农民用水合作组织成员的满意度

成员的满意度	频数	比例（%）
满意	92	25.2
不满意	273	74.8

数据来源：根据调研数据整理。

表 3-16　农民用水合作组织成员的退出想法情况

成员的退出想法	频数	比例（%）
有退出的想法	88	32.2
没有退出的想法	185	67.8

数据来源：根据调研数据整理。

3. 成员认为农民用水合作组织的成立没必要

所调查的 365 个农民用水合作组织成员中，11.7%的成员认为农民用水合作组织的成立非常有必要，21.4%的成员认为有必要，17.3%的成员认为无所谓，成立或者不成立对他们都没有影响，49.6%的成员则认为没有必要，如表 3－17 所示。

表 3－17　农民用水合作组织成立的必要程度

成立的必要程度	频数	比例（%）
非常有必要	43	11.7
有必要	78	21.4
无所谓	63	17.3
没必要	181	49.6

数据来源：根据调研数据整理。

选择“无所谓”和“没必要”的成员都认为农民用水合作组织没能够为其谋利，一方面体现为加入农民用水合作组织之后，缴纳水费基本没变，这部分成员占 46.8%（表 3－18）；另一方面是加入农民用水合作组织之后，64.9%的成员收入也没有发生变化（表 3－19），甚至还存在一些水费增加、收入减少的现象，这更加导致了成员认为农民用水合作组织的成立没有必要，加入的意愿不强烈，认可度也很差，从而在很大程度上造成了农民用水合作组织发展缓慢、运行艰难等现象。

表 3－18　加入农民用水合作组织之后成员缴纳水费的变化情况

成员缴纳水费的变化情况	频数	比例（%）
减少	167	45.8
基本没变	171	46.8
增加	27	7.4

数据来源：根据调研数据整理。

表 3－19　加入农民用水合作组织之后成员收入的变化情况

成员的收入变化	频数	比例（%）
收入增加	35	9.6
基本没变	237	64.9
收入减少	93	25.5

数据来源：根据调研数据整理。

3.4.3 农民用水合作组织缺乏专业人才

所调查的86家农民用水合作组织中，同时拥有工程技术人员和财务人员的农民用水合作组织仅有7.0%，两种专职人员都没有的占到了59.3%（表3-20）。由于农户的文化水平普遍较低，对于水利工程及渠道、水利设施等的维修基本常识掌握较少，对于新技术接受、掌握能力较低，农民用水合作组织的发展是需要专业的工程技术人员支持的，但是实际运行中，只有22.1%的农民用水合作组织有工程技术人员，可见工程技术人员在农民用水合作组织日常运行中是处于短缺状态的。

表3-20 农民用水合作组织专职人员分类情况

分　类	频数	比例（%）
只有工程技术人员	13	15.1
只有财务人员	16	18.6
两种专职人员都有	6	7.0
都没有	51	59.3

数据来源：根据调研数据整理。

另外，财务工作是农民用水合作组织发展必不可少的一个环节，掌握整个组织的经济运行，是至关重要的，所以，财务人员也是不可或缺的。然而，实际调研中发现，只有25.6%的农民用水合作组织有财务人员。86家农民用水合作组织财务独立情况的调查显示（表3-21），有11.6%的农民用水合作组织财务不独立，也就是说没有独立的财务制度、独立的会计账簿等，甚至有33.7%的农民用水合作组织没有自己独立的账户。实地访谈时也发现，虽然有66.3%的农民用水合作组织财务独立并且有自己的账户，但是，其中不乏借用村委会或灌区管理单位的财务人员的情况。

表3-21 农民用水合作组织的财务独立情况

财务独立情况	频数	比例（%）
财务独立，并有自己的账户	57	66.3
财务独立，没有自己的账户	19	22.1
财务不独立，没有自己的账户	10	11.6

数据来源：根据调研数据整理。

3.4.4 农民用水合作组织的渠系工程管理不到位

灌溉渠系工程是农民用水合作组织发挥作用的基础，其好坏程度严重地制约着农民用水合作组织的发展。粮食主产区内的基础设施仍然十分薄弱，虽然近年来，中央财政虽然不断加大农业基础设施投资力度，但是大部分粮食主产区的农田水利建设投入不足，灌溉渠系等水利设施老化失修现象严重，许多产区仍然是“靠天吃饭”，自然风险防控能力十分薄弱[45]。以黑龙江省为例，黑龙江省现有万亩以上灌区335处，其中286处是20世纪50—60年代规划建设的，甚至有部分的灌区还是日伪时期建设的。此外，黑龙江省共有渠首工程468处，其中已改造或比较完好的有110处，其余358处渠首属于半永久或临时性渠首工程，标准低、质量差，再加上高寒地区冻害严重、水毁工程维修不及时等原因，致使多数渠首工程寿命短，多数骨干工程已超期服役，骨干工程配套率在50%以下。在所调查的86家农民用水合作组织中，有37.2%的农民用水合作组织的工程完好率没有达到平均水平，即低于86.8%（表3-22）。由此可见，粮食主产区农民用水合作组织灌溉渠系工程仍有很大需要改善的空间，确保渠系工程的建设、管理及维护等工作的顺利进行，是提升农民用水合作组织灌溉渠系工程基础设施水平的有效保障。

表3-22 农民用水合作组织的工程完好率情况

工程完好率	频数	比例（%）
≥86.8%	54	62.8
<86.8%	32	37.2

数据来源：根据调研数据整理。

此外，对于农民用水合作组织所管理的渠系工程是否有专人维护这一问题，在对粮食主产区86家农民用水合作组织的调研时发现，仍有32.6%的农民用水合作组织没有专人来维护渠系工程（表3-23），可见，粮食主产区的农民用水合作组织在运行过程中，对渠系工程的管理有待完善。

表3-23 农民用水合作组织的工程专人维护情况

是否有专人维护	频数	比例（%）
是	58	67.4
否	28	32.6

数据来源：根据调研数据整理。

3.4.5 农民用水合作组织建设资金严重不足

粮食主产区农民用水合作组织的农田水利建设资金来源，从现阶段看，主要来自于两个层面，一是靠国家投入，地方匹配；二是农户的劳动力与资金投入。在调研过程中发现，无论是农民用水合作组织的领导，或是其成员，被问到目前有哪些困难时，回答最多的就是关于资金短缺的问题，他们希望政府可以给予更多的资金支持或者补贴。究其原因是，农民用水合作组织成立后，小型水利工程的管理及维护等工作都交由农民用水合作组织承担，实现了责、权、利的结合。农民用水合作组织在拥有收缴水费权利的同时，也要承担支斗渠的管护、配套工程设施的维修责任，而收缴的水费也是农民用水合作组织唯一的经济来源，很难维持农民用水合作组织的日常运营。

所调查的86家农民用水合作组织中，除了41.8%的农民用水合作组织有盈余外（表3-24），其余58.2%的农民用水合作组织都没有更加充足的资金保障，甚至还有4.7%处于入不敷出的状态，难以支付工作人员的工资及渠系维修费用等。总的来说，不管是依靠政府，还是依靠农户的投资投劳，都是依靠外界的资金支持，因此，依靠农民用水合作组织自身，从根本上增加收入，才是解决粮食主产区农民用水合作组织建设资金严重不足问题的有效途径。

表3-24 农民用水合作组织的收支情况

收支情况	频数	比例（%）
有盈余	36	41.8
收支平衡	46	53.5
入不敷出	4	4.7

数据来源：根据调研数据整理。

4 粮食主产区农民用水合作组织的绩效评价

农民用水合作组织是由农户、新型农业经营主体等各类农村水利服务的提供者、利用者按照自愿参加、民主管理、合作互助的原则组建的以参与农田水利工程建设与管护、用水管理及提供涉农用水服务为主要职责的非营利性的社团组织，其表现形式为农民用水户协会、水利合作社、灌溉合作社等。从1995年湖北、湖南省成立了国内第一批农民用水合作组织以来，其他粮食主产区也相继成立了农民用水合作组织。然而粮食主产区农民用水合作组织的发展水平参差不齐，有的被评为国家示范组织，有的处于“只建不管”状态，有的甚至已经“名存实亡”。明确农民用水合作组织绩效的高低，分析制约农民用水合作组织绩效的主要因素，并据此采取相应的对策，是农民用水合作组织可持续发展的关键。

4.1 绩效评价指标体系构建

农民用水合作组织是在我国灌溉管理制度改革的产物，是参与式灌溉管理制度的载体。农民用水合作组织的建立改进了农村水利管理的方式，提高了灌溉管理过程中水资源的利用率，改善了小型农田水利设施完好率低、无人管理等情况，缓解了农村水利工作资金严重短缺的现状。可见，农民用水合作组织对于我国农田水利建设有着举足轻重的意义。因此，本书在构建评价指标体系时，为了使评价指标体系科学化、规范化，遵循以下三个原则：一是全面性。在建立农民用水合作组织绩效评价指标体系时，结合农民用水合作组织的自身特性与已有文献资料，构建了五个方面的评价指标体系来反映农民用水合作组织各个方面的情况，即组建情况、运行情况、灌溉用水情况、渠系工程情况及经济效益情况。二是不交叉原则。指标间不能重叠过多，否则易导致评价结果失真。因此，本书从五个方面入手，分别设置了5、5、6、4、3个具体指标，尽量保证少的重叠。三是易取得性。数据应是容易获取的，评价指标才更容易计算或评价，因此，在选取的23个评价指标中，定量指标16个，定性指标7个，具体如表4-1所示。

这16个定量指标中，“用水矛盾发生次数”“单位面积灌水量”“渠道维护费用”3个属于越小越优的指标，根据公式4-2处理，其他指标则是越大越优，根据公式4-1处理；这7个定性指标在具体赋值时，全部采用“是=1，否=0”的形式。经过赋值的定性指标具有一致的变化范围且无量纲，可以直接利用投影寻踪分类模型计算。

表4-1　粮食主产区农民用水合作组织绩效评价指标体系

类别	评价指标	单位	指标类型
组建指标	是否选举产生会长 X_{11}	—	定性
	是否有完善的机构设置 X_{12}	—	定性
	是否有健全的规章制度 X_{13}	—	定性
	是否得到政府支持 X_{14}	—	定性
	管理灌溉面积万亩 X_{15}	万亩	定量
运行指标	是否民主决策 X_{21}	—	定性
	财务公开次数 X_{22}	次/年	定量
	培训次数 X_{23}	次/年	定量
	农户参与率 X_{24}	%	定量
	农户满意度 X_{25}	%	定量
灌溉用水指标	灌溉用水充足比例 X_{31}	%	定量
	量水设施完备率 X_{32}	%	定量
	水费收取率 X_{33}	%	定量
	灌溉水利用效率 X_{34}	%	定量
	用水矛盾发生次数 X_{35}	次/年	定量
	单位面积灌水量 X_{36}	立方米/亩	定量
渠系工程指标	是否有产权 X_{41}	—	定性
	是否专人维护 X_{42}	—	定性
	工程完好率 X_{43}	%	定量
	渠道维护费用 X_{44}	万元/年	定量
经济效益指标	协会收支比例 X_{51}	%	定量
	灌溉水分生产率 X_{52}	千克/立方米	定量
	单位灌溉用水收益 X_{53}	元/立方米	定量

4.2　绩效实证分析

4.2.1　数据来源

本研究选取湖北省、湖南省、山东省、黑龙江省的86家农民用水合作组织作为调研对象，湖北省14家农民用水合作组织，其中宜昌市4家（坳口支渠农民用水户协会、五七长渠农民用水户协会、黄林支渠农民用水户协会、东风三干渠农民用水户协会），漳河灌区10家（董岗支渠农民用水户协会、吕岗农民用水户协会、周湾农民用水户协会、洪山关农民用水户协会、鸦铺农民用水户协会、双岭农民用水户协会、仓库农民用水户协会、周坪农民用水户协会、许岗农民用水户协会、二干渠二支渠农民用水户协会）；湖南省21家农民用水合作组织，其中岳阳市5家（井塘农民用水户协会、筻口镇农民用水户协会、甘田乡农民用水户协会、长塘农民用水户协会、田镇农民用水户协会），长沙市16家（西山农民用水户协会、范林农民用水户协会、东塘农民用水者协会、杨林农民用水者协会、高桥农民用水户协会、梅塘农民用水户协会、荆华农民用水户协会、开明农民用水户协会、官塘农民用水户协会、梅数桥农民用水户协会、双起桥农民用水户协会、百录农民用水户协会、洪河农民用水户协会、九溪源农民用水户协会、石牯牛农民用水户协会、花园农民用水户协会）；山东省27家农民用水合作组织，其中德州市10家（郑店农民用水户协会、大曹镇扬水合作社、恩城镇大杨扬水站节水灌溉农民用水者协会、王杲铺镇大胥扬水站节水灌溉农民用水者协会、庆云县严务灌溉用水户协会、庆云县东辛店灌溉用水户协会、于庄村农民用水户协会、齐河县刘桥镇西杨村农民用水户协会、龙山农田灌溉专业合作社、辛寨镇农民用水户协会），聊城市6家（北馆陶镇农民用水户协会、柳林镇农民用水户协会、斜店乡农民用水户协会、店子镇农民用水户协会、东古城镇农民用水户协会、冠城镇农民用水户协会），日照市11家（碁石十里沟农田灌溉专业合作社、小店农田灌溉专业合作社、安庄兴安农田灌溉专业合作社、东莞后石崮农田灌溉专业合作社、库山五奎山农田灌溉专业合作社、寨里河农田灌溉专业合作社、夏庄农田灌溉专业合作社、陵阳农田灌溉专业合作社、洛河农田灌溉专业合作社、店子集农田灌溉专业合作社、果庄农田灌溉专业合作社）；黑龙江省24家农民用水户协会，其中绥化市6家（大兴村农民用水户协会、平安村农民用水户协会、和平灌区一支渠农民用水户协会、和平灌区二支渠农民用水户协会、长岗灌区农民用水户协会、四方台灌区农民用水户协会），鹤岗市6家（兴安灌区农民用水户协会、敖来灌区农民用水户协会、黎明农民用水户协会、红丰农民用水户协会、红光农民用水户协会、新华灌区农民用水户协会），齐齐哈尔市 5 家（丰收农民用水户协会、海洋农民用水户协会、金光农民用水户协会、泰来农场灌区北区农民用水户协会、泰来农场灌区南区农民用水户协会），五常市 5 家（胜远农民用水户协会、胜丰农民用水户协会、双山农民用水户协会、小石庙子农民用水户协会、彩桥农民用水户协会），七台河市 2 家（泥鳅河灌区农民用水户协会、铁山村农民用水户协会）。针对农民用水合作组织发放问卷 86 份，回收问卷 86 份，其中有效问卷 86 份。针对农户发放问卷 400 份，回收 386 份，其中有效问卷 365 份。

4.2.2 模型选择

1. 投影寻踪分类模型的建模过程

将投影寻踪分类模型运用到农民用水合作组织绩效评价中，其基本思想是：将影响农民用水合作组织绩效的多因素指标通过投影寻踪分类模型得到反映其综合指标特性的投影特征值，然后建立投影特征值与因变量的一一对应关系函数（投影指标函数），寻找使投影指标函数达到最优的投影值，投影值越大，表示该农民用水合作组织的绩效越高，根据投影值的大小，得到农民用水合作组织绩效由高到低的排序。具体的建模步骤如下：

（1）样本与评价指标集合的归一化处理。设不同评价指标值的样本集合为

$$\{x^*(i,j) \mid i=1,2,\cdots,n;\ j=1,2,\cdots,p\},\ x^*(i,j)$$

其中，$x^*(i,j)$ 表示第 i 个样本的第 j 个指标值；n 表示样本的个数；p 表示指标的个数。

由于每个指标值的量纲与变化范围不同，为了消除这一方面的影响，采用下式对各个评价指标值进行极值归一化处理：

针对越大越优的指标，采用

$$x(i,j)=\frac{x^*(i,j)-x_{\min}(j)}{x_{\max}(j)-x_{\min}(j)} \tag{4-1}$$

针对越小越优的指标，采用

$$x(i,j)=\frac{x_{\max}(j)-x^*(i,j)}{x_{\max}(j)-x_{\min}(j)} \tag{4-2}$$

其中，$x(i,j)$ 表示指标特征值归一化的序列；$x_{\max}(j)$ 与 $x_{\min}(j)$ 分别表示第 j 个指标值的最大值与最小值。

（2）投影指标函数的构建。投影寻踪方法就是把 p 维数据 $\{x(i,j) \mid j=1,$

2，…，p｝综合成以 $a=\{a(1), a(2), \cdots, a(p)\}$ 为投影方向的一维投影值 $z(i)$，即：

$$z(i)=\sum_{j=1}^{p}a(j)x(i,j) \tag{4-3}$$

其中，$i=1, 2, \cdots, n$；a 为单位长度向量。因此，投影指标函数表示为

$$Q(a)=S_zD_z \tag{4-4}$$

其中，$Q(a)$ 表示投影指标函数；S_z 表示 $z(i)$ 的标准差；D_z 表示 $z(i)$ 的局部密度，即：

$$S_z=\sqrt{\frac{\sum_{i=1}^{n}(z(i)-E(z))^2}{n-1}} \tag{4-5}$$

$$D_z=\sum_{i=1}^{n}\sum_{j=1}^{n}\{R-r(i,j)\cdot u[R-r(i,j)]\} \tag{4-6}$$

其中，$E(z)$ 表示序列 $\{z(i) \mid i=1, 2, \cdots, n\}$ 的平均值；R 表示局部密度的窗口半径；$r(i, j)$ 表示样本之间的距离，即 $r(i, j)=|z(i)-z(j)|$；$u(t)$ 表示一单位阶跃函数，当 $t\geqslant 0$ 时，$u(t)$ 的值为 1，当 $t<0$ 时，$u(t)$ 的值为 0。

（3）投影指标函数的优化。当每个评价指标值的样本集合确定时，投影指标函数 $Q(a)$ 只随着投影方向 a 的变化而变化。不同的投影方向反映不同的数据结构特征，最优投影方向就是最大可能暴露高维数据某类特征结构的投影方向，因此，可以通过求解投影指标函数最大化问题来估计最优投影方向，即：

最大化目标函数：
$$\text{Max}: Q(a)=S_z\cdot D_z \tag{4-7}$$

约束条件：
$$\text{s. t.} \sum_{j=1}^{p}a^2(j)=1 \tag{4-8}$$

由于这是一个以 $\{a(j) \mid j=1, 2, \cdots, p\}$ 为优化变量的复杂非线性优化问题，本书将采用基于实数编码的加速遗传算法（简称 RAGA）来解决其高维全局寻优问题。

（4）排序。将最优投影方向 a^* 带入式（4-3），得到各个样本的投影值 $z^*(i)$，最后，按 $z^*(i)$ 值从大到小排序，从而可以将农民用水合作组织的绩效从高到低进行排序。

2. 基于实数编码的加速遗传算法

遗传算法是一类利用二进制编码技术模拟生物自然选择和群体遗传机制的全局寻优方法，只要求目标函数和约束条件具有可计算性，适应性强。基于实

数编码的加速遗传算法，更是在收敛速度和全局优化性方面有明显的提高，从而便于处理复杂的具有高维、非线性、不连续等特征的优化问题。

以求解最小化问题为例，

$\min f(x)$

s.t. $a(j) \leqslant x(j) \leqslant b(j)$

RAGA 建模的步骤：①优化变量的实数编码；②父代群体的初始化；③父代群体适应度评价的计算；④选择操作，产生新种群；⑤父代种群的杂交操作；⑥变异操作，得到新一代种群；⑦演化迭代；⑧前 7 个步骤构成标准遗传算法。由于标准遗传算法在运行中经常在远离全局最优点的地方停止寻优，故此，采用加速遗传算法，即选择第 1 和第 2 次进化产生的优秀个体变化区间作为下次迭代时新的变化区间，之后，算法转入步骤①，重新运行，如此加速，直至最优个体的目标函数值小于某一设定值或算法运行达到预定加速次数，至此结束。此时，最优个体就是 RAGA 的寻优结果，也就是最优投影方向。

4.2.3 实证分析

本研究采用 Matlab7.0 编程处理数据，并根据公式（4－3）至公式（4－8）建立投影寻踪分类模型。基于实数编码的加速遗传算法运行过程中，选定父代种群规模为 $N=400$，交叉概率 $P_c=0.80$，变异概率 $P_m=0.80$，优秀个体数目为 $n=20$，$\alpha=0.05$，加速次数为 20 次，从而得到最大指标函数值是 $y=7.9630$，最佳投影方向 $a^*=\{0.1616, 0.2154, 0.0686, 0.1461, 0.1537, 0.2302, 0.2591, 0.1890, 0.1021, 0.1871, 0.2422, 0.1785, 0.2677, 0.1405, 0.0551, 0.2949, 0.4212, 0.2829, 0.0265, 0.0643, 0.0937, 0.2983, 0.2113\}$，将 a^* 带入公式（3），计算出粮食主产区农民用水合作组织绩效评价样本的投影值 $z^*(i)$，再把投影值 $z^*(i)$ 按照由大到小顺序排列，即可得到 86 家样本的优劣排序，具体结果如表 4－2 所示。

表 4－2 粮食主产区农民用水合作组织绩效评价样本的投影值及排序

协会名称	$z^*(i)$	排序	协会名称	$z^*(i)$	排序	协会名称	$z^*(i)$	排序
辛寨镇	3.5652	1	东辛店	3.3628	5	西山	3.2476	9
东风三干渠	3.4525	2	郑店	3.3278	6	长岗灌区	3.2154	10
严务	3.4300	3	坳口支渠	3.2891	7	黄林支渠	3.1995	11
龙山	3.3850	4	范林	3.2487	8	扬水	3.1841	12

（续）

协会名称	$z^*(i)$	排序	协会名称	$z^*(i)$	排序	协会名称	$z^*(i)$	排序
东塘	3.162 4	13	双起桥	2.887 6	38	海洋	1.941 4	63
井塘	3.151 4	14	仓库	2.880 1	39	丰收	1.925 9	64
果庄	3.129 4	15	于庄村	2.875 5	40	斜店乡	1.890 9	65
高桥	3.128 5	16	石牯牛	2.860 9	41	柳林镇	1.888 1	66
鸦铺	3.127 7	17	官塘	2.851 6	42	北馆陶镇	1.863 6	67
二干渠二支渠	3.125 8	18	九溪源	2.847 9	43	店子镇	1.863 1	68
梅塘	3.120 3	19	甘田乡	2.846 8	44	泰来灌区南区	1.848 9	69
小店	3.104 8	20	田镇	2.845 0	45	泰来灌区北区	1.838 4	70
洛河	3.104 0	21	洪河	2.796 7	46	冠城镇	1.828 1	71
夏庄	3.086 7	22	西杨村	2.793 7	47	东古城镇	1.821 2	72
店子集	3.086 5	23	五七长渠	2.781 8	48	双山	1.785 8	73
许岗	3.067 2	24	董岗支渠	2.775 8	49	胜远	1.778 0	74
东莞后石崮	3.060 7	25	百录	2.771 1	50	胜丰	1.764 6	75
碁石十里沟	3.056 2	26	杨林	2.762 5	51	四方台灌区	1.717 1	76
岳阳县长塘	3.053 4	27	大杨扬水站	2.726 9	52	泥鳅河灌区	1.712 7	77
金光	3.052 1	28	梅数桥	2.681 4	53	铁山村	1.703 7	78
双岭	3.049 9	29	洪山关	2.624 6	54	兴安灌区	1.703 5	79
陵阳	3.047 1	30	和平灌区一支渠	2.394 6	55	敖来灌区	1.702 0	80
安庄兴安	3.038 4	31	和平灌区二支渠	2.383 3	56	红丰	1.683 4	81
寨里河	3.035 8	32	彩桥	2.274 0	57	黎明	1.676 4	82
库山五奎山	3.027 3	33	小石庙子	2.264 9	58	新华灌区	1.666 2	83
大胥扬水站	2.978 8	34	吕岗	2.263 0	59	红光	1.657 1	84
花园	2.956 1	35	周坪	2.220 4	60	平安村	1.647 9	85
开明	2.892 9	36	周湾	2.208 8	61	大兴村	1.643 1	86
荆华	2.891 0	37	笸口镇	2.091 1	62			

4.2.4　聚类分析

1. 费希尔最优求解法

费希尔最优分解法，又称最优分割法，是对有序样本进行聚类分析的一种方法。其基本思想是基于方差进行分割，使得各类内部样本之间的差异最小，各类之间样本的差异最大。这种方法的优势在于，对于有限的 n（有序样本数）和 k（分类数），有序样本的所有可能分类结果是有限的，可以在某种损失函数意义下，求的最优解。

设有序样本依次是 $X_{(1)}$，$X_{(2)}$，…，$X_{(n)}$（$X_{(i)}$ 为 p 维向量）。费希尔最优求解法按以下步骤计算：

(1) 定义类的直径。设某一类 G 包含的样本是 $X_{(i)}$，$X_{(i+1)}$，…，$X_{(j)}$，该类的均值坐标为

$$\overline{X_G}=\frac{1}{j-i+1}\sum_{t=i}^{j}X(t) \tag{4-9}$$

用 $D(i,j)$ 表示这一类的直径，直径可定义为

$$D(i,j)=\sum_{t=i}^{j}(X(t)-\overline{X_G})'(X(t)-\overline{X_G}) \tag{4-10}$$

(2) 定义分类的损失函数。费希尔最优求解法定义的分类损失函数的思想，就是要求分类后产生的离差平方和的增量最小。用 $b(n,k)$ 表示将 n 个有序样本分为 k 类的某一种分法

$G_1=\{i_1, i_1+1, \cdots, i_2-1\}$，$G_2=\{i_2, i_2+1, \cdots, i_3-1\}$，…，$G_k=\{i_k, i_k+1, \cdots, n\}$

其中，$i_1=1<i_2<\cdots<i_k\leqslant n$。定义上述分类法的损失函数为

$$L[b(n,k)]=\sum_{t=1}^{k}D(it,i_{t+1}-1) \tag{4-11}$$

其中，$i_{k+1}=n+1$。

对于固定的 n 和 k，$L[b(n,k)]$ 越小，表示各类的离差平方和越小，分类就是越有效的。

(3) 求最优分类。最优分类的过程是通过递推公式获得的。费希尔最优求解法的递推公式为

$$L[p(n,k)]=\min_{k\leqslant j\leqslant n}\{L[p(j-1,k-1)]+D(j,n)\} \tag{4-12}$$

进而通过递推得到所有的类：G_1，G_2，…，G_k。$G_k=\{j_k, j_k+1, \cdots, n\}$ 就是 $L[b(n,k)]$ 值达到极小时的分类，也就是最优解。

2. 聚类分析

利用投影寻踪分类的方法已经确定 86 家农民用水合作组织绩效的优劣顺序，为了更加明确农民用水合作组织的绩效，采用费希尔最优求解法对其进行合理的聚类。选取聚类数 $k=4$，也就是说将样本分为“优秀”“良好”“中等”“差”四大类。采用 Matlab7.0 编程，得到具体分类如表 4-3 所示。

表 4-3　粮食主产区农民用水合作组织绩效评价样本的聚类结果

分类	优秀（33家）	良好（21家）	中等（8家）	差（24家）
	辛寨镇			
	东风三干渠			海洋
	严务			丰收
	龙山	大胥扬水站		斜店乡
	东辛店	花园		柳林镇
	郑店	开明		北馆陶镇
	坳口支渠	荆华		店子镇
	范林	双起桥		泰来灌区南区
	西山	仓库		泰来灌区北区
	长岗灌区	于庄村	和平灌区一支渠	冠城镇
	黄林支渠	石牯牛	和平灌区二支渠	东古城镇
	扬水	官塘	彩桥	双山
	东塘	九溪源	小石庙子	胜远
	井塘	甘田乡	吕岗	胜丰
	果庄	田镇	周坪	四方台灌区
农民用水	高桥	洪河	周湾	泥鳅河灌区
合作组织	鸦铺	西杨村	筻口镇	铁山村
名称	二干渠二支渠	五七长渠		兴安灌区
	梅塘	董岗支渠		敖来灌区
	小店	百录		红丰
	洛河	杨林		黎明
	夏庄	大杨扬水站		新华灌区
	店子集	梅数桥		红光
	许岗	洪山关		平安村
	东莞后石崮			大兴村
	碁石十里沟			
	岳阳县长塘			
	金光			
	双岭			
	陵阳			
	安庄兴安			
	寨里河			
	库山五奎山			

据费希尔最优求解法聚类得出的结果表明，在所调查的86家农民用水合作组织中，33家组织的绩效达到“优秀”，占38.4%，21家组织的绩效是“良好”，占24.4%，8家组织的绩效处于“中等”水平，占9.3%，24家组织的绩效是“差”的，占27.9%。可以看出，粮食主产区农民用水合作组织的绩效较高，但仍有近30%的农民用水合作组织绩效有待提高。

表4-4　湖北、湖南、山东、黑龙江四省样本农民用水合作组织绩效的聚类结果

等级	项　目	湖北省	湖南省	山东省	黑龙江省
优秀	协会个数	7	7	17	2
	占“优秀”水平协会的比例	21.2%	21.2%	51.5%	6.1%
	占该省所调查协会的比例	50.0%	33.3%	63.0%	8.3%
良好	协会个数	4	13	4	0
	占“良好”水平协会的比例	19.0%	62.0%	19.0%	0
	占该省所调查协会的比例	28.6%	61.9%	14.8%	0
中等	协会个数	3	1	0	4
	占“中等”水平协会的比例	37.5%	12.5%	0	50%
	占该省所调查协会的比例	21.4%	4.8%	0	16.7%
差	协会个数	0	0	6	18
	占“差”水平协会的比例	0	0	25.5%	75.0%
	占该省所调查协会的比例	0	0	22.2%	75.0%

具体来说（表4-4），湖北、湖南、山东三省的农民用水合作组织绩效较好，其中，所调查的湖北省和湖南省农民用水合作组织全部达到“中等”水平以上，山东省77.8%的农民用水合作组织达“良好”及以上。不同的是，山东省“优秀”的农民用水合作组织最多，占该省所调查总数的63.0%，“中等”和“差”的农民用水合作组织分别占14.8%、22.2%，也就是说，山东省农民用水合作组织的绩效参差不齐，好与坏的差距较大；湖北省“优秀”水平的农民用水合作组织有7家，占该省所调查总数的50.0%，“良好”和“中等”水平的农民用水合作组织分别有4家、3家，占28.6%、21.4%，即湖北省农民用水合作组织的绩效比较均衡，既有发展特别好的，也有稍微弱一些的，但总体水平相差不多；湖南省61.6%的农民用水合作组织绩效都处于“良好”水平，有33.3%是“优秀”的，有4.8%是“中等”的，可以看出，湖南省农民用水合作组织的绩效较高，95.2%的农民用水合作组织绩效都能达到“良好”及以上；与湖北、湖南、山东相比，黑龙江省农民用水合作组织的

绩效较差一些，只有 8.3%的农民用水合作组织绩效是“优秀”的，16.7%能够达到“中等”，最多的是绩效“差”的农民用水合作组织，占 75%，可见，黑龙江省农民用水合作组织的绩效亟待提高。

4.3 绩效的影响因素分析

农民用水合作组织的发展必定会受到多方面影响因素的制约，根据投影寻踪分类模型计算得出的最佳投影方向 a^*（图 4-1），能够得到这 23 个评价指标对农民用水合作组织绩效评价结果的影响程度，最佳投影方向 a^* 越大，则其影响程度越高。

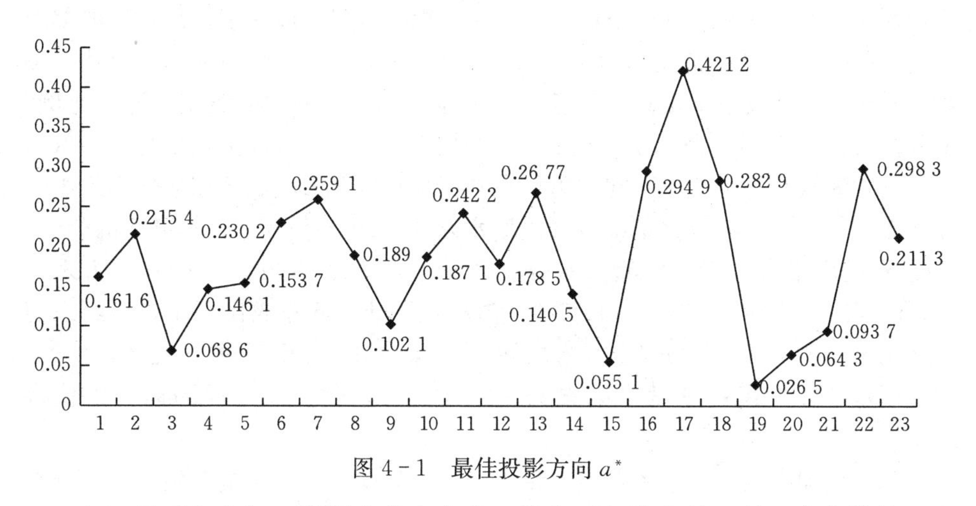

图 4-1 最佳投影方向 a^*

（1）是否有产权、灌溉水分生产率、单位面积灌水量、是否专人维护、水费收取率、财务公开次数、灌溉用水充足比例、是否民主决策、是否有完善的机构设置、单位灌溉用水收益等指标对粮食主产区农民用水合作组织绩效的影响最大，可以称之为核心影响因素。从图 4-1 中可以看出，“是否有产权”对绩效影响最大，可见农民用水合作组织在发展过程中取得所管辖区域小型农田水利设施的产权还是至关重要的。“是否专人维护”这一指标对绩效也有着较大影响，最佳投影方向 $a^*=0.282\,9$，在调研过程中也发现，绩效高的农民用水合作组织几乎都有专门的人员负责渠系工程的维护，有的农民用水合作组织甚至实行“责任到人”制度，即某段渠系工程由某人专门负责，若出现问题则追究其责任。完善的机构设置是农民用水合作组织正常运行的前提和基础，所调查的 86 家农民用水合作组织中，66.7%绩效“优秀”的农民用水合作组织具有完善的机构设置，可见，机构设置的完整性是有待提高的。“财务公开次数”和“是否民主决策”很大程度上影响着农民用水合作组织的绩效，财务公开次数是衡量农民用水合作组织财务绩效的一个重要指标，所调查的86家农民用水合作组织中，85家都会公开农民用水合作组织的财务情况，其中，85.9%的组织都是一年公开一次，5.9%的组织是一年公开两次，8.2%的组织是一年公开四次，此外，日常运行中能够采取民主决策的农民用水合作组织的绩效显著高于领导决策的组织。在灌溉用水管理指标方面，“单位面积灌水量”“水费收取率”和“灌溉用水充足比例”对农民用水合作组织绩效的影响很大，单位面积灌水量是越小越优的指标，其反映了农民用水合作组织节水灌溉的水平，有25家绩效“优秀”的农民用水合作组织都达到平均水平，占“优秀”组织数的75.8%。“水费收取率”突出反映了农民用水合作组织的作用和优势，调研时发现，发展好的农民用水合作组织的水费收取率都很高，一般都能达到90%以上，有些甚至高达100%，同时，实证分析结果也显示，这些农民用水合作组织的绩效也较高。86家农民用水合作组织的“灌溉用水充足比例”全部都可以达到80%及以上，更有77家能够达到90%及以上，最高的比例达100%。“灌溉水分生产率”和“单位灌溉用水收益”影响农民用水合作组织的经济效益绩效，经济效益是维持农民用水合作组织正常运行必不可少的因素，86家农民用水合作组织的灌溉水分生产率都在3.00～11.00千克/立方米之间，67家组织都在5.00～9.00千克/立方米之间，86家农民用水合作组织的灌溉用水收益在4～11元/立方米之间，74家在6～9元/立方米之间，可见，农民用水合作组织的这两个因素的差距还是很大的，在今后的运行中值得注意。

（2）培训次数、农户满意度、量水设施完备率、是否选举产生会长、管理灌溉面积、是否得到政府支持、灌溉水利用效率、农户参与率对粮食主产区农民用水合作组织绩效的影响较大，称之为关键影响因素。从农民用水合作组织的日常运行来看，“培训次数”“农户满意度”和“农户参与率”都很大程度上影响着农民用水合作组织的绩效，根据实证分析的结果可知，绩效“中等”及以上的62家农民用水合作组织中，77.4%的组织每年都会组织培训，并且，培训次数较多的农民用水合作组织的绩效都明显高于其他的。结合实地调研与实证分析结果发现，绩效高的农民用水合作组织所辖区域的农户或多或少都听说过农民用水合作组织，一些农户更是对其有一定的了解；绩效较差的农民用水合作组织的农户大部分甚至没有听说过，听说过的小部分对其了解也是知之甚少，同时，绩效高的农民用水合作组织的“农户满意度”这一指标值基本都可以达到90%及以上。“是否选举产生会长”“管理灌溉面积”“是否得到政府支持”三个因素也影响着其绩效，是否选举产生会长这一指标反映了农民用水合作组织中农户的参与程度，处于“优秀”水平93.8%的协会会长都是选举产生的；“管理灌溉面积”反映了农民用水合作组织的管理范围及以何种规模发展，对于农民用水合作组织的绩效有着一定的影响；实地调研发现，得到政府的扶持不是农民用水合作组织更好发展的必要条件，其能否更好地发展更重要的是取决于政府采用什么样的方式来扶持。大部分政府水利部门都会采取划拨经费和项目申请的方式来扶持农民用水合作组织的发展，然而这样的方式具有不可避免的短暂性和阶段性。通过剖析数据发现，89.5%的农民用水合作组织的量水设施完备率可以达到90%及以上；所调查的86家农民用水合作组织的灌溉水利用效率都可以达到80%及以上，但达到90%及以上的只有51家农民用水合作组织，可见仍有部分农民用水合作组织的绩效在灌溉水利用效率方面还有待提高。

(3) 协会收支比例、是否有健全的规章制度、渠道维护费用、用水矛盾发生次数、工程完好率对粮食主产区农民用水合作组织绩效的影响不大，称之为一般影响因素。“协会收支比例”是影响农民用水合作组织经济效益绩效的一个因素，但是46家的收支比例都是100%，也就是收支相等，其余40家或是入不敷出，或是略有盈余，总体差距不大。健全的规章制度是保障农民用水合作组织可持续发展的基础，76.4%的农民用水合作组织都具有健全的规章制度。86家农民用水合作组织的平均渠道维护费用是2.5万元/年，低于平均费用的组织有67家，占77.9%，这也反映了这一因素对于农民用水合作组织绩效的影响程度相对较低。绝大部分农民用水合作组织都存在用水矛盾问题，在所调查的86家中占70.9%，属于普遍存在的现象，而且矛盾发生的次数都比较少，基本上都在可以控制的范围内。渠系工程完好率达到90%及以上的农民用水合作组织有40家，占所调查组织数的46.5%，此外，全部农民用水合作组织的工程完好率都达到了60%及以上。总的来说，虽然根据实证分析结果显示的这五个因素对于农民用水合作组织绩效的影响程度不大，但是在农民用水合作组织未来的发展过程中仍然不可忽视。

4.4 提高绩效的政策建议

1. 明晰农民用水合作组织所辖地区的工程产权归属

第一，对于未获得明确产权的农民用水合作组织，政府要适当放权，使农民用水合作组织真正成为小型农田水利工程建设的主体。首先，总体上要建立明确清晰的水利工程产权体系，例如，县级以上的水利工程由国家及水管单位进行管理，乡镇级水利工程可以承包出去，村级水利工程由农民用水合作组织负责管护。其次，一定要确保农民用水合作组织取得了村级水利工程的产权，完成产权体系的“最后一公里”问题。工程产权的明晰不仅可以增强农民用水合作组织的主人公意识，还可以使得基层农田水利工程的管理和维护主体明确，杜绝“出现问题无人管理”的现象，更有利于提高工程的完好率、灌溉水的利用效率等；第二，对于已经获得明确产权的农民用水合作组织，可以在条件允许的情况下，将产权进一步下放给农民用水合作组织成员，也就是说，对由农民用水合作组织管理的水利工程设施，实行产权过户、管理权下移，把斗、农、毛渠的某段的工程设施交给某人管护，可称为管护人员，由这个人负责该段工程设施的日常管理与维护，实行“个人责任制”，除此之外，还应该设置相应的奖惩办法，每年年终，严格按照考核办法实行考核兑现，对于渠系工程管护好的人员，给予一定的现金奖励，对于没有按质、按量、按期完成维修任务的成员，要求其按照工程任务的多倍比例出资，由农民用水合作组织完成管护任务。

2. 明确政府在农民用水合作组织运行中的作用与地位

除了得到政府支持外，更重要的是政府要选取恰当的扶持方式，做到“授之以渔”。除了划拨经费和项目申请这些比较直接的政府支持外，更应该注重扶持农民用水合作组织依靠自身来发展。在农民用水合作组织的发展过程中，政府应该主要采取辅助的方式，例如，提供实用专业技术的培训，派遣学习先进经验等等，而在其发展成熟之后，政府再提供相应的资金奖励。就这一方面来说，可以借鉴这种政府扶持方式，即在农民用水合作组织成立之初，政府不会提供帮助，而是采取“成熟一个发展一个”的方式来对农民用水合作组织进行管理与支持。每年年末，水利部门则根据各个农民用水合作组织的实际运行情况，再结合对农户满意度的电话访谈或调研等情况，评定各个农民用水合作组织是否达到灌溉用水、工程管理等要求，对于通过验收的农民用水合作组织，将根据制定好的激励机制发放管理经费或建设经费，以此激励农民用水合作组织更好地、持续地发展。总之，政府选取恰当的扶持方式，一方面可以防止农民用水合作组织过度地依赖政府；另一方面也可以避免政府扶持资金、设施、培训等工作的浪费。此外，政府应该多进行实地考察，充分了解农民用水合作组织的发展现状，以便更好地制定未来的发展规划。在制定扶持政策时，政府应该针对发展基础不同的农民用水合作组织采取不同的扶持政策。例如，对于发展基础较差的农民用水合作组织要给予一定的资金支持，使得农民用水合作组织能够对基础水利工程设施进行较好地维修和管护；对于发展基础好的农民用水合作组织的绩效提高，则主要可以从激励机制着手，绩效高的农民用水合作组织予以奖金鼓励或公开表扬等。

3. 提升农民用水合作组织成员的认知度和参与率

第一，加强宣传与沟通，让成员意识到农民用水合作组织存在的意义。对于不了解农民用水合作组织的成员，要采用多渠道、多方式的宣传，一是政府应该积极构建农民用水合作组织帮扶队伍体系，形成覆盖县、乡、村的基层队伍体系，加大与农民用水合作组织成员的沟通，解答成员对农民用水合作组织的疑问，让他们认识到农民用水合作组织的真正意义，积极参与到农民用水合作组织的建设和管理中去，真正实现“民建、民有、民管、民营”的发展道路；二是农民用水合作组织也需要与成员密切沟通，及时发现和解决成员存在的疑问和困惑，取得成员的信任，使成员切身体会到农民用水合作组织是农民自己的组织，从而得到成员的爱护和支持。对于了解农民用水合作组织的成员，要多给他们培训与学习的机会，提高他们的管理水平及专业技术等，培养他们成为农民用水合作组织的中坚力量，这样才能使得农民用水合作组织长久持续的发展。第二，开展试验区对比工程，将农民用水合作组织所辖地区的水利灌溉情况与未组建农民用水合作组织地区的水利灌溉情况进行对比，让农户认识到农民用水合作组织的实际优势，使其从心理上接受并加入农民用水合作组织，从而增加农户参与度，使其更好地加入到参与式灌溉管理工作中来，进一步推动我国灌溉管理制度的改革。

4. 扩展农民用水合作组织的资金来源与改良其资金管理方式

除了依靠政府投入和农户投资投劳两种资金来源外，农民用水合作组织自身也必须积极投入到增收行列内，多渠道地创办经济实体，实现农民用水合作组织的资金充足。例如，县、乡政府划拨土地给农民用水合作组织建设其办公场所时，可以直接划拨部分土地，支持农民用水合作组织发展庭院经济，如畜禽养殖和果树种植等；依靠农民用水合作组织成立养殖分会，通过销售水产品促进农民用水合作组织收入的增加；农民用水合作组织兴办服务部等经济实体，开展农资、化肥等生产资料代销等多项有偿服务，在方便农户的同时，增加农民用水合作组织的经济实力。在资金管理方式方面，农民用水合作组织的资金没有得到有效的管理和利用，使得绝大多数的农民用水合作组织的资金得不到保障，本书认为，主要是由于在实际运行过程中没有提取维修基金作为下一年度的资金支持，造成农民用水合作组织的日常运转及渠道维护等工作不能顺利运行。因此，无论农民用水合作组织的资金情况好与坏，都应该提取一部分作为维修基金，对于资金较充足的农民用水合作组织可以提取10%～15%的维修基金，资金情况较差的则可以提取5%左右。有了维修基金作为支持，可以缓解下一年度资金的严重缺乏，维持农民用水合作组织的正常运行。

5. 选择与创新适合的农民用水合作组织的发展模式

各地应根据实际情况，因地制宜地选择与创新农民用水合作组织的发展模式，切记生搬硬套。如调研时发现的两种新型模式值得在今后的发展中借鉴，一是“农民专业合作社＋农民用水合作组织＋农户”的模式，这种模式一方面有效地解决了农民用水合作组织资金严重短缺的问题，另一方面也使得农民专业合作社和农民用水合作组织能够可持续地发展下去；二是“农民用水合作组织＋水利代管制＋农户”的模式，“水利代管制”是指由一个人负责多个农户的农田水利灌溉工作，这种模式主要适用于既外出打工又在家里种田的农户，大大节省了这些农户的时间和精力，同时也使得代管人增加了部分收入。另外，落后地区要积极学习先进地区的经验，可以采取试点的方式逐步推广先进的发展模式，从而促进本地区农民用水合作组织的发展。

6. 内外结合完善农民用水合作组织的监督体系

由于农户没有参与灌溉管理的经验，所以农民用水合作组织的运行更需要主管部门的监督。除了考虑农民用水合作组织是否受到监督外，更应该注重监督的有效性，定期的监督能详细地观察到农民用水合作组织发展各个阶段的实际情况，检测其取得的成效和存在的问题，及时调整，以确保农民用水合作组织可以持续运行下去。偶尔监督使得监督的效率大大降低，看到的只是当时的情况，做不到与前一时期的对比，所以，提出的想法或建议可能不适宜其发展，导致监督效果适得其反。因此，加强水利部门的监督，提升其监督的有效性，是农民用水合作组织高效运行的有力保证，是提高农民用水合作组织绩效的有效手段。除了外部监督外，农民用水合作组织也要严格按照农民用水合作组织的规章制度运行，定期进行“自我检查”，及时发现运行中出现的问题，例如，每季度或半年举办一次“检讨会”，总结这一时期出现的问题，并商讨解决对策，并按计划实施，对于出现的突发情况，则应该随时开会讨论，做到不拖延、有条理、认真落实解决方案。

5 粮食主产区农民用水合作组织成员行为选择及特征

本部分研究选取了湖北省宜昌市、漳河灌区，湖南省岳阳市、长沙市，山东省德州市、聊城市、日照市，黑龙江省齐齐哈尔市、五常市、绥化市、鹤岗市、七台河市等地的农民用水合作组织作为主要调研对象，共回收86份农民用水合作组织的有效问卷和365份成员的有效问卷。

5.1 粮食主产区农民用水合作组织的成员行为选择

在对粮食主产区农民用水合作组织调研的基础上，通过整理和分析数据发现，农民用水合作组织中的成员在加入到农民用水合作组织后，所表现出的行为主要包括灌溉行为、决策行为、缴纳水费的行为以及参与管理的行为。

5.1.1 灌溉行为

成员的灌溉行为即指农民用水合作组织中的成员在进行农业生产过程中对农作物进行灌溉，所做出的灌溉方式选择、灌溉技术的采用及灌溉成本控制等行为。在粮食主产区的农民用水合作组织中，成员依然是自家农业生产灌溉的主体，在灌溉方式上存在着引河灌溉、机井灌溉、电井灌溉三种方式，从调研的情况看（表5-1），79.2%的成员使用引河灌溉的方式进行农作物灌溉，13.4%的成员利用电井进行灌溉，10.4%的成员使用机井进行灌溉。在灌溉技术采用方面，农民用水合作组织的成员虽然加入到农民用水合作组织中，但依然保持着传统的灌溉观念，灌溉依然以传统工具为主，成员利用田间渠道引入河水灌地，需要人工进行渠道疏通，所以这种方式对劳动力的需求较大。以机井灌溉为主的成员中，一部分是利用自家水泵抽取地下水灌溉农田，距离较远的田地则利用塑料管道引入田地，由于衔接不充分，很容易造成水分外流，造成浪费；另一部分是采用农民用水合作组织设置的泵站管道及水栓进行灌溉，灌溉效率较高。采用电井灌溉的成员，在技术上比前两种方式优越一些，可以节省管理机器和疏通渠道的劳动力，仅仅需要成员掌控开关即可。此外，在灌溉成本控制上，由于三种灌溉方式操作的不同，灌溉的成本也存在着差异。引河灌溉的成员没有用水量的控制，因此对于灌溉成本没有相应的限制，仅是受到灌溉面积的影响；而机井以及电井灌溉的方式，成员则需要进行成本控制。使用机井为主的成员需要控制机器的用油量，使成本控制在最小；而以使用电井为主要灌溉方式的成员，则需要控制用电量来达到缩减成本的目的。

表 5－1 成员灌溉方式的选择

灌溉方式	比重（%）	灌溉成本（元/公顷）
电　井	7.4	700
机　井	13.4	1 500
引河灌溉	79.2	540

数据来源：根据调研数据整理获得。

在先进技术采用方面，从实地调研的情况来看（表 5－2），只有 36.2%的成员愿意积极主动地采用先进的节水灌溉技术，可见，成员对于传统的灌溉技术依赖性很高。

表 5－2 灌溉技术的采用

成员行为	比重（%）
积极主动采用	36.2
看其他人，采用的人多我就用	32.1
看效果，等别人用好了，我再采用	21.9
不采用，接受不了	9.8

数据来源：根据调研数据整理获得。

5.1.2 决策行为

成员的决策行为即指成员在农业生产过程中以及在参与农民用水合作组织管理中对于某一问题的不同解决方式或不同方案进行选择，根据自身的效用或以利益最大化为基础而制定出策略的行为。在农民用水合作组织中，成员的决策一方面是从自身而言，如是否加入组织，在组织中如何参与决策事务，决策是根据个人意愿选择还是依据他人行为等；另一方面是在组织的基础上进行的，包括用水户代表的选举、水利工程项目是否可以实施、水利设施维护成本的分摊等，这些事务的进行也依赖于成员的决策行为。成员的决策标准总体上是以自身利益为主，其次是考虑他人的行为。从调研的情况看（表 5－3），

68.5%的成员在进行决策时从自身利益出发，凭自己的判断进行，24.1%的成员选择“搭便车”，哪一方的人多就选择支持哪一方，5.5%的成员是以领导的意见为判断标准来进行决策的。

表5-3　成员的决策行为

成员行为	比重（%）
凭自己的判断，看对自己是否有利	68.5
看别人，哪一方多，就支持哪一方	24.1
看领导，领导怎么选择，我就怎么选择	5.5
弃　权	1.9

数据来源：根据调研数据整理获得。

5.1.3　缴纳水费行为

成员缴纳水费的行为即指成员在灌区范围内，使用灌溉设施，引进河流水进行农作物灌溉，在灌溉结束后依据灌溉面积向农民用水合作组织缴纳水费的行为。在所调查的农民用水合作组织成员中，大部分的成员选择及时缴纳水费，但也存在拖欠水费甚至不缴纳的现象。农民用水合作组织中水费的收取依靠的是组织中的工作人员到成员家中依次收取，没有组织化的征收，没有正规的收取手续，收取的标准仍然以种植面积为主，造成成员对于水费收取的公平性有所质疑，因此，造成采用不同方式灌溉的成员缴纳水费的行为截然不同。以引河灌溉为主的成员，由于依赖于河流水，所以自愿缴纳水费；以机井和电井为主要灌溉方式的成员由于并不以河流水为主，所以对于水费的缴纳存在不情愿的心理，拖欠水费以及不交水费的现象多发生于此。从调研情况看（表5-4），52.3%的成员会如期按时缴纳，42.5 %的成员存在观望心理，跟随着别人的缴费行为。

表5-4　成员缴纳水费的行为

成员行为	比重（%）
会考虑，别人不交，我也不交	27.4
只会考虑与我亲近的人，他不交，我也不交	15.1
不会考虑他人的情况，只看自己心情	5.2
不会考虑，按期缴纳	52.3

数据来源：根据调研数据整理获得。

5.1.4 参与管理行为

成员参与组织管理的行为主要是指成员在加入农民用水合作组织后，参与组织的成员会议、用水户代表的选举、水利设施建设和维护等管理环节中的行为。一般情况下，粮食主产区农民用水合作组织的成员大会都是一年召开一次，主要是针对当年的水利事务进行总结，对下一年的水利工程进行规划，成员在会议上可以反馈意见。但是，从调研情况来看，大多数成员对于农民用水合作组织的成员会议并不是主动参加，而是将其他成员的行为作为自己作为或不作为的标准。在水利设施建设和维护方面（表 5－5），当成员发现渠道需要维护时，会表现出明显的“搭便车”倾向，选择主动承担的成员较少，仅占 14.0%；在维修成本上，40.4%的成员不会选择主动分摊，而是依赖于其他成员的行为；在参与渠道维护中，40.8%的成员会根据渠道与自身的关系进行判断，与自己的生产息息相关的渠道会主动参加，而对于并不紧要的渠道选择性地参加；若发现其他成员滥用水利设施后，51.8%的成员会选择置之不理。总体上来看，成员在农民用水合作组织日常管理的行为并不积极，存在较强的“搭便车”心理。

表 5－5　成员参与管理的行为

参与的管理活动	成员行为	比重（%）
发现渠道需要维修后的行为	主动维修	14.0
	上报用水组织，由他们维修	47.4
	叫别人去看、去修	36.7
	装作没看见	1.9
分摊维修成本	积极主动交费	23.8
	看其他社员，交的人多，我就交	40.4
	不交	29.0
	拖一拖，等领导多找我要几次，我再交	6.8
参加渠道维护	看对自己是否有利	40.8
	看别人，别人参加，我就参加	34.8
	从不参加	17.0
	其他	7.4
发现滥用水利设施后的行为	不会管	51.8
	看这个人与我是什么关系，是亲戚就不会管	20.5
	不管是谁，都要管	27.7

数据来源：根据调研数据整理获得。

5.2　粮食主产区农民用水合作组织成员行为选择的特征

从成员的灌溉行为、决策行为、缴纳水费的行为以及参与管理的行为表现来看，总体上粮食主产区农民用水合作组织的成员“搭便车”行为明显，积极合作的行为较少，根据调研数据的分析，发现粮食主产区农民用水合作组织成员的行为选择具有以下特征。

5.2.1　趋利性

趋利性即指成员行为选择的最主要的出发点是自身的经济利益。任何行为的发生都源于思想和意愿的支配，而作为一个理性“经济人”，自身经济利益的衡量将成为支配行为的最主要因素。一直以来，农民总是和保守、传统、非理性紧紧联系在一起，但在经济学家眼中，农民是理性的。在特定的经济社会、制度环境下，农民会以追求最大利润和效用为出发点来做出行为选择。在农民用水合作组织当中，每个成员即使加入了用水合作组织，他们的行为也总会以自身的经济利益作为最主要的选择依据。在进行农民用水合作组织成员行为选择调研时，在问及参与组织章程实施或进行组织决策时，多数成员选择的皆是“看对自己是否有利”。如果对其有利，成员会做出积极合作的行为选择；而在不确定对其是否有利时，成员会持沉默态度；如果确定对其不利，成员会明确选择拒绝合作的行为或消极合作的态度。

从表5-6中可以看出，在参与农民用水合作组织的日常会议决策、组织章程实施、水利设施产权承包等方面，农民用水合作组织成员最主要的出发点都集中在“对自己是否有利”“利润是否多”等自身经济利益衡量上。农户选择合作行为的前提即为参与组织或选择合作行为后所带给其的利益必须大于其参加用水合作组织或选择合作行为之前自身的经济利益，只有这样，农民用水合作组织的成员才会积极合作。

表5-6　粮食主产区农民用水合作组织成员行为选择的趋利性表现

行　为	成员行为选择	比重（%）
日常章程实施	主要考虑自身利益，看对自己是否有利	54.0
	主要看其他人，别人支持，我也支持	31.8
	不管是否有利，都支持	14.2
	不支持	0

（续）

行　为	成员行为选择	比重（%）
水利设施产权承包	积极主动参与承包	15.6
	看别人承包的效果，效果好就承包	32.6
	看对自己是否有利，如果利润多，就承包	36.4
	不参与，只干自己的	15.4

数据来源：根据调研数据整理获得。

5.2.2 盲目性

盲目性即指一种没有明确目标，在面对事情时所体现的观望跟风状态。在经济学家眼中，农民是理性的，但更强调的是这种理性是有限的。有限理性的体现不只在传统的农户“自发性”“盲目性”中，尤其突出体现在农民在市场这个大环境下所表现的弱点。一方面受自身文化素质的影响，难以跟上时代的步伐，另一方面体现在信息的局限性所导致的决策和行为的非理性。在粮食主产区农民用水合作组织中，农户虽已成为其中的成员，但对这种成员的权利和义务他们并没有明确的认识，或者是成员对农民用水合作组织的认识和理解处于一种模糊的状态。这些都导致农民用水合作组织的成员在进行行为选择时具有盲目性。

在粮食主产区农民用水合作组织的成员行为选择中，可以看出成员的行为选择具有盲目性（表 5－7）。首先，成员对农民用水合作组织的了解并不明确，36.7%的成员声称不了解农民用水合作组织，44.4%的成员只是有点了解，仅有 18.9%的成员很了解农民用水合作组织，在不了解农民用水合作组织的情况下加入到其中，那么注定了其所做出的行为选择具有盲目性。其次，这种盲目性也体现在成员的观望跟风状态。在参与农民用水合作组织的日常会议时，成员参加的积极性也主要观望跟风于其他成员，有 29.3%的成员选择的是“看其他社员，参加的人多，再参加”，定期参加的人只占到 28.8%。在农民用水合作组织的成员难以确定对其是否有利或对其不理解时，这种观望跟风很是盛行，盲目性也从中明确体现。

表 5－7　粮食主产区农民用水合作组织成员行为选择的盲目性表现

行　为	成员行为选择	比重（%）
对农民用水合作组织的了解程度	不了解	36.7
	有点了解	44.4
	很了解	18.9

（续）

行 为	成员行为选择	比重（%）
参与日常会议	是，定期参加	28.8
	看其他社员，参加的人多，我就参加	29.3
	偶尔参加，看是否有时间	23.3
	从不参加	18.6

数据来源：根据调研数据整理获得。

5.2.3 消极性

消极性即指农民用水合作组织中成员在面对渠道设施维护、成本分摊等问题时所带有的被动消极心理，或者说是“搭便车”的心理，这种消极性也是粮食主产区农民用水合作组织“名存实亡”的表现之一。农民是理性的，并且理性是有限的。在这种理性之下，他们对所习惯的传统事物会产生一种依赖，而对新兴的事物会带有一种怀疑和不解。从目前来看，农民用水合作组织的成员在对农民用水合作组织持有观望和怀疑的态度同时，也决定了他们的行为选择带有消极性。这种消极性，一方面源于对新事物的怀疑；另一方面也是源于对自身利益的保护。从调研的数据来看（表 5－5），农民用水合作组织的成员在从自身利益出发同时，在其行为选择中也体现出了消极性。在农民用水合作组织渠道设施维护中，如果发现渠道有损坏，47.4%的成员选择“上报用水组织，由他们维修”，36.7%的成员选择“叫别人去看、去修”，都倾向于“搭便车”，只有 14.0%的成员会选择“主动去修”；如果维修渠道需要分摊成本，只有 23.8%的成员选择“主动交费”；如果在要求维修渠道中投入人力时，40.8%的成员选择“看对自己是否有利再参加”，34.8%的成员选择“看别人，参加的人多再参加”；如果成员发现有人滥用设施，51.8%的成员都选择“不会管”，选择管的成员只占 27.7%。这些都体现了农民用水合作组织成员在行为选择过程中的消极性。

5.2.4 矛盾性

矛盾性即指农民用水合作组织的成员在加入组织、选择合作、渠道维护、水费缴纳等行为所表现出的一种矛盾心理。这种矛盾性的具体表现有：一是成员加入农民用水合作组织与加入后所持有的观望和消极态度形成了一种矛盾，也就是许多成员虽然加入到了农民用水合作组织中，但加入后表现的态度、做出行为并不积极；二是选择加入农民用水合作组织进行合作的行为与其加入后的合作意愿之间形成了一种矛盾，也就是表现在农民用水合作组织的成员加入到了组织中，选择了合作行为，但这种加入并不是在强烈的合作意愿支配下进行的，加入后成员依然单独行动，并未实现合作的真正意义；三是农民用水合作组织成员渠道维护和税费缴纳的必然性与渠道维护和税费缴纳过程中所带有的观望和怀疑心理形成了一种矛盾，也就是虽然农民用水合作组织成员明白渠道维护、缴纳税费必须要靠每个成员去做，但却不愿意自己主动去做，或需要看别人的态度再选择做与不做。

这种矛盾性在进行成员行为选择时有明确的体现。首先，在问及农民用水合作组织成立的必要性时，49.6%成员认为“没有必要”，只有11.7%的成员认为“很有必要”，成员虽已加入到农民用水合作组织中，但对农民用水合作组织的必要性却并不认同；其次在问及缴纳水费时（表5-8），27.4%的成员选择“会考虑，别人不交，我也不交”，即使知道缴纳水费是必然的，但也要观望别人再选择行动。从而可以看出，农民用水合作组织成员在行为选择中所表现出的矛盾性，一方面源于对农民用水合作组织的认识不清楚，另一方面也源于一种寻求安全和公正的心理，是保护自身利益的需要。

表5-8　粮食主产区农民用水合作组织成员行为选择的矛盾性表现

行　为	成员行为选择	比重（%）
对农民用水合作组织认可程度	很有必要	11.7
	有必要	21.4
	无所谓	17.3
	没必要	49.6

数据来源：根据调研数据整理获得。

6 粮食主产区农民用水合作组织成员行为选择的影响效应

6.1 成员行为选择对成员利益的影响

农民用水合作组织成员之间建立的是一种非契约式的合作关系，即成员之间可以合作，亦可以不合作，选择是否合作则主要是成员对自己所获利益的衡量，是成员之间的一种行为博弈。当某一成员选择合作，而其他成员选择“搭便车”时，他就会处于亏损或者不公平的境况，因而他也会放弃合作而选择“搭便车”，下面具体来分析一下在具体的博弈过程中，成员选择合作或是“搭便车”对其以及对其他成员会造成如何的影响。

从单一回合静态博弈来看，当 $N=2$ 时，也就是“囚徒困境”状况，假设有两个成员 A 和 B，他们共同参与农民用水合作组织中，为了更清晰地研究分析过程，假设每个成员选择合作时所需要付出的成本 $C=10$，收益 $R=15$，如果某一成员不选择合作则平均收益的损失为 3。在这个博弈环节中，如果 A 和 B 都选择合作，那么成员在农民用水合作组织中就会获得完善的灌溉服务，但如果有一方成员不选择合作——“搭便车”，那么就会给另一方成员带来严重损失。我们可以得到双方的支付矩阵如表 6-1。

表 6-1 成员的“囚徒困境”

成员的选择		成员 A	
		合作	“搭便车”
成员 B	合作	(5，5)	(2，12)
	“搭便车”	(12，2)	(2.5，2.5)

从表 6-1 中可以看出，参与成员都想要达到最大的收益，因此，如果给定成员 A 的策略选择：当成员 A 选择“合作”时，成员 B 一定会选择“搭便车”，因为当其选择“搭便车”时，收益最大为 12，比他选择“合作”的收益 5 大，而如果在成员 A 选择“搭便车”时，成员 B 还是选择“搭便车”，因为“搭便车”的收益大于其“合作”的收益。因此“搭便车”是成员 B 的最佳策略选择，同理，这也是成员 A 的最佳选择。这也是整个博弈环节一个非合作

的低效率的均衡解，但这必然会导致农民用水合作组织灌溉系统瘫痪，设施损坏严重，而导致合作难以继续。但如果成员A和B均选择“合作”，双方均为农民用水合作组织提供服务，则双方均会得到5的收益，这便是一个有效率而又会实现合作的均衡解，但如果双方均选择“搭便车”，则会使双方均陷入“囚徒困境”，对农民用水合作组织及成员都会造成严重损失。因此，在农民用水合作组织中，成员最佳的策略选择即为合作。从成员之间利益博弈过程来看，农民用水合作组织中的成员在选择合作或是“搭便车”时，不同的选择会对成员利益有不同的影响效应。

一是均衡效应。即农民用水合作组织中的成员做出相同的行为选择——成员合作或是成员“搭便车”，当成员都选择合作时，各个成员选择同步，损失相同，各个成员获得的利益是相同的，成员的合作使各方利益得到均衡，同时这种选择对农民用水合作组织亦是有推动作用，这种均衡则是合作的均衡；而反之，当成员都选择“搭便车”时，各个成员的利益均达到最小化，各方都受到损失，尤其是对农民用水合作组织，由此造成成员利益的受损，这种均衡则是恶化的均衡。

二是差异效应。即农民用水合作组织中的成员所作出的行为选择不同步，一方选择合作，而另一方选择“搭便车”，这样会导致合作一方成员利益受损，“搭便车”一方利益获取到最大，由此造成对农民用水合作组织发展的阻碍和恶化，从而形成成员利益的差异效应。

6.2 成员行为选择对农民用水合作组织发展的影响

农民用水合作组织成立的宗旨就是互助合作——用水户之间的合作，职责就是组织用水户建设或改造管理的灌排工程，接受水行政主管部门政策指导和灌区专管机构的业务技术指导，组织农民开展冬春农田水利基本建设，组织实施灌溉与排水，调解农户间用水矛盾，向用水户收取水费，不断提高用水效率和效益。但从目前来看，农民用水合作组织并没有实现预期的目标，其中很重要的一部分原因就是成员之间没有实现有效的合作，那么成员合作或搭便车的行为对农民用水合作组织有着什么样的影响？在理论上，成员的行为选择对农民用水合作组织有以下两方面的意义：

（1）成员的行为选择是农民用水合作组织发展成效的评价标准。农民用水合作组织的规章制度主要包括部门分工明确、成员进入退出程序和方式、组织内的人员选举、分配等，但目前黑龙江省农民用水合作组织在规章制度建设上不完善，从调研来看，成员对组织的规章制度不了解，对于成员进入和退出方式上也存在非自愿的情况，人员的选举并没有完全民主化，由此致使许多成员合作的意愿降低。从成员的行为选择来看，成员的合作或是“搭便车”的选择，都是组织发展是否有成效的评价标准。当成员选择合作时，说明了成员对组织规章制度的一种认可，组织的规章制度可以进一步实行；若成员选择“搭便车”，则代表着成员对组织的一种排斥和不认可，这也是警示着农民用水合作组织的许多发展章程并没有获得成员的认可，应及时宣传或改进。

（2）成员的行为选择是农民用水合作组织能否持续发展的关键。一个组织能否持续发展最关键的要素是人，对于农民用水合作组织也是一样，农民用水合作组织能否持续发展，关键在于成员。从目前调研情况来看，农民用水合作组织中的成员对于合作的理念不认可，对于合作的建设不关心，对于合作的成效不满意，如果持续下去，农民用水合作组织将衰退而亡。所以，农民用水合作组织要改变，关键是改变成员的态度，获得成员的信任，争取成员的参与。现在，大多数成员并不认可农民用水合作组织，参与其中也是受政府强制或观望心理所影响，许多成员在组织中“搭便车”，不参与灌溉设施建设，不上交税费，对于组织建设不发表看法，导致用水合作组织发展没有动力。因此，本书认为，黑龙江省农民用水合作组织的可持续发展关键在于成员——成员的认可、成员的信任、成员的参与。农民用水合作组织是依存于组织中的成员而存在，合作的目标和意义需要成员的认可和参与才能实现。总的来看，农民用水合作组织中的成员选择合作或“搭便车”都对农民用水合作组织有不同效应（图 6－1）。

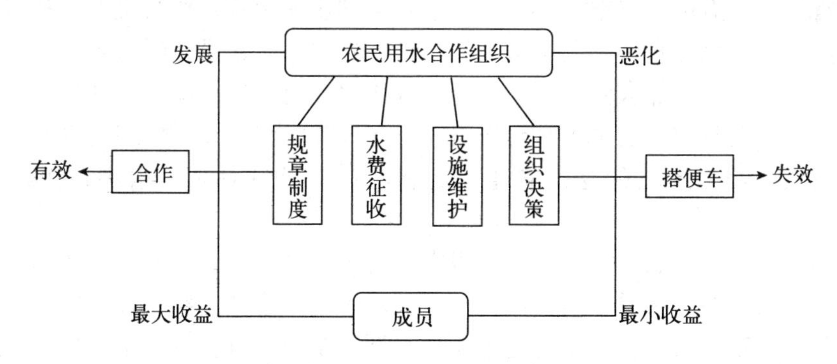

图 6－1　成员行为选择对农民用水合作组织的影响

一是合作推动发展的效应。当农民用水合作组织中的成员选择积极在组织中合作，服从组织的规章制度，及时主动缴纳水费，参与或主动进行设施维护，在组织决策过程中提供个人的意见，会对组织形成合作的动力氛围，使组织的发展经费可以得到及时补充，灌区内农田水利设施的完好率保证在90%以上，灌区内有效灌溉面积占到整个灌区的85%以上，组织决策的有效率达到90%，这些效应将会推动农民用水合作组织健康发展。

二是“搭便车”恶化发展的效应。当农民用水合作组织中的成员选择“搭便车”时，大多数成员对组织的规章制度无视，拖延或不缴纳水费，对灌溉设施的损坏漠不关心，不参与组织决策，这样会导致农民用水合作组织发展环境不断恶化，组织决策难以进行，组织发展经费难以寻求补充，灌区内的水利设施失修恶化难以遏制，从而导致农民用水合作组织名存实亡，难以为继。因此，充分认识成员的行为选择对农民用水合作组织发展的重要性，从而去引导和改变，才能挽救和推动农民用水合作组织的良性发展。

6.3 成员行为选择对政策制定的影响

我国农民用水合作组织发展较晚，发展速度较慢，发展成效较差，而这种局面的影响因素之一就是政府的作用。农民用水合作组织虽然在合作的宗旨上与农民专业合作社相似，但二者在根本上存在着不同。一方面，农民专业合作社多为自主发展，不受政府的行政干预，另一方面是政府在政策上大力扶持，资金上、政策上都获得政府的援助。但这些条件，农民用水合作组织都不具备。所以，要想使成员都积极在农民用水合作组织中合作起来，需要政府的扶持。相反而言，农民用水合作组织中成员的行为选择也是政府在政策制定上的依据和方向。

首先，政府可以根据成员是否自愿参与到农民用水合作组织中，制定相应的鼓励政策。大力宣传农民用水合作组织在农田水利建设上的重要作用，积极获得成员的认可。加大政府对农民用水合作组织的扶持力度，尤其是在资金和政策上，适度放权于农民用水合作组织，允许其将灌溉设施管理的权力分配下放给成员，增强成员的主人翁地位之感，获取成员对农民用水合作组织的信任。

其次，成员在农民用水合作组织中的行为选择——合作或“搭便车”可以为政府的政策制定提供方向。成员加入到农民用水合作组织后，做出的许多行为，如是否积极参加会议，是否愿意参与到灌溉设施维护中，是否积极缴纳水费等，都是体现其对农民用水合作组织发展现状的满意程度，或是对政府现有政策的认可程度，这些行为也是政府在政策制定上的方向。当成员选择合作——参加会议、维护灌溉设施、及时缴纳水费等，政府在政策制定上应以积极鼓励为准则，给予农民用水合作组织更大的发展空间，推动其向市场化的方向发展。当成员选择“搭便车”——不参加会议、不维护灌溉设施、不缴纳水费等，那么政府在政策制定上应以改变成员对农民用水合作组织的认可态度为方向，加强农民用水合作组织建设，加大对农民用水合作组织的扶持力度，增强其独立发展的能力，争取成员的认可和信任，从而促进成员的合作。

7　粮食主产区农民用水合作组织成员行为选择的影响因素

7.1　理论假设

粮食主产区农民用水合作组织中，成员的行为选择——合作或“搭便车”都是在成员的有限理性、成员异质性以及组织制度建设等动因的推动下而形成的，从实地调查中也可以发现粮食主产区农民用水合作组织成员的行为选择有趋利性、盲目性、消极性以及矛盾性等特征，如果要引导成员从“搭便车”的行为中转变为合作的行为，首要的就是要找到影响其行为选择的因素，从因素入手建设有效的机制才能推动成员积极地选择合作。本书从调研中发现，影响成员行为选择的因素主要包含以下几个方面：成员的个人特征、成员的经营特征、成员的心理认知以及农民用水合作组织的制度建设等。

7.1.1　成员的个人特征

成员的个人特征主要包括成员的年龄、性别、文化程度、是否担任村干部等4个因素。这些因素在理论上对农民用水合作组织成员的行为选择——合作或是“搭便车”都有很大影响。①从年龄来看，年龄大的成员在思想认识上更保守，对合作的排斥心理更强，对于风险更厌恶，接受新事物的意识也比较弱，所以年龄越大的成员对于农民用水合作组织的发展很难抱有积极的心态参与合作；而年龄较小、较年轻的成员对于新鲜事物的好奇心更重，接受和学习能力更强，对于农民用水合作组织这种合作化的组织态度更积极。②从性别上来看，男性成员和女性成员在家庭的主导地位上多为男性成员居之；而在思想上男性成员对新事物的学习能力和接受能力更强；而在体能上，男性成员为农民用水合作组织提供灌溉设施维护的可能性更大，因此男性成员在农民用水合作组织中选择合作的可能性更大。③从成员的文化程度来看，这里主要指的是成员受教育年限，受教育年限越长，人们接受新事物、学习和了解新事物的能力也越强，成员对于农民用水合作组织进行灌溉合作的排斥心理越弱，反之，受教育年限越短，则成员的排斥心理越强，就会更多地选择“搭便车”。④从成员是否担任村干部来看，是否担任村干部体现的是成员在农民用水合作组织的核心与非核心程度。如果成员担任的是村干部，那么即为农民用水合作组织的核心成员，核心成员在权利和义务上将比普通成员承担更多，强调的是团体理性和发展，那么这类成员在农民用水合作组织中选择“搭便车”的可能性更小。而如果成员并非农民用水合作组织中的核心成员，那么更多的是谋求个人和家庭的利益，强调的是个体理性和发展，这类成员选择“搭便车”的可能性更大。

7.1.2　成员的经营特征

成员的经营特征主要包括成员的灌溉面积、种植效益即种植作物的单产及每亩的种植收入、农作物的灌溉方式。①从成员的灌溉面积来看，成员家庭的灌溉面积越大，对水源或灌溉的依赖性更大，灌溉设施的建设和维护对成员而言也愈发重要，所以，成员选择合作的可能性就会增加。如果种植规模小，对设施的依赖性小，成员选择合作的可能性就越小。②从种植效益来看，也就是作物的单产和每亩的种植收入。过去的种植效益及未来的种植收入预期都会影响成员合作或是“搭便车”的行为。成员过去的作物单产越高，种植收入越多，成员种植的积极性越高，对灌溉设施的重视程度也就越高，从而导致成员积极主动维护和建设的可能性就越大，更愿意选择积极合作，而非“搭便车”。而如果过去的种植单产低，收入较少，成员的种植积极性就会受到严重的影响，对灌溉设施关心的程度就会减弱，选择合作的意愿就会大大降低。③从农作物的灌溉方式来看，目前成员对农作物的灌溉主要采取引河灌溉、机井、电井等三种方式，每一种的成本也不同，引河灌溉的成本最低，只需要利用建好的水利设施，每年缴纳 540 元/公顷的水费即可，而电井和机井则需农户自己修建，并需要缴纳电费或购买燃料。而如果农户采用的是引河灌溉的方式灌溉，则对灌溉组织的依赖性较高，对灌溉设施重视程度会比其他方式灌溉要强；如果是电井或机井灌溉，则对农民用水合作组织的依赖性弱，也就无所谓灌溉设施是否完善，选择合作的可能性更小，而更倾向于“搭便车”。

7.1.3　成员的心理认知

这里所说的成员心理认知主要包括成员对农民用水合作组织的了解程度、成员自身所认为的农民用水合作组织成立的必要性、成员对该地区农民用水合作组织是否满意、成员认为的农民用水合作组织带来的益处等。成员对于这些问题的理解和认知对其在农民用水合作组织中选择合作还是“搭便车”都有重要影响。①从成员对农民用水合作组织的了解程度来看，成员对农民用水合作组织越是了解，就会减少其在农民用水合作组织中的盲目性，其在做出合作或是“搭便车”的行为选择上就会有明确的认识，反之其在农民用水合作组织中的自我认识就越不清楚，行为选择就具有很强的盲目性，从而导致跟风观望的“搭便车”行为越明显。②从成员自身所认为的农民用水合作组织成立的必要性来看，如果成员认为农民用水合作组织的成立对当地的灌溉设施管理很有必要，从自身利益出发，他就会更愿意参与到农民用水合作组织中来，在组织中积极地选择合作；反之，如果他认为农民用水合作组织的成立完全没必要，他对该组织的排斥心理越强，不愿意为组织建设付出，在组织中的行为更倾向于“搭便车”，而不是选择合作。③从农民用水合作组织带来的益处来看，如果成员认为在加入农民用水合作组织之后，其上交的税费以及自家对灌溉的投入有所减少，或是自家的经济收入比在加入组织前有所增加，那么成员在组织中选择合作的积极性将大大增强；相反，如果加入农民用水合作组织后，成员从组织中获得利益很少或无利可图，组织的发展对其生产和生活无益，那么其对农民用水合作组织合作的积极性将大打折扣，选择“搭便车”的可能性就会大大增加。④从成员对该地区农民用水合作组织是否满意来看，若成员在加入当地的农民用水合作组织后，经过一系列活动和建设，成员对农民用水合作组织比较满意，那么其对农民用水合作组织的认可程度也有所增加，他就会在组织中积极地合作；如果其在参加该组织后，对组织建设和发展不满意，他就会选择在组织中“搭便车”。

7.1.4 农民用水合作组织的制度建设

影响成员行为选择的农民用水合作组织的制度建设主要包括组织的成员进入方式、用水户代表的产生方式、组织的章程、组织的决策机制等。①从成员的进入方式来看，如果成员是由当地政府或村委会强制加入的，那么这种加入方式注定导致成员在农民用水合作组织中的消极及“搭便车”；而如果成员是主动加入或是经人介绍加入，那么从加入方式上就会给成员一种正规的印象，排斥的心理就会减弱，合作的可能性就会增加。②从用水户代表产生方式来看，如果用水户代表的产生是由当地组织的成员民主推选或公认产生的，那么就会增加成员对组织的认可程度，减轻排斥心理，使成员做出合作的行为选择；而反之，用水户代表的产生未经过成员推选，没有得到成员的认可，那么就会导致成员对该组织的抱怨和排斥，使其在组织中消极沉默，甚至是“搭便车”。③从组织章程来看，一个组织是否正规，章程便是一个首要证明。如果成员在加入农民用水合作组织后，并不了解组织的章程，或是组织章程不完善，使成员无章可依，无章可守，成员对组织就没有百分百的信任感，对于合作，也就会犹豫不决；而反之，如果组织章程完善，成员们有章可循，就会增加对组织的信任感，合作的态度就会积极。④从农民用水合作组织的决策机制来看，成员在组织决策中是否有影响力也是决定其是否积极合作的重要因素。如果农民用水合作组织实行的是领导决策，或是成员不知晓组织决策的来源是什么，那么成员就会在组织中发挥不到参与作用，认识不到自己的地位，合作与“搭便车”对其在组织中的发展就没有分别而言；如果组织实施的是民主决策，成员认识到自己在组织中的作用或地位，成员有其话语权，那么成员就会积极为组织决策发表自己的意见，实现合作的目标。

7.2　实证分析

7.2.1　成员行为选择影响因素的描述性统计

为了更好地研究粮食主产区农民用水合作组织成员的行为选择，本书在粮食主产区水稻种植地区选取了湖北省宜昌市、漳河灌区，湖南省岳阳市、长沙市，山东省德州市、聊城市、日照市，黑龙江省齐齐哈尔市、五常市、绥化市、鹤岗市、七台河市等地区的农民用水合作组织作为主要的调研对象，但在进行数据搜集及组织调研过程中，有多家农民用水合作组织名存实亡，因此经过筛选，回收的有效问卷365份，问卷有效率为91.3%。根据调研所搜集到的数据，可以从中找出影响粮食主产区农民用水合作组织成员作为选择的因素。

1. 成员个人特征的描述性统计

从成员年龄来看，在所调查的成员中，占的比重最大的是45～55岁，约占45.2%，其次为55岁及以上，占到了37.3%，其他年龄段的成员占的比重均小于15%。因此可以看出，粮食主产区农民用水合作组织的成员多数为45～55岁，都是家庭中主要劳动力。从成员性别来看，大多数为男性成员，占到了77.5%，其余的为女性成员。从成员的文化程度来看，小学以下和初中文化程度的成员较多，分别占到了33.4%和39.5%，高中及以上的成员较少。从成员是否为村干部来看，本次调查的大多数成员并非村干部，村干部的比例只占到15.3%，其余84.7%成员均属于普通成员，并非核心成员（表7-1）。

表 7-1 样本农民用水合作组织的成员个人特征

成员个人特征	分类	比重（%）
年龄	25～35 岁	2.7
	35～45 岁	14.8
	45～55 岁	45.2
	55 岁及以上	37.3
性别	男	77.5
	女	22.5
文化程度	小学	33.4
	初中	39.5
	高中及以上	27.1
是否担任村干部	是	15.3
	否	84.7

数据来源：根据调研数据整理获得。

2. 成员的经营特征状况

本书所说的成员的经营特征主要包括成员的灌溉面积、种植作物的单产、种植收入及作物的灌溉方式。由于灌溉面积已在前面部分进行了描述，本部分主要对其他指标进行描述。从单产来看，在所调查的成员中，单产大部分集中在 1 200～1 500 斤[①]/亩，占到了 52.9%，其次为 1 000～1 200 斤/亩，所占比重为 28.5%，单产为 1 000 斤/亩以下的成员只占到了 7.9%。从种植收入来看，每亩种植收益最高的为 1 000～1 500 元，占到了 33.2%，其次为 2 000～2 500元，占到了 31.2%，每亩收益超过 2 500 元以上的占的比重较小。从灌溉方式来看，在所调查的成员中，作物的灌溉方式主要有三种，常用的是引河灌溉，占到了 79.2%，其次是机井，占到了 13.4%，电井在灌区内还并未普及，占的比重为 7.4%（表 7-2）。

表 7-2 样本农民用水合作组织的成员经营特征

成员经营特征	分类	比重（%）
灌溉面积（亩）	20 以下	75.8
	20～40	8.5
	40～60	5.8
	60 及以上	9.9

① 斤为非法定计量单位，1 斤=500 克。下同

（续）

成员经营特征	分类	比重（%）
单产（斤/亩）	1 000 以下	7.9
	1 000～1 200	28.5
	1 200～1 500	52.9
	1 500 及以上	10.7
种植收入（元/亩）	1 000 以下	4.4
	1 000～1 500	33.2
	1 500～2 000	23.8
	2 000～2 500	31.2
	2 500 及以上	7.4
灌溉方式	机井	13.4
	电井	7.4
	引河灌溉	79.2

数据来源：根据调研数据整理获得。

3. 成员的心理认知情况

从成员对农民用水合作组织的了解程度来看，大多数成员对农民用水合作组织的了解并不明确，36.7%的成员不了解农民用水合作组织，只有 18.9%的成员很了解农民用水合作组织。而在问及农民用水合作组织成立的必要性时，49.6%成员认为“没有必要”，有 11.7%的成员认为“很有必要”，还有 17.3%的成员对农民用水合作组织的成立抱着无所谓的态度（表 7－3）。

表 7－3　样本农民用水合作组织的成员心理认知情况

成员心理认知	分类	比重（%）
成员对农民用水合作组织的了解程度	不了解	36.7
	有点了解	44.4
	很了解	18.9
农民用水合作组织成立的必要性	很有必要	11.7
	有必要	21.4
	无所谓	17.3
	没必要	49.6

数据来源：根据调研数据整理获得。

从农民用水合作组织成立对成员的影响来看，总体上成员并不认为农民用水合作组织的成立给他们带来了益处。在成员上交的水费上，46.8%成员认为农民用水合作组织成立前后，上交的水费基本没变。在成员的经济收入上，64.9%的成员认为农民用水合作组织成立与他们的收入无关，也就是成立前后经济收入并未有多大改变。从成员灌溉资金投入上，52.6%的成员认为组织成立对他们的灌溉资金投入没有什么影响（表 7-4）。

表 7-4　样本农民用水合作组织成立后对成员的影响

农民用水合作组织的影响	分类	比重（%）
成员上交的水费	减少	45.8
	基本没变	46.8
	增加	7.4
成员的经济收入	增加	9.6
	基本没变	64.9
	减少	25.5
成员的灌溉资金投入	增加	27.4
	基本没变	52.6
	减少	20.0

数据来源：根据调研数据整理获得。

从成员对农民用水合作组织的满意度情况来看，为了便于分析，本书在调查时只选取了满意与不满意两种程度。从图 7-1 可以看出，74.8%的成员对农民用水合作组织的成立和发展并不满意，没有达到他们所期望的成效，只有 25.2%的成员对农民用水合作组织比较满意。

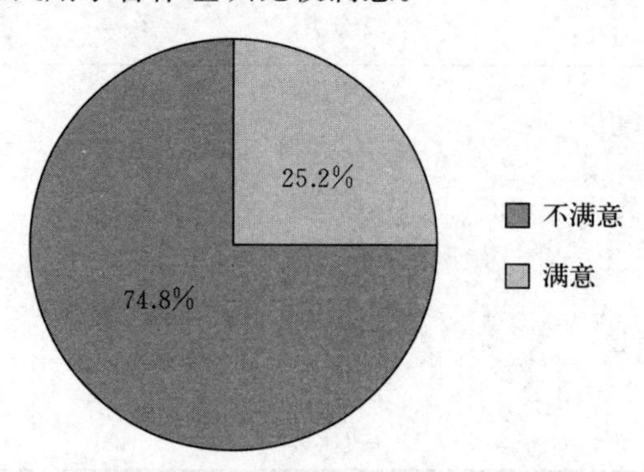

图 7-1　样本农民用水合作组织的成员满意度

4. 农民用水合作组织制度建设情况

农民用水合作组织的制度建设是否完善，体现的是组织是否正规化和科学化，对于成员而言也代表着是否值得信任。首先从成员进入方来看，大多数成员并非是自己主动加入，有56.4%的成员是在当地政府和村委会的引导下加入的，有17.0%的成员是经人介绍加入的，还有7.4%的成员是政府强制加入的（表7-5）。

表7-5 样本农民用水合作组织的成员进入方式

成员进入方式	比重（%）
当地政府、村委会引导加入	56.4
自己主动加入	19.2
经人介绍加入	17.0
政府强制加入	7.4

数据来源：根据调研数据整理获得。

从用水户代表产生的方式来看，27.2%的成员对用水户代表如何产生的并不知晓，15.6%的成员认为这些用水户代表是由村干部指定的，并不是民主产生的（表7-6）。

表7-6 样本农民用水合作组织的用水户代表产生方式

用水户代表的产生方式	比重（%）
投票产生	39.7
举手表决产生	17.5
村干部指定	15.6
不知道	27.2

数据来源：根据调研数据整理获得。

从农民用水合作组织的规章制度来看，41.7%的成员对所加入的农民用水合作组织中是否有规章制度并不了解，并且有6.6%的成员认为农民用水合作组织中并没有规章制度。从农民用水合作组织的决策方式来看，有61.4%的成员认为所加入的农民用水合作组织的决策方式为领导决策，只有38.6%的成员认为是一种民主决策（图7-2、图7-3）。

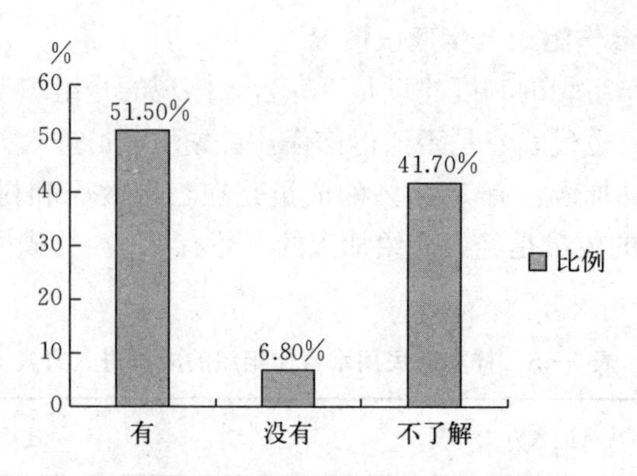

图 7-2　样本农民用水合作组织中成员对规章制度的认识

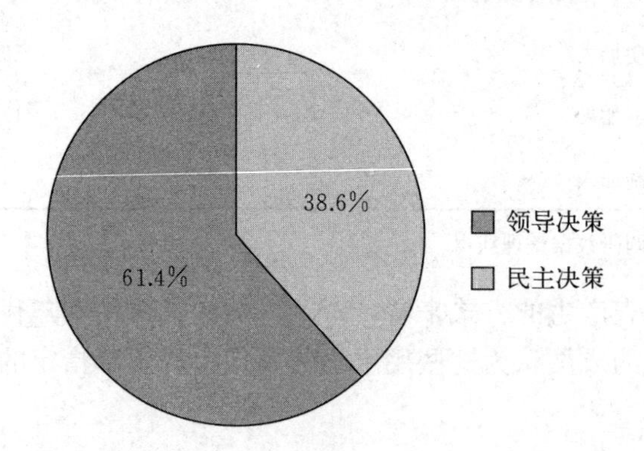

图 7-3　样本农民用水合作组织中成员对决策方式的认识

7.2.2　成员行为选择影响因素的计量经济分析

1. 计量经济模型的构建

这一部分研究的主要是以上各因素是否对黑龙江省农民用水合作组织的成员行为选择有影响，影响程度有多大，自变量与因变量之间的形式又是怎样的。根据前文的研究，可以知道因变量即为成员的行为选择——合作或“搭便车”，那么设因变量为 y，当 $y=0$，即为成员选择的是“搭便车”；当 $y=1$，表示成员选择的是合作。在诸多模型中，二项逻辑回归（Binary Logistic）适于因变量为二分变量的情况，因此这一部分本书选取二元 Logistic 作为分析的模型，依据上文对影响因素的分类，本书将农民用水合作组织成员行为选择的影响因素设定为以下形式：

$$P_i=F\ (y=x_k)\ =\frac{e^z}{1+e^z} \qquad (7-1)$$

其中，$$F=\alpha+\beta_1x_1+\beta_2x_2+\beta_3x_3+\cdots+\beta_ix_i$$

式（7-1）中，y 表示农民用水合作组织成员的行为选择——合作或“搭便车”，$y=1$ 表示成员在农民用水合作组织中选择合作，$y=0$ 表示成员在农民用水合作组织中选择“搭便车”。P_i 表示成员在农民用水合作组织中选择合作的概率；α 表示常数项；x_k 表示第 k 个影响成员合作的自变量，k 为自变量的个数；β_k 是自变量 x_k 的回归系数。成员在农民用水合作组织中选择合作的概率与成员在农民用水合作组织中“搭便车”的概率比值 $\frac{P_i}{1-P_i}$ 为事件发生比，对其取自然对数，得到 Logistic 回归模型线性表达式：

$$\ln\left(\frac{P_i}{1-P_i}\right)=\alpha+\beta_1x_1+\beta_2x_2+\beta_3x_3+\cdots+\beta_ix_i \qquad (7-2)$$

本书运用 SPSS21.0 的二元 Logistic 回归，对影响农户参与农田水利建设的因素进行回归分析，从而找出影响农户参与意愿的显著性因素。

2. 变量的选择及解释

根据前文对粮食主产区农民用水合作组织成员行为选择的影响因素所进行的理论和数据描述，本书在构建二元 Logistic 回归模型时，共选择了 4 类 18 个变量，变量的解释、含义及赋值、均值及标准差、预期影响等详细列出，如表 7-7、表 7-8 所示。

表 7-7 模型中各个变量的解释与说明

变量含义	变量赋值	预期影响
成员的年龄 X_1	成员的实际年龄（岁）	−
成员的性别 X_2	男=1；女=0	+
文化程度 X_3	小学=1；初中=2；高中及以上=3	+
是否担任村干部 X_4	是=1；否=0	+
成员灌溉面积 X_5	成员种植规模（亩）	+
单产 X_6	作物的单位面积产量（斤/亩）	+
种植收入 X_7	每亩的种植收入（元/亩）	+
灌溉方式 X_8	引河灌溉=1；电井=2；机井=3	−
成员对用水合作组织的了解 X_9	不了解=1；有点了解=2；很了解=3	+
农民用水合作组织成立的必要性 X_{10}	很有必要=1；有必要=2；无所谓=3；没必要=4	−
成员上交的水费 X_{11}	减少=1；基本没变=2；增加=3	−

（续）

变量含义	变量赋值	预期影响
成员的经济收入 X_{12}	减少＝1；基本没变＝2；增加＝3	＋
成员灌溉资金投入 X_{13}	减少＝1；基本没变＝2；增加＝3	－
成员满意度 X_{14}	满意＝1；不满意＝0	＋
成员加入方式 X_{15}	引导加入＝1；主动加入＝2，；经人介绍加入＝3；强制加入＝4	－
用水户代表产生方式 X_{16}	投票产生＝1；举手表决＝2；村干部指定＝3；不知道＝4	－
规章制度 X_{17}	不了解＝1；没有＝2；有＝3	＋
决策方式 X_{18}	民主决策＝1；领导决策＝2	－

表 7-8　模型中各个变量的统计性描述

	极小值	极大值	均值	标准差
年龄	28	74	51.63	8.380
性别	0	1	0.78	0.418
文化程度	1	3	1.94	0.777
是否为村干部	0	1	0.15	0.361
灌溉面积	1	90	16.04	22.097
单产（斤/亩）	800	1 500	1 218.41	182.289
纯收入（元/亩）	800	2 700	1 691.34	516.477
灌溉方式	1	3	1.34	0.704
了解程度	1	3	1.82	0.725
必要性	1	4	2.19	0.907
上交水费变化	1	3	1.62	0.621
经济收入变化	1	3	1.84	0.571
灌溉资金投入变化	1	3	2.07	0.685
满意度	0	1	0.75	0.435
加入方式	1	4	1.75	0.986
用水户代表产生方式	1	4	2.30	1.246
规章制度	1	3	2.10	0.961
决策方式	1	2	1.39	0.488

3. 计量经济模型的估计与检验

农民用水合作组织成员行为选择影响因素的二元 Logistic 回归模型测算结果显示（表 7－9），Hosmer 和 Lemeshow 是拟合统计量，其零假设表示方程对实际数据的拟合度良好，其卡方值是 10.726，概率 p 的显著性水平 $Sig.=0.218>0.05$，无法拒绝零假设，说明模型拟合程度较好。

表 7－9　模型 Hosmer 和 Lemeshow 检验结果

步骤	卡方	*df*	*Sig.*
1	10.726	8	0.218

4. 计量经济模型的结果分析

根据调查数据，运用 SPSS21.0 二元 Logistic 回归进行模型估计，其结果见表 7－10。从表 7－10 中可以看出，成员的年龄、成员的灌溉面积、成员的灌溉方式、成员对农民用水合作组织成立必要性的认识、成员加入农民用水合作组织后上交水费变化、成员加入农民用水合作组织后经济收入的变化、成员对农民用水合作组织的满意度、成员对农民用水合作组织规章制度的认识等 8 个因素对成员的行为选择——合作或“搭便车”有显著的影响，其他因素对成员的行为选择不具有显著性的影响。

表 7－10　模型的估计结果

	B	*S.E,*	*Wals*	*df*	*Sig.*	Exp（*B*）
年龄	−0.049	0.017	8.780	1	0.003	0.952
性别	0.573	0.316	3.275	1	0.070	1.773
文化程度	−0.137	0.188	0.526	1	0.468	0.872
是否为村干部	0.421	0.397	1.125	1	0.289	1.523
灌溉面积	0.026	0.008	9.882	1	0.002	1.026
单产（斤/亩）	0.000	0.001	0.039	1	0.843	1.000
纯收入（元/亩）	0.000	0.000	0.134	1	0.714	1.000
灌溉方式	0.384	0.213	3.237	1	0.027	1.468
了解程度	0.213	0.227	0.882	1	0.348	1.238
必要性	−0.485	0.175	7.700	1	0.006	0.615
上交水费变化	−0.615	0.239	6.606	1	0.010	0.541
经济收入变化	−0.510	0.244	4.377	1	0.036	0.601
灌溉资金投入变化	−0.213	0.192	1.226	1	0.268	0.808

（续）

	B	S.E.	Wals	df	Sig.	Exp (B)
满意度	0.561	0.324	3.003	1	0.038	1.753
加入方式	−0.174	0.135	1.671	1	0.196	0.840
用水户代表产生方式	−0.010	0.142	0.005	1	0.944	0.990
规章制度	0.457	0.184	6.182	1	0.013	1.580
决策方式	0.727	0.385	3.564	1	0.059	2.068
常量	2.140	1.857	1.328	1	0.249	8.498

（1）从成员的年龄来看，成员的年龄越小，成员在行为选择过程中更倾向于选择合作，二者之间呈负相关关系。年龄影响的是成员对新事物的认识和学习能力，年龄越小，成员对新事物的认识态度就会越积极，学习新事物的能力就会越强，从而选择合作的意愿会更高。

（2）从成员的灌溉面积来看，成员需要灌溉的耕地面积越大，对灌溉设施的依赖性就越高，而农田水利灌溉设施在性质上属于公共产品，依靠成员个人的能力并不能保证水利灌溉设施的完好率，满足成员灌溉的需要，因此成员需要依赖于组织，在行为选择上更倾向于合作。

（3）从成员的灌溉方式来看，灌溉方式有机井、电井、引河灌溉。如果成员以机井和电井为主要的灌溉方式，那么其对引河灌溉的依赖性就小，而对灌溉设施的依赖性或对用水合作组织的依赖性就越低，导致成员选择合作的可能性就越小。相反，如果成员依赖于引河灌溉，选择合作的意愿就越强。

（4）从成员对农民用水合作组织成立必要性的认识来看，成员越是认为农民用水合作组织的成立很有必要，对农民用水合作组织的需求就越强，加入组织后，选择合作的可能性越大。反之，如果他认为农民用水合作组织的成立完全没必要，他对该组织的排斥心理就越强，在组织中的行为更倾向于“搭便车”。二者之间存在明显的正相关关系。

（5）从成员加入农民用水合作组织后上交水费变化来看，如果成员认为加入农民用水合作组织后，上交的水费越是增加，那么成员对农民用水合作组织越是排斥，二者之间存在明显的负相关关系。如果农民用水合作组织成立后，成员上交的水费减少了，给成员带来了益处，那么就会增强成员对农民用水合作组织的好感，从而更愿意选择合作。

（6）从成员加入农民用水合作组织后经济收入的变化来看，与成员行为选择之间存在正相关关系。成员加入农民用水合作组织的原因之一就是可以增加经济收入，如果成员加入农民用水合作组织后，经济收入与之前相比更多，则会大大增强成员合作的意愿，从而避免“搭便车”行为的产生。

（7）从成员对农民用水合作组织的满意度来看，成员对农民用水合作组织越是认可，满意度就越高，则对农民用水合作组织的信任度就越强，实现成员合作的机会就越大，与成员行为选择之间存在明显的正相关关系。

（8）从成员对农民用水合作组织规章制度的认识来看，如果成员对农民用水合作组织的规章制度更了解，那么成员对农民用水合作组织的认可程度就越高，选择合作的可能性就越大；而相反，如果成员不了解农民用水合作组织的规章制度，那么就会导致成员对该组织的不信任，甚至是排斥，从而导致他们选择“搭便车”。

8 改善粮食主产区农民用水合作组织成员行为选择的激励机制构建

合作问题的核心是激励，个人行为与集体利益的冲突都是来自于个人的最优选择与集体的最优选择的不同步性，为此，要想实现合作，就要将个人利益的最优选择与集体利益的最优选择统一起来。从这个问题入手，推进黑龙江省农民用水合作组织成员选择合作的最主要方式就是构建有效的激励机制。本书通过对黑龙江省农民用水合作组织成员行为选择的影响因素分析，可以发现成员的文化水平、成员的灌溉面积、成员的灌溉方式、成员对农民用水合作组织的了解程度、成员对农民用水合作组织成立必要性的认识、成员加入农民用水合作组织后上交水费变化以及灌溉资金投入的变化、成员对农民用水合作组织的满意度、成员加入农民用水合作组织的方式以及用水户代表产生方式等10个因素对成员的行为选择——合作或“搭便车”有显著的影响，那么针对成员行为选择的激励机制，首先就要从这些影响因素入手。

8.1 外部激励机制构建

所谓外部激励机制就是从农民用水合作组织存在和发展的外部环境入手，重点是政府和政策环境，而要实现粮食主产区农民用水合作组织的规范运行，推动成员的合作，政府的扶持和政策的保障，对于农民用水合作组织这种初期发展的状态尤为重要。

8.1.1 建立政府补助与项目审核相结合的资金投入机制

农民用水合作组织在我国出现后，共有两种发展模式，一种是世行模式，即农民用水合作组织在发展过程中得到世界银行贷款的资助，这种模式在湖北和湖南等长江流域较常见；另一种是非世行模式，即在世行模式兴起后，在全国其他地方有组织或自发成立的，但这种模式在资金上先天不足，发展较缓慢，在北方地带较常见。如黑龙江省的农民用水合作组织均为非世行模式，在组织成立和发展过程中，面临资金严重缺乏的困境，而政府只是在成立时给予

10万元的资金补助，难以保障长期发展，从而导致发展缓慢，没有生机。农民用水合作组织在发展过程中确实需要政府在资金上给予支持，但却并不能实施“一次性”的补助，给予的补助也不能完全“无偿”。在给予“一次性”补助的情况下，往往农民用水合作组织没有长期规划，资金在短时间内一用而光。因此，即使给予资金补助，也要有真实而明确的前提，即以项目为前提。要解决这一问题，从政府角度而言，应该建立一种既给予资金支持又保证资金投入方向的补助审核机制（图8-1）。具体而言：

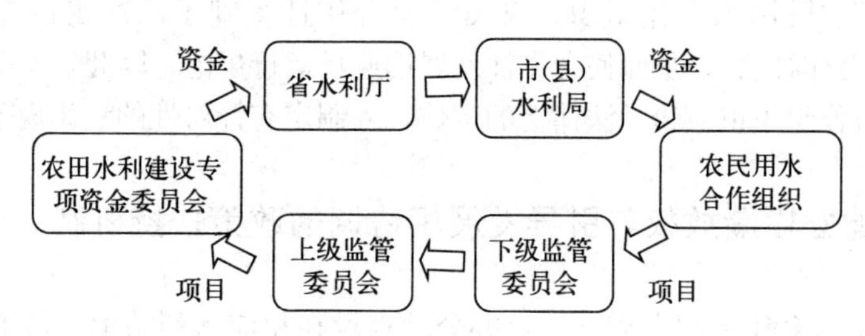

图8-1 政府补助与项目审核相结合的资金投入机制流程图

（1）在省级或国家级水利部门成立农田水利设施建设专项资金委员会，负责审核下级部门所上报的农田水利建设项目，对于符合项目要求和条件的，按照项目等级，给予相应的资金补助。

（2）由当地的农民用水合作组织在灌区内以灌区建设为目标，筹划项目上报，再由上级水利部门逐级审核并上报。

（3）在各级水利部门设立监管委员会，对于政府给予资金补助的项目，进行定期跟踪和审核，将项目建设状况反馈给上级，直至项目完成。

（4）在这种机制中最重要的是补助与审核的相结合，在项目申报和项目审核中要避免伪造或欺瞒的现象产生，在运行机制时要做到公平、公正和公开。

8.1.2 建立明确地位与规范运行相统一的法律监督机制

农民用水合作组织在成立时虽然在民政部门进行注册，但在具体运行和管理过程中，却属于上级水利部门管理，或者可以说是依附于上级水利部门而存在，这也偏离了“合作”的宗旨。农民用水合作组织自在中国成立以来，就是以用水户合作为宗旨，就是为了解决灌溉设施无人维护以及用水纠纷不断的问题，但是黑龙江省农民用水合作组织自成立以来，却一直是水利部门中“名存实亡”的组织，没有实权，没有收取水费的权力，更没有管理灌溉设施建设的权力，由此导致农民用水合作组织名不正、言不顺，发展缓慢。要解决这一问题，最迫切的就是建立一种既明确了其法律地位，又对其起到规范作用的法律监督机制。

要建立这一机制，首先就是要明确农民用水合作组织的法律地位。在民政部门注册，并不能证明这一组织的法律地位。虽然农民用水合作组织严格上来说并不属于农民专业合作社的范畴，二者虽在社团性质、社团成立、社团目标上存在共性，但在社团经济性、发展环境和发展空间上还有很多不同，但即使如此，本书认为在管理上和机制运行上，均可以借鉴农民专业合作社的经验来治理和管理农民用水合作组织。农民专业合作社得到了法律定位，并制定了《农民专业合作社法》，从而使合作社发展迅速且运行规范，因此，本书认为对于农民用水合作组织也应给予法律上的定位，并制定有针对性的法律规范其运行。

8.1.3 建立逐渐放权与引导发展相协调的政策扶持机制

农民用水合作组织在成立后，办公地点设在相应水利站中，负责的事务均是得到水利部门的指挥和授权，管理的成员也只是持一种观望的态度，从总体上看发展没有生机。本书认为，造成这一局面的主要原因就是政府没有给予农民用水合作组织相应的水利权力，缺乏对农民用水合作组织发展的引导。如果长期下去，只会造成人力物力财力的浪费，使农民用水合作组织成为基层水利部门的“附属品”。农民专业合作社自发展以来，每一年的政府文件中都会提及促进其发展的政策，这些政策看似没有实际意义，却代表着政府对农民专业合作社的鼓励，给予其发展的生机。但自农民用水合作组织发展以来，政府并没有给予其自由发展的空间，受到水利部门的管制，也没有更多的政策文件鼓励其发展，引导其未来的发展方向，导致农民用水合作组织发展动力不足。因此，政府应建立一种逐渐放权又引导其发展的政策扶持机制。一方面，政府根据当地的灌溉和水利需要，按照用水户的意愿，将基层权力（管理灌溉设施、收取水费、小型水利工程建设等）逐渐授予当地的农民用水合作组织，使其拥有自由发展和因地制宜的权力，取得发展空间和动力。另一方面，政府在水利政策文件中逐渐增加对农民用水合作组织的引导，如未来的发展需要、未来的职能以及发展需要规范的地方等，使农民用水合作组织在发展过程中有权力、有责任、有目标、有规范。

8.2 内部激励机制构建

在建设推动黑龙江省农民用水合作组织成员行为选择的激励机制过程中，

虽然有外部的激励机制，但这只是外因，并不能决定农民用水合作组织能否长远发展起来，更重要的还是内因——农民用水合作组织的内部激励机制建设。从调研中发现，粮食主产区的农民用水合作组织在发展过程中，水利灌溉设施没有清晰的产权，缺乏对成员的引导和宣传，规章制度不完善，决策方式过于集中化，灌溉设施有人用而无人管，因此，本书将针对这几个问题述及建立农民用水合作组织的内部激励机制。

8.2.1 建立“所有权不变、经营权灵活承包转让”的灌溉设施产权机制

农田水利设施建设一直以来都属于政府部门的职责，大型的水利设施一般由乡镇以上的水利部门负责，而小型的农田水利设施则是由当地的水利站进行管理。这些水利设施的产权，大型的属于国家所有，而小型的则是由集体所有。这种产权格局造成了农田水利设施“有人用、无人管”，老化失修严重，用水户“搭便车”，形成“公地悲剧”。因此，要改变这种现象，就要从产权入手。农田水利设施的产权包括所有权、使用权和经营权，但根深蒂固的公共产品特性导致水利设施的所有权不可轻易动摇，使用权和经营权可以有偿或无偿承包转让，这也是农田水利设施产权机制建设的原则和突破口。因此，本书建立了“所有权不变、使用权及经营权可承包、可转让”灌溉设施产权机制。所有权不变，即要保证大型农田水利设施的产权由国家所有，中小型的农田水利设施由国家建设的逐步移权给农民用水合作组织，由农民用水合作组织建设的则归属于农民用水合作组织。这样基本保证了农民用水合作组织对当地中小型水利设施的自由分配权利。经营权灵活承包转让，即指农民用水合作组织对于可以分配下放的水利设施、渠道可公开进行承包转让，坚持就近原则，对于灌溉面积达到30亩以上的成员可以单独承包其灌溉范围内的设施及渠道，进行管理和使用；对于灌溉面积较小的成员则可实行联合承包周边灌溉的设施及渠道。但这种承包，并不能直接得到成员的认可和积极性的调动，因此，在承包时，农民用水合作组织要对承包制定相应的规定，要保证承包人对承包的设施具有经营权、使用权，对侵犯承包人利益、破坏承包人设施使用的人员应进行相应处罚，承包人的承包权可有偿转让。在承包初期，可以初步实施无偿承包，后期承包效果逐步好转后再进一步实施有偿承包。

8.2.2 建立“水利工作站十用水户小组”逐级管理的设施管护机制

我国的农民用水合作组织发展仍然处于初级阶段，在农田水利设施管理和

维护方面没有充分调动成员参与的积极性，导致农田水利设施有人用而无人管，设施年久失修，成员满意度下降。因此本书拟建立“水利工作站＋用水户小组”的逐级管理的设施管护机制。这种机制的上级即为水利工作站，由水利部门任命专业的水利工作人员组成，负责为整个灌区的水利设施使用和维修提供技术和专业指导，在灌区每条干、支渠道设立水利工作站，各个水利工作站受水利工作总站的管理和指导，各个水利工作站定期向水利工作总站汇报相应的干、支渠道水利设施的使用状况，对于需要紧急建设和修护的设施进行上报申请。在水利工作站下设多个用水户小组，用水户小组按村屯为单位进行设立，负责管理当地村屯的斗、农、毛渠，调节当地的用水纠纷，当地农民用水合作组织成员若发现有损坏、需要维修的设施渠道，则直接上报用水户小组，再由用水户小组报水利工作站，由其派专业人员进行维修和管理。在整个设施管护机制中，成员、用水户小组有权对水利工作站、用水户小组进行监管和督查，可越权报告上级进行管理和纠正。在“水利工作站＋用水户小组”逐级管理的设施管护机制内，每个部门角色清楚，分工明确，避免了有人用、无人管、责任推脱现象的发生。

8.2.3 建立“用水户小组会议＋用水户代表大会＋董事会”的三级决策机制

决策机制是一个组织运行的重要机制，一般由决策者、决策方式和决策内容、决策程序等组成。而对于一个组织而言，只有实现任何活动都有相关决策者通过必要的决策程序和规定的决策方式，形成统一的意见，才能保证不会因为个人意见失误造成组织的损失。在多数农民用水合作组织运行过程中，决策并没有实现成员的意愿表达。在调研中发现，大多数成员不了解组织的决策过程，不知道决策者，不了解决策方式，也有很多成员认为该组织的决策方式均为领导决策，足可见在农民用水合作组织中，建立完善的决策机制很重要。因此，本书主张建立“用水户小组会议＋用水户代表大会＋董事会”的先民主后集中的三级决策机制。先民主，即要保证成员的意愿得到充分表达；后集中，即要避免由于民主造成的事务耽搁、难以决策及对情况不了解而歪曲决策的现象。因此，在民主环节中，要召开用水户小组会议，将成员的意愿在小组内充分表达，用水户代表将本小组的意见在用水户代表大会上向上级领导进行反映，最后进入集中环节，由董事会成员根据实际情况和现实条件进行决策。在整个环节中，用水户小组会议的召开，必不可少，对于用水户代表的要求严格，需要其明确其责任，真实地反映成员意见。另外在这个机制中强调的是公开决策，即要设立监事会对于董事会进行监管。监事会的成员必须保证1/3的成员为基层成员，在整个决策完成后，由监事会进行会务公开，保证会议的公正和公开。实行“用水户小组会议＋用水户代表大会＋董事会”的决策机制，一方面要保证成员的意愿得到充分表达；另一方面也要保证组织的决策得到有效实施。只有将二者有机结合起来，才能实现真正意义的决策。

8.2.4 建立“以量计费、梯级水价”的灌溉用水管理机制

农民用水合作组织与农民专业合作社在利益分配上有很大的不同。农民用水合作组织是一个非盈利性的组织，成员上交的水费多数被用作管理人员的工资开销，其余留作组织建设基本费用，因此，并没有能力做到农民专业合作社“分红＋股金”的利益分配，导致成员在农民用水合作组织内无实际利益目标，合作的积极性不高，“搭便车”的心理居多。因此，本书认为可以将水费作为刺激成员合作积极性的突破点，建立“以量计费、梯级水价”的缴费机制。以量计费，即为了改变以往农民用水合作组织按灌溉面积征收水费的办法，避免成员由于用水的不公平性，拖欠水费、不愿意合作的情况，在整个灌区内实行用仪器测量成员使用的实际水量，按用水量收取水费。梯级水价即在灌溉用水管理过程中，仿效用电价格机制，根据农民用水合作组织内成员灌溉水量的情况，设立梯级计价的标准，超过相应的标准则加收水费，在标准内使用水量，则按标准内的费用征收水费。这种税费征收机制不可避免的是成本高，对于仪器的标准和精密都有较高的要求，但实施之后会带来两种效应：一是成员合作效应，即改变了以往“少用或没用”河流水灌溉造成的成员对不公平缴费的抱怨现象，促使成员及时缴纳水费；二是成员节水效应，即由于超过相应的用水量水价会相应提高，成员为了节省费用，会按需放水，避免过度用水浪费，从而呈现节水效应。

8.2.5 建立“合作组织理论宣传＋灌溉用水技能培训”的成员培养机制

农民用水合作组织的成员多为当地的用水户，文化程度多为初中以下，在接受新鲜事物的观念和能力上难以跟上时代的步伐，尽管他们已经成为农民用水合作组织的成员，但从调研中发现，许多成员并不认同或是并不了解农民用水合作组织，在组织中也并没有发挥管理的作用。对于一个组织而言，仅仅依靠领导的力量很难长久地维持下去，领导能力强，而成员不认可，不要求进步，也只会成为组织发展的障碍。因此，改变成员的观念和认知，提高成员的

灌溉技能，对农民用水合作组织尤为重要。从农民用水合作组织发展的现状而言，建立“合作组织理论宣传＋灌溉用水技能培训”的成员培养机制，是从理论上和技能上获取成员认可、提高成员素质的重要手段。一方面，在合作组织理论宣传上，可以借鉴农民专业合作社的发展经验，加大对成员的理论宣传，将农民用水合作组织的设立章程、发展意义及成员在组织中的作用详细地向成员进行讲解，印发手册，改变成员不清楚、不了解、不认可的状态；定期组织成员前往成熟的农民用水合作组织进行学习、参观，给予成员直接的认识，有利于成员积极参与到农民用水合作组织建设中来。另一方面，在灌溉用水技能培训上，虽然农民用水合作组织中的成员大多数为经验丰富的农民用水户，但在先进的技能和设备方面缺乏实际操作能力和专业知识，因此，可以从发展较好的农民用水合作组织中邀请专业技能人员向成员讲解新技术、新设备，尤其是灌溉设备维护、使用技能等方面。建立完善的成员培养机制，既可以提高成员对农民用水合作组织的认可度，还可以提高成员的专业技能，从而推动农民用水合作组织的健康发展。

9 推进粮食主产区农民用水合作组织成员行为选择的激励机制有效运行的政策建议

9.1 政府适度放权，减弱对农民用水合作组织的行政控制

农田水利设施在性质上属于准公共品，农田水利建设也带有很强的行政色彩，一直是政府投资，政府建设，政府管理。在新中国成立之初，这种政策极大地推动了农田水利建设。但在新时期，却要面临这种政策所带来的一些问题，例如政府资金投入不足，政府对水利设施管理的低效率和无效率，以及水资源调控缺失等困境。在部分地区成立农民用水合作组织后，这种行政控制依然没有改变，反而出现了更加恶化的问题，这也就迫使政府反思，行政控制能否适应农田水利建设当前和未来的需要。随着农户的自主意识增强，不愿意受人管理，更不愿意为弊大于利的事付出，那么，依靠政府难以改变这种局面，只有依靠农民自己的组织，让农户自我管理，集体付出，团体收益，才能实现农田水利建设的良性发展，这也就是农民用水合作组织的发展。

因此，政府在鼓励农民用水合作组织发展的同时，应坚持适度放权，坚持“多予、少取、放活”的原则。“多予”就是在农民用水合作组织成立后，政府应该多给予一些资金上、物质上、人才上、政策上的扶持，使其发展初步的艰难时期可以充满生机；“少取”就是政府应减少基层水费的抽取比例，将农民用水合作组织作为收取水费的主体，将水费作为其发展的经费，使其拥有资金上的保障；“放活”就是减弱政府对农民用水合作组织的行政控制性，不再将农民用水合作组织作为水利部门的下层部门，将其交由用水户成员自我管理，自我发展，真正实现农民合作，用水户合作，成员合作。

9.2 明确政策导向，加大对农民用水合作组织的扶持力度

农民用水合作组织在我国还是个“待抚育的幼儿”，自成立以来，并没有受到政府的鼓励和扶持，也没有得到政策上的肯定，导致发展没有动力，缓慢而衰弱。当然，这种局面不是一蹴而就的，是水利体制缺乏市场化改革而形成

的，需要长时期的实践，农民用水合作组织就是这样的一场实践。但我们应该清楚的是，虽然农民用水合作组织没有像农民专业合作社那样发展起来，但并不是其自身造成的，而是其社团性或部门性导致的，所以改变农民用水合作组织行为合作性需要政府的扶持，而重要的就是政府在政策上的扶持。

首先，政府应在政策上明确对农民用水合作组织的基本态度——鼓励，在这个基本态度上，做出符合实际或具有未来引导意义的政策导向，这样一方面可以确立农民用水合作组织的地位，又可以使其明确组织未来的发展方向。

这种扶持首先体现在资金上——实行项目与资金补助相结合的方式，对于符合条件的项目，按照相应比例及时给予补助，保障农民用水合作组织的基本建设。

其次，体现在人才上——基层的农民用水合作组织精通水利技术的甚少，了解水利的多为经验积累，而无法适应现代新技术和新设备，因此政府要及时给予人才上的支持，及时派遣懂技术、有经验的水利工作者协助其建设。只有得到政府的鼓励和政策扶持，农民用水合作组织才能逐渐成长起来。

9.3 增强农民用水合作组织独立发展的能力，加强对农民用水户的培训

外因只是事物发展变化的条件，内因才是组织发展强大的根本原因。在政府给予充分支持的条件下，农民用水合作组织改变其自身状况，增强独立发展的能力才是使其持续发展的根本保证。要增强农民用水合作组织独立发展的能力，就要从经济来源、组织建设、成员培训与激励、经验借鉴等方面入手。

第一，从经济来源上来说，农民用水合作组织不能仅仅依靠政府的补助，而更多的需要自己找寻经济来源。例如，农民用水合作组织可以在当地灌溉区域内，划分出普通成员区以及企业区，由许多企业在当地承包土地，进行企业经营，那么农民用水合作组织可以与其进行合作，农民用水合作组织为其提供人力和物力上的支持，鼓励其在当地建设现代化的水利设施，这样的合作利他又利己。

第二，从组织建设来说，农民用水合作组织首先应制定完善的规章制度，按照规章制度成立相应的理事会、监事会及成员大会，分工明确；其次，实行民主的决策方式，制定规范的决策程序，充分尊重成员的意愿，争取成员的信任和理解；在成员吸纳和用水户代表选举中，发挥成员的自主性，使其主动参与到合作中来，减弱成员的“搭便车”心理；再次，加强成员的培训，宣传农民用水合作组织的成立宗旨和合作理念，在灌溉、灌溉设施使用及维护，以及

灌溉设施经营权分配上加强宣传和成员的培训，鼓励成员参与到农民用水合作组织的管理中来。

第三，在经验借鉴上，部分粮食主产区，如黑龙江省农民用水合作组织在全国范围内，成立时间较晚，发展模式也是非世行模式，发展模式与南方不同，发展较缓慢，因此，仅靠自己摸索发展很难有较好的成效，还需要借鉴其他省份的先进成功经验。一方面，南方的农民用水合作组织发展多依靠世界银行的贷款，而省内的农民用水合作组织没有其他资金上的支持；另一方面，南方地区水权市场发展较快，许多农民用水合作组织多是依靠交易水权而建立起明晰的产权，获得经济来源，而省内的农民用水合作组织还没有建立起这样的交易市场，所以可以根据当地实际情况，看能否借鉴这样的交易经验，实现市场化运作发展。

9.4　加强灌区农田水利设施建设，实现农民用水合作组织管理的现代化与标准化

农民用水合作组织是依赖于农田水利设施而存在的，没有现代化的农田水利设施，农民用水合作组织在发展上首先失去了活力。从我国农民用水合作组织目前发展的状况看，灌区内的农田水利设施处于“低现代化”水平，水源渠道没有实现完全的硬质化，水利设施更新换代难以弥补老化失修的空缺，缺乏先进的测量仪器设备以及灌排水设施，农民用水合作组织的管理方式仍然人工化、滞后化。因此，要保障农民用水合作组织的发展，激励成员合作的积极性，农田水利设施的现代化建设应放在重要位置。一方面，农民用水合作组织应对灌区内的农田水利设施制定科学规划，将农田水利设施按照使用年限、折旧年限、功能类别等标准进行分类，计算应该更换及维修的数量、所需要的资金、更换时间及保养经费等，积极获取水利部门的重视，争取建设资金。另一方面，上级水利管理部门应该借鉴国内外农民用水合作组织发展及农田水利设施建设的经验，引进先进的水利设施及测量设备，尤其是水量测量方面，科学规划灌区建设，给予农民用水合作组织在农田水利设施建设方面的指导，提高农民用水合作组织管理的现代化和标准化。

参 考 文 献

[1] John Duewe. Central Java's Dharma Tirta WUA 'Model'：Peasant irrigation organization under conditions of population pressure [J]. Agricultural Administration，1984 (4)：261 - 285.

[2] Reddy，V Ratna，P Prudhvikar Reddy. Water institutions：Is formalization the answer? A study of water user associations in Andhra Pradesh [J]. Indian Journal of Agricultural Economics，2002 (3) .

[3] Colvin J，Ballim F，etc. Building capacity for co - operative governance as a basis for integrated water resource managing in the Inkomati and Mvoti catchments，South Africa [J]. Water SA. 2008 (6)：681 - 689.

[4] Jusipbek Kazbekov，Iskandar Abdullaev，Herath Manthrithilake，Asad Qureshi，Kakhramon Jumaboev. Evaluating planning and delivery performance of Water User Associations (WUAs) in Osh Province，Kyrgyzstan [J]. Agricultural Water Management，2009 (8)：1259 - 1267.

[5] Solanki A S，Singh C P. Inter - groups Water Conflicts and their Resolution through Water Users Association in Som Kadgar Tribal Dominated Irrigation Project of Rajasthan [J]. Indian Journal of Agricultural Economics，2003 (3) .

[6] Murat Yercan Ela，Atis H. Ece Salali. Assessing irrigation performance in the Gediz River Basin of Turkey：water user associations versus cooperatives [J]. Irrig Sci，2009 (27)：263 - 270.

[7] Emmanuel Kanchebe Derbile. Water users association and indigenous institutions in the management of community—based irrigation schemes in northeastern GHANA [J]. European Scientific Journal，2012 (11)：118 - 137.

[8] Aeschbacher Jos，Liniger Hanspeter，Weingartner Rolf. River Water Shortage in a Highland - Lowland System：A Case Study of Impacts of Water Abstraction in the Mount Kenya Region [R]. Mountain Research and Development，May 2005：155 - 162.

[9] Nicolas Faysse，Mostafa Errahj，Catherine Dumora，Hassan Kemmoun，Marcel Kuper. Linking research and public engagement：weaving an alternative narrative of Moroccan family farmers' collective action [J]. Agric Hum Values，2012 (29)：413 - 426.

[10] Awan，Usman Khalid，Ibrakhimov，Mirzakhayot，etc. Improving irrigation water operation in the lower reaches of the Amu Darya River - current status and suggestions [J]. Irrigation and drainage，2011 (5)：600 - 612.

[11] Dono Gabriele，Giraldo Luca，Severini Simone. Pricing of irrigation water under alternative charging methods：Possible shortcomings of a volumetric approach [J]. Agricultural Water Management，2010 (11)：1795 - 1805.

[12] Dono Gabriele, Giraldo Luca, Severini Simone. The Cost of Irrigation Water Delivery: An Attempt to Reconcile the Concepts of Cost and Efficiency [J]. Water Resources Management, 2012 (7): 1865 - 1877.

[13] Dominic Stucke, Jusipbek Kazbekov, Murat Yakubov, and Kai Wegerich. Climate Change in a Small Transboundary Tributary of the Syr Darya Calls for Effective Cooperation and Adaptation [J]. Mountain Research and Development 2012 (3): 275 - 285.

[14] Klaartje Vandersypen, Abdoulaye C. T. Keita, Bruno Lidon, Dirk Raes, Jean - Yves Jamin. Didactic tools for supporting participatory water management in collective irrigation schemes [J]. Irrig Drainage Syst, 2008 (22): 103 - 113.

[15] Yukio Tanaka, Yohei Sato. Farmers managed irrigation districts in Japan: Assessing how fairness may contribute to sustainability [J]. Agricultural Water Management, 2005 (77): 196 - 209.

[16] Joost Wellens, Martial Nitcheu, Farid Traore, Bernard Tychon. A public - private partnership experience in the management of an irrigation scheme using decision - support tools in Burkina Faso [J]. Agricultural Water Management, 2013 (116): 1 - 11.

[17] Jacob W. Kijne. Lessons learned from the change from supply to demand water management in irrigated agriculture: a case study from Pakistan [J]. Water Policy, 2001, 3 (2): 109 - 123.

[18] Boniface P. Kiteme, John Gikonyo. Preventing and Resolving Water Use Conflicts in the Mount Kenya Highland - Lowland System through Water Users' Associations [J]. Mountain Research and Development, 2002, 22 (4): 332 - 337.

[19] Murat Yercan. Management turning - over and participatory management of irrigation schemes: a case study of the Gediz River Basin in Turkey [J]. Agricultural Water Management, 2003, 62 (3): 205 - 214.

[20] J. Raymond Peter. Participatory Irrigation Management - Realigning incentives for PIM [C]. Steering meeting of INWEPF, 2004.

[21] A. Mohsen Aly, Y. Kitamura, K. Shimizu. Assessment of irrigation practices at the tertiary canal level in an improved system - a case study of Wasat area, the Nile Delta [J]. Paddy and Water Environment, 2013, 11 (1): 445 - 454.

[22] Yakubov Murat, Hassan Mehmood. Mainstreaming rural poor in water resources management: preliminary lessons of a bottom - up WUA development approach in Central Asia [J]. Irrigation and Drainage, 2007, 56 (2): 261 - 276.

[23] Johnson Sam H III, Stoutjesdijk Joop. WUA training and support in the Kyrgyz Republic [J]. Irrigation and drainage, 2008, 57 (3): 311 - 321.

[24] Matthew Gorton, Johannes Sauer, Mile Peshevski, Dane Bosev, Darko Shekerinov, Steve Quarrie. Water Communities in the Republic of Macedonia: An Empirical Analysis of Membership Satisfaction and Payment Behavior [J]. World Development,

2009，37（12）：1951－1963.

[25] Cengiz Koç. Assessing the financial performance of water user associations：a case study at Great Menderes basin，Turkey [J]. Irrigation and Drainage Systems，2005，21（2）：61－77.

[26] Cetin Kaya Koc，Kadir Ozdemir，A. K. Erdem. Performance of Water User Associations in the Management－operation and Maintenance of Great Menderes Basin Irrigation Schemes [J]. Journal of Applied Science，2006，6（1）：90－93.

[27] Frija Aymen，Speelman Stijn Chebil Ali，Buysse Jeroen，Van Huylenbroeck Guido. Assessing the efficiency of irrigation water users' associations and its determinants：evidence from Tunisia [J]. Irrigation and drainage，2009，58（5）：538－550.

[28] Bekir S. Karatasa，Erhan Akkuzub，Halil B. Unalb，Serafettin Asikb，Musa Avcib. Using satellite remote sensing to assess irrigation performance in Water User Associations in the Lower Gediz Basin，Turkey [J]. Agricultural Water Management，2009，96（6）：982－990.

[29] J. I. Córcoles，J. A. de Juan，J. F. Ortega，J. M. Tarjuelo，M. A. Moreno. Management evaluation of Water Users Associations using benchmarking techniques [J]. Agricultural Water Management，2010，98（1）：1－11.

[30] Özlem Karahan Uysal，Ela Atş. Assessing the performance of participatory irrigation management over time：A case study from Turkey [J]. Agricultural Water Management，2010，97（7）：1017－1025.

[31] Aymen Frija，Jeroen Buysse，Stijn Speelman，Ali Chebil，Guido Van Huylenbroeck. Effect of scale on water users' associations' performance in Tunisia：nonparametric model for scale elasticity calculation，African Association of Agricultural Economists Third Conference，2010 [C]. South Africa：Cape Town，2010.

[32] Sauer Johannes，Gorton Matthew，Peshevski Mile，Bosev Dane，Shekerinov Darko. Social Capital and the Performance of Water User Associations：Evidence from the Republic of Macedonia [J]. German Journal of Agricultural Economics，2010，59（1）.

[33] 贺雪峰．“农民用水户协会”为何水土不服？ [J]. 中国乡村发现，2010（1）：81－84.

[34] 辛建军．陇县段家峡灌区农民用水者协会管理运行研讨 [J]. 陕西水利，2009（6）：147－148.

[35] 李远华．我国农民用水户协会发展状况及努力方向 [J]. 中国水利，2009（21）：15－16.

[36] 邵龙，张忠潮．我国用水户协会发展的制度障碍与完善建议 [J]. 安徽农业科学，2013（3）：1293－1294.

[37] 蔡晶晶．乡村水利合作困境的制度分析——以福建省吉龙村农民用水户协会为例 [J]. 农业经济问题，2012（12）：44－52.

[38] 张慧，杨具瑞．农民用水户协会运行管理存在的问题及对策研究——以昆明市西山区为例 [J]. 中国农村水利水电，2014 (6)：26-28.

[39] 罗斌，梁金文．大中型灌区农民用水户协会运作模式的探讨 [J]. 江西水利科技，2007 (1)：50-53.

[40] 柴盈．激励与协调视角的“小农水”管理效率：四省（区）证据 [J]. 改革，2013 (7)：88-95.

[41] 王雷．农民用水户协会的实践及问题分析 [J]. 农业技术经济，2005 (1)：36-39.

[42] 姜东晖，胡继连，武华光．农业灌溉管理制度变革研究——对山东省 SIDD 试点的实证考察及理论分析 [J]. 农业经济问题，2007 (9)：44-50.

[43] 何寿奎，汪媛媛，黄明忠．用水协会管理模式比较与改进对策 [J]. 中国农村水利水电，2015 (1)：33-36.

[44] 方凯，李树明．甘肃省农民用水户协会绩效评价 [J]. 华中农业大学学报（社会科学版），2010 (2)：76-79.

[45] 张自伟，张启敏．基于 AHP 的青铜峡灌区农民用水者协会（WUA）项目后评价 [J]. 农业科学研究，2009 (3)：5-10.

[46] 赵永刚，何爱平．农村合作组织、集体行动和公共水资源的供给——社会资本视角下的渭河流域农民用水者协会绩效分析 [J]. 重庆工商大学学报（西部论坛），2007 (1)：5-9.

[47] 高雷，张陆彪．自发性农民用水户协会的现状及绩效分析 [J]. 农业经济问题，2008 (S1)．

[48] 郭玲霞．基于个案研究的农民用水者协会水资源管理绩效评价 [J]. 节水灌溉，2014 (10)：66-68.

[49] 蔡晶晶．从外源型合作到内生型合作：农村合作用水机制的制度选择——以福建省农民用水协会调查为基础 [J]. 甘肃行政学院学报，2012 (4)：102-109.

[50] 冯天权，刘久泉．促进漳河灌区农民用水协会可持续发展浅议 [J]. 中国农村水利水电，2012 (11)：148-153.

[51] 王红雨．扶持农民用水者协会（WUA）持续发展的长效机制 [J]. 中国农村水利水电，2010 (12)：42-45.

[52] 杜威漩．农户农业生产用水行为的制度影响分析 [J]. 福建农林大学学报（哲学社会科学版），2012 (3)：27-32.

[53] 韩青．农户灌溉技术选择的激励机制——一种博弈视角的分析 [J]. 农业技术经济，2005 (6)：22-25.

[54] 葛颜祥，胡继连．不同水权制度下农户用水行为的比较研究 [J]. 生产力研究，2003 (2)：31-33.

[55] 韩洪云，赵连阁．农户灌溉技术选择行为的经济分析 [J]. 中国农村经济，2000 (11)：70-74.

[56] 旷爱萍，李重燕．广西农民合作经济组织激励机制研究——以贵港市为例 [J]. 中国

市场，2011（46）：86-89.
[57] 徐龙志，包忠明．农民合作经济组织的优化：内部治理及行为激励机制研究［J］．农村经济，2012（1）：112-116.
[58] 孙越．中国非营利组织激励机制研究［J］．高校研究，2008（5）：128.
[59] 申喜连．试论行政组织激励机制向企业组织激励机制的借鉴［J］．中国行政管理，2011（11）：69-72.
[60] 应若平．国家介入与农民用水户协会发展——以湖南井塘农民用水户协会为例［J］．湖南农业大学学报（社会科学版），2008（6）：38-41.
[61] 何权，仲兆伟．基于黑龙江省现阶段农田水利建设的重点分析［J］．黑龙江水利科技，2011（5）：119-120.
[62] 由金玉．农民用水协会组建与运行研究［D］．陕西：西北农林科技大学，2007.
[63] 赵飞，赵春成．WUA在我国的实践与综合效果分析［J］．吉林水利，2009（12）：59-65.
[64] 秦静茹．农民用水协会建设中存在的问题与对策［J］．河北水利，2010（11）.
[65] 李德丽，余志刚，郭翔宇．黑龙江省农民用水合作组织发展现状、问题与对策研究［J］．中国农村水利水电，2012（11）：154-156.
[66] 王雷，赵秀生，何建坤．农民用水协会的实践及问题分析［J］．农业技术经济，2005（1）：36-39.
[67] 张晓清．农民用水协会在灌区农村发展中的作用分析——以河套灌区农民用水协会为例［D］．辽宁：东北财经大学，2010.
[68] 毛颜湘，刘玉铭．承德市水利农民专业合作社发展现状及前景．河北水利，2014（12）：23-31.
[69] 朱玉玲．昌吉州灌区农民用水协会灌溉管理探讨［J］．现代农业科学，2014（4）：283.
[70] 赵立娟，乔光华．农户参与用水者协会的诱因探析［J］．乡镇经济，2008（12）：89-92.
[71] 年自力，等．农业用水户的水费承受能力及其对农业水价改革的态度——来自云南和新疆灌区的实地调研［J］．中国农村水利水电，2009（9）：158-162.
[72] 韩青，袁学国．参与式灌溉管理对农户用水行为的影响［J］．中国人口·资源与环境，2011（4）：126-131.
[73] 贾术艳．黑龙江省农民用水合作组织成员行为选择及激励机制构建［D］．哈尔滨：东北农业大学，2015.
[74] 应若平．参与式公共服务的制度分析——以农民参与灌溉管理为例［J］．求索，2006（7）：75-77.
[75] 曾桂华．农民用水协会参与灌溉管理的研究——以山东省为例［D］．山东：山东大学，2010.
[76] 李德丽．黑龙江省农民用水合作组织运行机制与发展模式研究［D］．哈尔滨：东北农

业大学，2013.
[77] 何寿奎，汪媛媛，黄明忠．用水户协会管理模式比较与改进对策 [J]. 中国农村水利水电，2015 (1)：33-38.
[78] 张陆彪，刘静，胡定寰．农民用水户协会的绩效与问题分析 [J]. 农业经济问题，2003 (2)：29-33.
[79] 王建鹏，等．漳河灌区农民用水户协会绩效评价 [J]. 中国水利，2008 (7)：40-42.
[80] 杨海燕，贾艳彬．农民用水户协会功能与绩效分析 [J]. 吉林水利，2009 (12)：72-74.
[81] 李鸿鹰．重庆市 WUA 筹建运行及可持续发展研究 [D]. 重庆：西南大学，2010.
[82] 陈琛，等．重庆市农民用水协会绩效评价 [J]. 西南师范大学学报（自然科学版），2011 (4)：158-162.
[83] 杜鹏，徐中民，唐增．农民用水户协会运转绩效的综合评价与影响因素分析——以黄河中游张掖市甘州区为例 [J]. 冰川冻土，2008 (4)：697-703.
[84] 王建鹏，等．基于灰色关联法的灌区用水户协会绩效综合评价 [J]. 武汉大学学报（工学版），2008 (5)：40-44.
[85] 张自伟，张启敏．基于 AHP 的青铜峡灌区农民用水者协会（WUA）项目后评价 [J]. 农业科学研究，2009 (3)：5-10.
[86] 陈勇，等．农民用水户协会的灰色层次综合评价 [J]. 水利经济，2010 (6)：12-14.
[87] 周侃．灌区用水者协会绩效评价研究——以甘肃省民乐县为例 [D]. 南京：南京农业大学，2010.
[88] 程媛媛，徐得潜，王猛，陈勇．基于集对分析的农民用水协会绩效综合评价模型及应用 [J]. 水利科技与经济，2010 (10)：1086-1089.
[89] 吴善翔．基于平衡计分卡的农民用水户协会绩效评估 [J]. 安徽农业科学，2012 (20)：10640-10642.
[90] 黄彬彬，张晓慧．基于平衡计分卡的农民用水协会绩效评价 [J]. 人民珠江，2015 (1)：68-71.

专　题　篇

专题 1

黑龙江省农民用水合作组织发展的制约因素

1.1 引言

水利的发展是国家粮食安全的关键，高水平的灌溉系统和适宜的灌溉体制是现代农业发展中不可缺少的必要条件。20 世纪 80 年代，许多国家的灌溉管理出现了问题，政府财力不足、灌溉设施老化、灌区服务质量下降、用水户纠纷不断、水费收取困难等，为改善灌溉管理的现状，在世界银行、联合国粮农组织等的指导和帮助下，许多国家开始尝试以用水户参与为主导的灌溉管理体制的改革，虽然各国具体表现形式略有不同，但都取得了显著成效。同多数发展中国家一样，我国也是在世界银行的帮助下开始参与式灌溉管理的探寻之路，国内对参与式灌溉管理的研究经历了三个阶段。第一个阶段是探索阶段，1985 年 3 月，我国正式加入亚洲开发银行并于次年 7 月获得亚行的赠款；1988 年亚行赠款项目在我国正式启动，并在四川省人民渠一处灌区、浙江省南山水库灌区、江苏省南关灌区等 6 个灌区进行调查研究，提出“用水户参与灌溉管理”的建议，为我国农民用水合作组织的建立奠定了基础。第二个阶段是引进试点阶段，1995 年在世界银行项目的推动下引入“经济自立灌区”的概念，在湖北省漳河灌区和湖南省铁山灌区开展试点工作。考虑到我国行政组织之间的密切联系，部分学者提出灌区不一定要经济自立，国家也不应该完全放任不管，还需要给予一定的经济支持。1997 年在利用世界银行贷款加强灌溉农业二期项目中，选择山东省、河南省、江苏省、河北省、安徽省进行“经济自立灌排区”的试点，为我国农民用水合作组织的推广奠定了基础。第三个阶段是推广普及阶段，2003 年全国灌区工作会议后，参与式灌溉管理——农民用水合作组织进入全国推广阶段。全国各地纷纷涌现出多种不同形式的农民用水合作组织，主要以农民用水户协会为主。据水利部统计，目前全国已有超过 2 万多家农民用水户协会，覆盖的灌溉面积超过 1 亿亩，而各地区的农民用水户协会发展状况参差不齐。世界银行项目帮助下的发展较好，非世界银行项目帮助的发展较差；大型灌区发展较好，小型灌区发展较差；经济独立的协会发展较好，完全或部分依赖行政组织扶持的协会发展较差。

黑龙江省作为国家大粮仓，灌溉管理制度的改革也是大势所趋。1998 年和 2000 年黑龙江省水利部门分别组织了两次调研活动，通过学习研究将农民用水户协会引入到本省灌区管理中，率先在龙凤山灌区、木兰县香磨山灌区和庆安县和平灌区进行试点，2004 年后在省内其他灌区广泛推广，已初步取得成效。目前，黑龙江省农民用水合作组织以农民用水户协会为主要发展模式，水利专业合作社为辅助且为新兴的发展形式。黑龙江省农民用水合作组织的发展仍处于起步阶段，数量上不断发展壮大，形式也不再单一，但从质量上看并不理想，没有真正发挥农民用水合作组织的效用，没有真正实现民主管理的思想。调研中发现，黑龙江省农民用水合作组织能够完全按章管理的并不多，甚至还有很多农民用水合作组织名存实亡，不同地区、不同灌区、不同组织间相差甚远。本书将基于发展中国家灌溉管理制度的改革以及国内农民用水合作组织的推广，结合黑龙江省的水利灌溉管理状况，在充分了解黑龙江省农民用水合作组织实际发展情况的基础上，从组织内外部等不同角度分析制约黑龙江省农民用水合作组织发展的因素，并据此提出相应的解决对策，改善黑龙江省小型农田水利的管理现状，最终促进农民增产增收。

1.2 文献回顾

1.2.1 国外研究动态

通过阅读国内外文献资料发现，农民用水合作组织属于中国灌溉管理制度变迁产生的特有名词，国际上并没有这一概念，虽概念不同，但灌溉制度的变革、灌溉管理思想如出一辙。国外学者对农民用水合作组织的研究主要集中于参与式灌溉管理制度本身，同时还有农民用水户协会，当然我国对农民用水合作组织的研究也以农民用水户协会为主。

1. 参与式灌溉管理制度变迁的原因

20 世纪 80 年代以来各国的灌溉管理都共同面临着一系列的问题：灌溉设施老化失修、灌区服务质量下降、灌溉系数低、灌溉用水不充足、用水纠纷不断、水费收缴困难等。世界银行（1993）研究表明，水资源的合理管理以及与之相关的灌溉制度的改革是解决上述问题的最好方式[1]。Colvin J（2008）认为各个国家的灌区出现的这些问题主要是由于政府财力难以继续负担，而根本原因是灌溉管理体制的问题，只有体制发生变革，问题才能从根本上得以解决[2]。Jusipbek Kazbekov（2009）研究认为灌溉管理制度变迁的原因是政府面临两个短缺：一个是水资源的短缺，由于供水不足带来的一系列纠纷；另一个是资金的短缺，缺少资金对原有灌溉设施的维护以及新的灌溉设施的投资[3]。这两个短缺决定了有必要对灌溉组织和体制进行改革。Moguel A. Marnio，Slobodan P. simonovic（2001）通过研究指出，将用水户引入到灌溉管理中能够有效解决小型灌溉设施维护的问题，提高灌溉设施的完备率和使用效率[4]。Richard L（2002）认为应该建立针对用水户行之有效的参与机制，以提高用水户等参与者的加入意愿，才能够真正实现参与式灌溉管理[5]。综上可知，对灌溉管理制度的变迁主要是迫于政府资金的压力和水资源的短缺，为缓解政府财力不足、灌溉系数低、水资源短缺等一系列的问题应运而生的一种新型灌溉管理制度。

2. 各国参与式用水合作组织的研究

Vermillion D. L（2001）对美国加利福尼亚流域参与式灌溉管理的研究发现，在美国用水户参与式灌溉管理是最常见的组织形式。早在 1902 年加利福尼亚第一个灌区法案的通过，就标志了现代参与式灌溉管理的开始。用水户向财政部申请优惠贷款，建成后由用水户组成的理事会自主经营管理，按成本收费并在 40 年内还清政府贷款。美国的灌溉组织是一种用水户参与、用水户向政府贷款、自主经营管理的非营利性组织，同时法律保证了它的合法地位[6]。Yuko Tanaka，yohei Sato（2003）对日本土地改良区的研究指出，日本灌区一般由用水户联合向政府提议，各级政府征求大家意见，获得 2/3 以上用水户同意后由政府出资建设，建成后交由用水户共同管理，政府部门监督的农民自治组织[7]。Dono，Gabriele 等（2012）对墨西哥参与式灌溉管理的研究指出，20 世纪 80 年代开始墨西哥的灌溉管理陷入严重危机，政府意识到自身既没有能力也没有资金对灌区进行改革，于是在世界银行的帮助下在国内大型灌区开始进行试点建立农民用水户协会，将灌区移交给农民管理[8]。Dominic Stucke（2012）对土耳其参与式灌溉管理的成效分析发现，灌溉管理权转移的农民用水户协会产生了良好的效益，水资源分配更加合理，灌溉设施及时得到维护，运营成本回收率接近 100%，政府水利灌溉方面的费用减少近 64%[9]。Murat Yerean（2003）对菲律宾灌溉管理的研究表明，菲律宾国家灌溉管理机构采用的是自愿渐进的方式将灌溉管理权转移给农民用水户协会，按转移程度与协会签订三种不同类别的合同：维护合同、维修及水费收取合同、灌溉管理权转让合同[10]。

3. 其他有关农民用水户协会的研究

Nicolas Faysse（2012）研究认为农民用水户协会的推广大致经历了三个阶段：被动依赖，实现独立，认识独立，这三个阶段也反映了用水户参与农民用水户协会的自愿程度，用水户的经济效益也随着农民用水户协会的不断独立而不断提高[11]。Awan（2011）研究表明灌溉管理权完全转移给农民用水户协会并不能保证灌溉现状的彻底改善，政府的支持也是必不可少的。政府应提供良好的政策环境，在法律上和政策上给予一定的保障和认可，否则农民用水户协会难以真正地发挥功效[12]。Giovanni Munoz（2007）等学者认为产权的清晰界定对于灌溉管理的改革是十分必要的[13]。Emmanuel Kanchebe Derbile（2012）认为水权是影响农民用水户协会可行性的关键因素之一，农民用水户协会如果不能够拥有水权就无法对水资源的分配、管理作出正确的决定[14]。Joost Wellens（2013）指出如果没有产权的清晰界定，用水户就不会自觉爱护、维护灌溉设施，灌溉设施的完好率会逐年下降[15]。Cengiz Koç（2007）以土耳其大曼德列斯盆地 4 个灌区为研究对象，利用 12 个财务指标对农民用水户协会的财务情况进行了科学的衡量和评价，发现了协会运营中存在的财务问题、形成原因并提出解决对策，有助于提高协会的财务管理水平[16]。Jenniver Sehring（2007）认为导致灌溉管理制度变革没有成功的因素主要有两方面：一方面是法律制度环境和当地政府没有为改革提供政策保障；另一方面是制度变革下形成的农民用水户协会仍然受原有灌溉制度的影响，改革不彻底，无法真正地发挥作用[17]。Özlem Karahan Uysal，Ela Atş（2010）运用 Logist 模型对土耳其 Kestel 农民用水户协会进行研究认为用水户的绩效水平、用水户的满意度决定了灌溉系统整体的绩效水平，为此，应加强对用水户的灌溉管理和培训教育，形成逐级覆盖的支持农民用水户协会发展的培训体系以提高用水户的参与意识，进一步提高灌溉系统整体的绩效水平[18]。

1.2.2 国内研究动态

国内的研究要晚于国外，且国外学者的研究主要集中于灌溉管理制度的研究，国内学者的研究主要集中于对农民用水合作组织的研究且以农民用水户协会为主，开始于 1995 年世界银行项目的推广，随着农民用水户协会在全国范围内的推广，研究方法不断从定量走向定性，研究视角不断从宏观走向微观，对农民用水户协会的研究不断深入，不再拘于农民用水户协会的特点、运行模式、实施成效、发展中遇到的问题等，深入到影响因素、用水户行为等方面。

1. 农民用水户协会的特点研究

农民用水户协会作为一种新生的农民自治组织，在发展中形成了一些共有的特点。王雷、赵秀生、何建坤（2005）按发展阶段将农民用水户协会分为“世行模式”和“非世行模式”，指出“世行模式”具有以下特点：以水文为组建边界；具有确定的协会章程；建立前对用水户进行培训和宣传；建立后，政府等行政部门及水管部门要进行长期的指导和支持；协会与灌区建立直接的购买关系。“非世行模式”和“世行模式”相比，在形式上和体制上是一致的，但在协会的运作、管理等实践上有许多不同之处[19]。张陆彪、刘静、胡定寰（2003）对湖北漳河灌区、东风灌区的10个农民用水户协会进行实地调查总结出农民参与式灌溉管理制度创新的4个特征：一是按市场原理进行商品水的交易；二是用水户参与到灌溉管理中；三是农民用水户协会具有明确的法人地位；四是农民用水户协会的发展对农民增产增收具有积极的影响作用[20]。邵龙、张忠潮（2013）认为农民用水户协会应是以水文为边界组建的具有独立法人地位的事业性团体组织，是农民自治的组织，享有对等的权利和义务，要负责支渠的维护和农田灌溉设备的维护，同时享有向用水户征收水费的权利[21]。

2. 农民用水户协会的运行模式

罗斌、梁金文（2007）按农民用水户协会的组建情况，将农民用水户协会分为三类；即以水文为边界组建的，以村委会为边界组建的，以其他行政区域为边界组建的三类运行模式[22]。曾桂华（2010）在对山东省农民用水户协会的研究中指出，经济状况发展好的地区，可以采用单一的“农民用水户协会”的模式，自负盈亏；以行政村或渠系为组建单位的，可以采用“农民用水户协会＋用水户”的模式；灌区管理单位下的可以采用“供水公司＋农民用水户协会＋用水户”的模式。根据农民用水户协会成立的情况还可以将农民用水户协会分为外部带动组建和用水户自发组建的两种，外部带动型还可以分类为政府主导型、项目带动型和农业公司三种模式[23]。柴盈（2013）通过对比“世行模式”和“非世行模式”的农民用水户协会研究指出，两者在前期扶持、投入上是有差别的，“非世行模式”中政府的帮助力度难以达到“世行模式”开展初期世行项目的推动力度。因此，不同地区的农民用水户协会不可一概而论，应视经济基础、资源状况的不同采用不同的扶持政策[24]。何寿奎、王媛媛、黄明忠（2015）对不同模式的农民用水户协会进行比较，他们认为经济自立灌区的农民用水户协会的用水户参与积极性普遍较高，但管理责任划分不明确；而政府主导型的农民用水户协会，政府是最主要的依靠，有一定的经济基础，但灌溉管理制度改革不彻底，仍旧主要依靠行政部门，用水户参与的积极性不高。比较不同类型的农民用水户协会，他们有自身的发展特点，也对应不同的运行模式，不能一概而论，应结合其实际情况，采用相应的运行模式[25]。

3. 农民用水户协会的实施成效研究

杜鹏、徐中民、唐增（2008）以黄河中游张掖市甘州区农民用水户协会为研究对象，运用统计方法评价农民用水户协会的绩效，得出结论：政府资金和物质扶持可以显著提高协会运行绩效；吸纳、教育参与意识高的用水户也可显著提高协会绩效[26]。方凯、李树明（2010）对甘肃省30个农民用水户协会进行调查，从6个影响因素评价绩效水平，有以下几方面的成效：支渠、斗渠设施能够得到及时维修，灌溉效率得到大幅提高，用水户节水意识增强，水资源利用率提高。然而每个协会所在行政村的社会、经济、生态的状况不同，协会绩效情况也有很大差别[27]。张晓清（2010）对内蒙古河套灌区农民用水户协会进行实地考察，利用系统分析等方法得出结论：农民用水户协会的主要成效有提高灌溉面积，节约劳动力，减轻农民负担，增加农民收入[28]。王盼（2013）利用平衡计分卡对灌区农民用水户协会进行绩效评价指标体系研究，从工作业绩、客户服务、内部管理和学习与发展四个维度进行评价，提出包含协会工作业绩、经济效益以及组织参与性、供水服务和宣传等的绩效评价指标体系[29]。伏新礼（2003）、胡学家（2006）在对参与式灌溉管理的成效进行研究指出：用水户主动参与灌区管理，可以提高水资源的利用率，保证灌溉设备的完备率，提高灌溉用水的透明度，减少水事纠纷，简化水费征收流程[30][31]。

4. 农民用水户协会发展中存在的问题及对策研究

农民用水户协会作为一种新型的农民合作组织，从推广至今已经取得显著的成效，但在实际推广、发展中也有许多问题亟待解决。张慧、杨具瑞（2014）通过对昆明市西山区的农民用水户协会进行调研总结出农民用水户协会在发展中存在四个方面的问题：一是协会负责人受教育程度低，二是协会缺乏相应的扶持政策，三是渠系、灌溉系统工程设施完好率低，四是用水户参与程度低[32]。王雷、赵秀生、何建坤（2005）通过调查得出结论：大多数地区的农民用水户协会还只是一种形式，远没有发挥其真正作用。1/3的用水户协会运行良好，1/3的用水户协会只能发挥一般的效用，剩下1/3只是徒有虚名[19]。王修兵等（2013）通过调查发现农民用水户协会在发展中存在以下几个问题：农民参与意识差，灌溉设施维修不及时，缺少用水计量设施，缺少运营资金，法律、制度不完善。应对农民用水户协会在发展中存在的一系列问题，国内学者因地制宜地提出了相应的对策[33]。徐宁红、杨培君（2008）研究指出，要从以下几个方面促进协会的可持续发展：第一，完善协会内部的管理规章；第二，政府、灌区要加大对协会的监管、引导；第三，按市场原理制定合理的水价[34]。高雷、张陆彪（2008）指出，要加大资金的投入和扶持力度，建立配套的政策措施，加大用水户协会在农民中的宣传力度，建立因地制宜的用水户协会[35]。蔡晶晶（2012）在对我国农民用水户协会形成的研究中指出，只依靠政府等行政组织的单一力量成立的协会，形式意义远大于实际意义，因此他主张应加强用水户参与的内生型协会的发展。综上可知，农民用水户协会的发展离不开用水户、政府任何一方的参与，既需要政府的帮助扶持，同时也需要吸纳用水户参与到灌溉管理中[36]。

5. 影响农民用水户协会发展的因素研究

在对影响农民用水户协会发展的因素研究中，大部分的学者主要从内、外部两个方面进行分析。靖娟、秦大庸、张占龙（2006）认为农民用水户协会虽然在民政部门登记，赋予了其一定的法人地位，但在推广中政府部门不应该完全置之不理，政府应制定相关法规，提供协会发展的法律保障[37]。楚永生（2008）认为制约农民用水户协会未能发挥其应有功效的根本原因是：用水户未能真正参与到灌溉排水工作以及不能按市场原理制定水价。楚永生认为只有这两方面同时满足才是真正意义上的农民参与式灌溉管理，否则农民用水户协会只是一种徒有虚名的形式主义[38]。赵立娟、乔光华（2009）以内蒙古3个旗县区的农民用水户协会为调研对象，按照相对重要性指数对影响农民用水户协会发展的因数进行了排序，依次为政府的支持力度不足，水利工程设施完好率低，缺乏好的带头人，缺乏相关项目的扶持，协会制度不规范，用水户及政府的认识不足等[39]。秦宏毅（2014）对张掖市甘州区15个用水户协会进行调查发现，影响用水户参与协会的主要因素有：水利工程设施的管理和发展、农民能否从协会得到真正的实惠，以及政府的指导，协会负责人的素质以及内部规章制度等[40]。冯天权、刘久泉（2012）以漳河灌区为调查对象研究了农民用水户协会的可持续发展问题，他认为协会的可持续发展应该是多方面多角度的，应从用水户、协会、村委会以及政府着手，加强对用水户的培训，规范协会的管理，合理协调与村委会的关系，政府应在合理放权的同时加强监督与引导[41]。

6. 关于农民用水户协会用水户行为的研究

赵立娟、乔光华（2009）以内蒙古3个旗、县、区的用水户为调查对象，对影响用水户加入农民用水户协会的诱因进行了实证分析，结果表明，用水户加入农民用水户协会的意愿取决于加入协会后能否提高灌溉效率、改善灌溉水平，增产增收[39]。黄彬彬等（2012）选取苏北地区189家用水户作为调查对象，利用有序因变量回归模型实证分析了用水户加入农民用水户协会的意愿，研究表明：用水户的家庭负担，协会是否民主选举，协会是否有培训，协会是否公开账目等都对用水户行为有一定的影响[42]。刘辉、陈思羽（2012）在对湖南省粮食主产区475户用水户进行调查发现，用水户选择加入农民用水户协会的意愿还取决于自身的状况，例如耕种面积大、受教育程度高、身体状况良好、家庭主要经济来源取决于务农收入、家庭无外出打工人员的用水户更愿意加入农民用水户协会，相反的用水户则认为即便加入也不会给自己带来更多的收入而选择不加入[43]。周利平、苏红、付连连（2012）以江西省639户用水户为调查对象，利用二元Logistic回归分析的方法，对用水户参与农民用水户协会的意愿进行实证研究，结果表明，家庭种植面积、家庭农业收入、土地状况、协会民主程度、政府扶持力度以及用水户对公共资源需求状况等6个因素显著影响用水户加入农民用水户协会的意愿[44]。林毅夫（1999）认为农田水利属于一种准公共产品，建设和管理的主体是国家，使用者是用水户[45]。魏道南、张晓山（2006）认为参加合作经济组织的成员是组织的主人，享有广泛的民主权利，能够充分发挥每个人的积极性、主动性、创造性，使整个组织充满生机和活力[46]。

1.2.3 国内外研究述评

通过阅读国内外文献资料发现，各国对参与式灌溉管理是持肯定、支持、鼓励的态度，在实际推广中取得了良好的成绩。参与式的灌溉模式始于发达国家，普及程度高，规模大，发展充分且完善。多数的发展中国家在世界银行项目的帮助下，参照发达国家的经验进行灌溉管理体制改革，普遍采用了建立农民用水户协会的形式作为改革的实施载体。无论是参与式灌溉管理制度还是农民用水户协会，国内外学者都进行了大量的研究。国内研究要晚于国外，且大多集中于农民用水户协会本身，以定性研究为主进行了深入调查研究，具有重要的理论价值和实践意义，但研究中还存在一些不足：第一，从研究范围看，主要集中于湖南、湖北、河南、内蒙古、山东等世界银行项目支持建立的农民用水户协会。对其他地区“非世行模式”的协会研究较少，甚至国家粮食主产区的研究也很少。第二，从研究内容看，大多是针对特定灌区协会的可持续发展、绩效问题的研究，用水户协会发展的影响因素的研究很少。第三，从研究方法看，主要以定性研究为主，少量的定量研究也较多地采用主观赋予权重的方法进行研究，缺少客观的研究方法。因此，国内学者对于农民用水户协会的研究还有许多需要补充和完善的地方，选择恰当的切入点，采用适当的研究方法，取得更有价值的研究成果，对于进行国内参与式灌溉管理改革和非世行模式的农民用水合作组织的推广非常有必要。

1.3 黑龙江省农民用水合作组织发展的现状及存在的问题

黑龙江省水利厅在1998年和2000年组织过两次省外调研活动，通过实地考察研究将农民用水户协会引入到本省灌区管理改革中，率先在龙凤山灌区、木兰县香磨山灌区和庆安县和平灌区进行试点，组建本省第一批农民用水户协会。根据黑龙江省灌溉管理总站的统计，截至2015年，黑龙江省在137个灌区共成立了393家农民用水户协会，受益农户已超过32万户。发展至今，黑龙江省的农民用水合作组织形式不再单一，以农民用水户协会为主要发展模式，水利专业合作社为辅助发展模式且为新兴的发展模式。这种水利合作社以协作互惠的方式服务广大农户，这种新形式的农民用水合作组织正在逐步推广中。本书为了研究黑龙江省农民用水合作组织整体的发展状况，按照大、中、小型灌区的分类，选取了五常市、齐齐哈尔市、绥化市、鹤岗市、七台河市、双鸭山市以及牡丹江市的5个大型灌区、7个中型灌区以及4个小型灌区的农民用水合作组织作为主要的调研对象，在实地调研和数据收集过程中，有些组织名存实亡，因此经过筛选整理，本书的研究主要基于30家农民用水户协会和8家水利专业合作社，这38家农民用水合作组织的统计情况如表1-1。

表1-1 调研的农民用水合作组织有效的样本情况

组织名称	所属灌区/地区	灌区类别	成立时间（年）	管理灌溉面积（万亩）	农户数量（户）
龙凤山灌区用水户协会	龙凤山灌区	大型灌区	2004	8.08	5 105
花香南区用水户协会	查哈阳灌区	大型灌区	2004	3.83	829
金边南区用水户协会	查哈阳灌区	大型灌区	2004	5.85	1 140
金边北区用水户协会	查哈阳灌区	大型灌区	2004	1.65	690
丰收用水户协会	查哈阳灌区	大型灌区	2004	4.49	1 027
海洋用水户协会	查哈阳灌区	大型灌区	2004	7.54	1 511
金光用水户协会	查哈阳灌区	大型灌区	2004	4.39	1 027
泰来农场南区用水户协会	泰来灌区	中型灌区	2007	2.50	1 140
泰来农场北区用水户协会	泰来灌区	中型灌区	2007	1.70	289
邵文村用水户协会	光明灌区	小型灌区	2005	0.50	112
小泉子用水户协会	小泉子灌区	小型灌区	2005	0.40	150
和平灌区四支渠用水户协会	和平灌区	小型灌区	2000	0.44	531
和平灌区五支渠用水户协会	和平灌区	小型灌区	2000	0.40	497
长岗灌区用水户协会	长岗灌区	中型灌区	2002	1.07	820
大兴村用水户协会	长阁灌区	大型灌区	2010	1.00	240
平安村用水户协会	长阁灌区	大型灌区	2010	1.00	450
敖来灌区用水户协会	敖来灌区	小型灌区	2008	2.30	350
黎明用水户协会	黎明灌区	中型灌区	2008	1.40	400

（续）

组织名称	所属灌区/地区	灌区类别	成立时间（年）	管理灌溉面积（万亩）	农户数量（户）
红丰用水户协会	黎明灌区	中型灌区	2008	0.70	480
红光用水户协会	黎明灌区	中型灌区	2008	0.60	560
泥鳅河灌区用水户协会	泥鳅和灌区	中型灌区	2006	1.02	210
铁山村用水户协会	铁中灌区	中型灌区	2006	0.40	152
万北用水户协会	龙头桥灌区	大型灌区	2006	5.24	452
前进用水户协会	龙头桥灌区	大型灌区	2006	3.96	367
莲花村用水户协会	响水灌区	大型灌区	2005	0.67	580
白庙子用水户协会	响水灌区	大型灌区	2005	0.50	383
大荒村用水户协会	响水灌区	大型灌区	2005	0.40	480
东珠村用水户协会	响水灌区	大型灌区	2005	0.40	217
马河用水户协会	马河灌区	中型灌区	2006	0.11	90
三合用水户协会	宁安灌区	中型灌区	2006	0.28	306
富兴水利喷灌服务专业合作社	甘南县		2013	1.09	118
鑫水水利喷灌服务专业合作社	甘南县		2013	1.53	300
富华水利喷灌服务专业合作社	甘南县		2013	0.87	278
万兴水利专业合作社	龙江县		2013	5.00	120
泉海农田水利灌溉农民专业合作社	龙江县		2013	3.20	105
顺通水利灌溉专业合作社	龙江县		2013	1.18	280
国刚水利合作社	龙江县		2013	1.08	230
后兴山农田水利灌溉农民专业合作社	龙江县		2013	1.15	127

数据来源：黑龙江省灌溉管理站和地方水务局。

1.3.1 黑龙江省农民用水合作组织发展现状

1. 由政府组织发动且发展缓慢

黑龙江省的农民用水合作组织是根据原国家计委、水利部以及省水利厅，原省计委有关文件的精神，结合各地区的实际情况，在各地方政府或各灌区水管单位的组织下成立的，属于政府发动的“自上而下”的组建形式。调研中发现，查哈阳灌区、龙凤山灌区的农民用水合作组织主要依靠灌区管理局牵头组建，和平灌区和长岗灌区的农民用水合作组织依靠地方水务局牵头组建，用水户在组织发起、组建过程中参与度低；新兴的水利专业合作社也是在各地方政府的牵头下兴起的。同在世行贷款项目帮助下组建农民用水合作组织的省份相比，黑龙江省的农民用水合作组织起步较晚，第一批农民用水合作组织于2004年才正式建立，而国内第一批用水户协会成立于1995年，时间上晚了9年；截至2012年，黑龙江省有337家农民用水合作组织，数量上远低于"世行模式"的省份（表1-2）；而截至2014年，黑龙江省只有2家用水示范组织，为龙凤山灌区用水户协会和金光用水户协会，示范组织的数量较"世行模式"的省份也存在着一定差距（表1-3）。由此可知，同"世行模式"的省份相比，黑龙江省的农民用水合作组织整体发展还较差，还处于起步阶段，远未真正发挥其在农田水利管理中的作用，急需改善。

表1-2　2012年"世行模式"省份与黑龙江省农民用水合作组织数量统计表

世行贷款项目阶段	省/自治区/直辖市	农民用水合作组织数量	世行贷款项目阶段	省/自治区/直辖市	农民用水合作组织数量
一期	湖南	2 299	三期	内蒙古	1 634
	湖北	2 086		吉林	876
二期	山东	3 323		重庆	1 631
	河南	4 253		宁夏	821
	江苏	803		云南	13 874
	河北	1 160		黑龙江	337
	安徽	567			

数据来源：中国节水灌溉网，2012年各省（区、市）农民用水合作组织调查统计表[47]。

表1-3　2014年"世行模式"省份与黑龙江省用水示范组织数量统计表

世行贷款项目阶段	省/自治区/直辖市	用水示范组织数量	世行贷款项目阶段	省/自治区/直辖市	用水示范组织数量
一期	湖南	10	三期	内蒙古	4
	湖北	16		吉林	1
二期	山东	20		重庆	5
	河南	7		宁夏	6
	江苏	3		云南	6
	河北	2		黑龙江	2
	安徽	2			

数据来源：中国供销合作网，2014年国家农民合作社示范社和用水示范组织名单[48]。

2. 以农民用水户协会为主，以水利专业合作社为辅

同各国参与式灌溉管理改革和"世行模式"的农民用水合作组织相类似，

黑龙江省的农民用水合作组织也以农民用水户协会为主要发展形式。除农民用水户协会外，其余形式的农民用水合作组织在黑龙江省内也在不断发展，其中水利专业合作社最为突出（表1-4）。水利专业合作社也是在政府的牵头下组建的，政府将项目配套的灌溉设备交由合作社管理，水利设施所有权归国家，由合作社和社员管理、使用，合作社与设备管理处签订责任状，建立严格的责任制度。与农民用水户协会不同的是，水利专业合作社向用水户提供的是灌溉服务，可以覆盖到没有水源的地区，而水利专业合作社最突出的特点是，它们或依托于农机合作社或依托于种植业合作社。“水利专业合作社＋农机/种植业合作社”的运行模式，能够有效解决水利合作社资金不足及两个组织持续、高效发展的问题。

表1-4　调研的水利合作社基本情况表

水利合作社名称	所依托合作社名称	服务耕地面积（万亩）		入社成员
		旱田	水田	
万兴水利专业合作社	东方红农机合作社	4	—	120
泉海农田水利灌溉农民专业合作社	三棵树农机合作社	1.8	0.05	105
顺通水利灌溉专业合作社	江旺玉米专业合作社	—	1.18	280
国刚水利合作社	国刚玉米专业合作社	1.08	—	230
后兴山农田水利灌溉农民专业合作社	兴隆玉米专业合作社	1.156	—	127

数据来源：齐齐哈尔市龙江县水务局。

3. 各灌区因地制宜的多种运行模式

黑龙江省的农民用水合作组织经过12年的推广，已经初具规模，黑龙江省各灌区根据自然条件、灌溉资源、灌溉工程及灌溉设施以及自身实际发展状况的不同，探索出多种因地制宜的运行模式（表1-5）。笔者调查发现，五常龙凤山灌区为“灌溉管理局＋总协会＋分协会＋用水户”的模式，依靠灌溉管理局牵头组建，建立一个总协会27个分协会覆盖整个灌区，分协会受总协会的指导和监督。金光用水户协会属于查哈阳模式，即“灌区管理单位＋供水公司＋农民用水户协会＋用水户”。查哈阳灌区属于大型的农垦系统，人均耕地面积大、采用统一灌溉的方式，用水户经济实力强、协会工作人员工资能够得到有效保证，员工工作积极性高、用水户满意度和参与程度都较高。长岗灌区用水户协会采用“水利行政主管部门＋承包人＋农民用水户协会＋用水户”的运行模式。水行政主管部门负责对承包人和协会进行政策、法规的指引，承包人同水管部门签订承包合同，负责辖区内灌溉设施、灌溉工程的管理和维护，农民用水户协会按照合同购买灌溉用水、向辖区内用水户收缴水费、调节和配置灌溉用水、调解用水纠纷等。长岗灌区运行模式适合于灌溉设施及灌溉工程完好率较高的地区，查哈阳模式的成功运行有其自身的优势，不容易被复制和模仿，在黑龙江省内较为普遍采用的是龙凤山灌区的运行模式，即“灌溉管理局＋农民用水户协会＋用水户”。

表 1-5 黑龙江省农民用水合作组织运行模式

组织名称	运行模式	牵头组建单位	干渠责任主体	支斗渠责任主体	计费方式
龙凤山灌区用水户协会	灌溉管理局＋总协会＋分协会＋用水户	灌溉管理局	总协会	各分协会	按亩计费征收
金光用水户协会	灌区管理单位＋供水公司＋农民用水户协会＋用水户	灌区管理局	灌区管理局	农民用水户协会	按用水量征收
长岗灌区用水户协会	水行政主管部门＋承包人＋农民用水户协会＋用水户	水务局	承包人	农民用水户协会	按亩计量征收

4. 农民用水合作组织的发展已取得初步成效

黑龙江省的农民用水合作组织通过十几年的运行，与传统的灌溉管理模式相比已经显现出一定的优势：①民主管理优势逐步显现，田间管理得到认可。农垦模式的农民用水合作组织从成立之初就号召民主管理，用水户广泛参与，严格按照章程及规章制度运作，充分发挥了民意，田间渠系及设施能得到及时的维修与养护。②加强用水管理，提高灌溉服务质量。一是农民用水合作组织能够做到计划用水，提高广大用水户节水意识，营造灌区节水氛围。二是灌溉时期能够做好水源调配工作，特别是枯水期协会采取一定措施加强上下游用水的分配，将竭水期带来的损失降到最低，维持了良好的用水秩序。③和谐用水、化解矛盾，用水纠纷大幅度减少。农民用水合作组织在灌溉管理过程中，积极组织用水户广泛参与、相互协商，有效避免了挣、抢水现象，有效地化解了用水矛盾，减少了用水纠纷的发生。④建立了农田水利建设新机制。一是决策渠道变化：由过去管理区、居民点直接决定包办代替，变为由用水户参与，充分反映民意。二是资金使用透明度增强：由以往财务账目由村委会统一管理，对末级渠道运行管理费使用情况用水户基本不知情，变为财务公开，用水户一目了然，进行监督，保证了资金合理使用。三是田间工程维护得到保障：末级渠系由用水户小组负责维修，有人用无人管的现象得到缓解。

1.3.2 黑龙江省农民用水合作组织存在的问题

1. 农民用水合作组织缺乏专业人才

黑龙江省农民用水合作组织发展中一个主要问题是缺少有组织能力的带头人和具备水利工程建设、维修基本常识的专业人才。好的带头人是农民用水合作组织成功发展的关键。从调研的黑龙江省农民用水合作组织情况来看，协会的负责人 76.3%由村干部或是灌区工作人员兼任，只有 23.7%由普通农民担任（表 1－6）。由村干部或灌区工作人员兼任，这些人员虽在群众中有威信、懂管理，但他们的日常事务比较繁忙，没有充裕的时间来思考如何进行农民用水合作组织的自身能力建设，导致组织无法真正发展，长此以往，农民用水合作组织就成了村委会或灌区管理单位的附属机构，没有真正成为农民自己的组织。

表 1－6　农民用水合作组织负责人身份

	分　类	比重（%）
负责人身份	村干部	42.1
	灌区工作人员	34.1
	普通农民	23.7

数据来源：根据调研问卷获得。

其次在调研中发现，同时拥有专业灌溉工程技术人员及财务人员的只占 5.3%，有灌溉、工程技术人员的占 18.4%，有财务人员的占 15.8%，而两种专职人员都没有的占到 60.5%（表 1－7）。由于农户的文化水平普遍较低，对于水利工程及渠道、水利设施、涵闸的维修和基本常识掌握较少，对于新技术接受、掌握能力较低，需要专业的灌溉、工程技术人员。另外，调研中还发现许多农民用水合作组织没有自己独立的财务制度、独立的会计账簿，甚至没有自己独立的银行账户，多是和村委会共用一套财务体系。这两方面的专职人员对农田水利工程及农民用水合作组织自身的规范有序发展都具有较大影响。

表 1－7　农民用水合作组织专职人员

	分　类	比重（%）
专职人员情况	只有灌溉、工程技术人员	18.4
	只有财务人员	15.8
	两种专职人员都有	5.3
	都没有	60.5

数据来源：根据调研问卷获得。

2. 农民用水合作组织缺乏资金支持和项目的扶持

资金的短缺是制约农村经济发展的另一个重要因素。成立农民用水合作组织以后，灌区内的经营管理与水利工程管护工作都交由用水合作组织承担，实现了责、权、利的结合。农民用水合作组织在拥有收缴水费权利的同时，要承担支斗渠的管护、配套工程设施的维修义务，而收缴的水费也是农民用水合作组织唯一的经济来源，很难维持农民用水合作组织的日常运营。调查中发现，仅有13.2%的合作组织收支有盈余，多余的资金可以用于下一年度的维修资金，有50%的合作组织勉强维持收支平衡，还有36.8%的合作组织入不敷出，难以支付组织工作人员工资或是没有充足经费用于渠系设施维修（表1-8）。

表1-8　农民用水合作组织收支情况

	组织情况	比重（%）
收支情况	有盈余	13.2
	收支平衡	50.0
	入不敷出	36.8

数据来源：根据调研问卷获得。

农民用水户协会是具有独立法人地位的社会团体，在成立的初期，灌区管理局、供水公司、行政组织对协会有组建、扶持、培训的义务，协会成熟后由协会自主管理、不再干预，但必须接受灌区管理局、供水公司、行政组织的业务指导和监督。换句话说，农民用水户协会虽然是农民自己的组织，但农民用水户协会的良性发展离不开各级行政组织的扶持。黑龙江省的农民用水户协会属于典型的“非世行模式”，大多是在水价改革试点工作或是政府的要求下成立的并不是从实际需求出发，成立后也没有相关项目的扶持，多数的农民用水户协会只是一个空壳、流于形式，没有相关项目的扶持引导，农民用水户协会根本没有发挥作用。

3. 农民用水合作组织缺乏规范性管理，制度不健全

农民用水合作组织属于农民自治的社团性组织，用水户通过民主方式组织起来的不以营利为目的的社会团体。调查中发现，农民用水合作组织中的领导小组大多由村干部、灌区工作人员组成，普通农户较少，用水组织的相关事宜都由村干部或是灌区工作人员直接决定，用水户缺乏知情权更没有参与决策权，缺少合作组织的民主管理成分。调查中发现，有64.4%的农户从没参与过用水组织的工作和决策，有27.4%的农户每年参加过1～2次，只有8.2%的农户每年参加过2次以上的用水组织工作（表1-9）。只有少数的农垦灌区下的农民用水户协会和国家用水示范组织管理较规范外，多数的农民用水合作组织在不同程度上都有以下相同的问题：一方面是用水合作组织管理呈现松散性，农民用水户协会在民政部门注册登记，而相关管理工作是由村干部代为执行的，用水户协会缺乏规范运作的章程，缺乏有效的组织保障；另一方面是用水组织的运作呈现临时性，很多用水组织只有在农忙季节需要放水的情况下，才会临时组织用水户代表大会，组织活动缺少计划。

表 1-9　农户参与农民用水合作组织工作情况

分　类		比重（%）
农户参与情况	没有参与过	64.4
	1～2次/年	27.4
	2次以上/年	8.2

数据来源：根据调研问卷获得。

调查中发现几乎90%以上的农民用水合作组织都有自己的制度规范，有些规范管理的组织会根据自身组织运行的状况不断修订制度规范，其他管理松散的组织也拥有灌区统一制定的章程；然而在深入了解过程中发现，农户对用水组织的制度规范了解程度较差，仅有9.2%的农户表示对用水组织的制度规范很了解，有29.3%的农户表示只是一般了解，而61.5%的农户表示对用水组织的制度规范不了解（表1-10）。在和协会会员沟通中发现，用水户并不了解自己所加入组织的相关制度规范，也不参与协会的各项活动，只是单纯地灌溉和缴纳水费，和原有的传统灌溉制度并无差别，农民用水户协会的组建并未发挥作用，只是形同虚设罢了。

表 1-10　农户了解的农民用水合作组织制度规范情况

分　类		比重（%）
农户了解制度规范程度	不了解	61.5
	一般	29.3
	很了解	9.2

数据来源：根据调研问卷获得。

4. 农民用水合作组织缺乏宣传，用水户参与度低

农民用水合作组织是用水户自主经营的服务性社团组织，广大用水户的认同是农民用水合作组织组建运行的群众基础，用水户的积极参与是农民用水合作组织存在并发展的基本保证。组建协会前，要广泛宣传、认真培训，使广大用水户真正从思想上认识、了解农民用水户协会的性质与宗旨。在调查过程中发现，许多用水户缺乏对用水合作组织的基本认知，用水户包括村干部都不能清楚说明用水合作组织的真正涵义、概念、功能作用。笔者选取了国家用水示范组织的龙凤山灌区和查哈阳灌区的农户进行了解发现，仅有13%的农户表示他们听说过农民用水合作组织，但对用水合作组织的规章、制度、性质了解很少，甚至还有一定的偏差；有18%的农户表示他们只是听说过农民用水合作组织，但对其一点也不了解；还有高达69%的农户表示他们根本没有听说过农民用水合作组织（表1-11)。

表1-11 龙凤山灌区和查哈阳灌区农户对农民用水合作组织的了解程度

	分 类	比重（%）
农户对用水组织了解程度	听说过有一定程度的了解	13
	听说过但不了解	18
	没听说过	69

数据来源：根据调研问卷获得。

造成农户了解程度低的主要因素是农民用水合作组织在组建过程中缺乏广泛的宣传，农户觉得组建农民用水合作组织是一种政府绩效行为，没有征求农户的意见，也没有广泛吸纳农户参与，农户没有觉得农民用水合作组织是农民自己的组织。农民用水合作组织的组建缺乏良好的群众基础，这将影响用水户主动参与渠系工程维护、协会运行监督等方面的积极性与主动性，自愿与民主将不能得到充分体现。这些都说明了用水户没有真正了解农民用水合作组织，也没有真正参与到农民用水合作组织的运行中去，只有提高用水户对用水合作组织的参与认知度，才能更好地促进用水合作组织良性运行。

5. 农民用水合作组织缺乏政府的支持

组建和运行农民用水合作组织，不仅是改革灌区末级渠系，还涉及组建初期的宣传组织、调动农户积极参与以及运行阶段的政府支持、资金扶持、技术指导、利益协调工作等，这一系列工作都需要政府给予大力支持[49]。虽然国家已经在2004年以来的8个1号文件中提到农户参与式灌溉管理、农民用水合作组织在农业生产中的重要作用，提出发展农民用水合作组织，黑龙江省也转发了国家水利部《关于加强农民用水户协会建设意见的通知》，但目前为止，黑龙江省各级政府还是缺乏有关规范和促进用水合作组织发展的地方性法规与政策文件。要保证协会的合法权益不被侵犯、保证协会能正常健康运行，必须有强有力的相关政策做保障。另外，相关政府对用水合作组织的认识不足，也是制约其发展的一个重要原因。一些政府部门只是从现实的经济绩效而不从组织性质与实践相结合的角度深入认识，制约了正确指导和扶持的方式、方法及力度的确定。各级政府对建立农民用水合作组织这一行为的认识也存在很大的问题。中央倡导因地制宜地发展农民用水合作组织，而某些地方政府把这一经济行为当做了政治任务来完成，不顾当地的实际就一味地为建立用水合作组织而建立用水合作组织，完全违背了中央的初衷。用水合作组织初期的宣传、组建，运行阶段对协会运行的技术指导、对协会的监督、协调协会内部或协会与其他部门之间的利益关系等方方面面都离不开政府的支持和引导。而调研中发现，黑龙江省的农民用水合作组织仅是在组建初期获得了政府 10 万元扶持资金，运行中缺少广泛的宣传，以及技术、人才的扶持和恰当监督，整体发展水平一直较差。

1.4 黑龙江省农民用水合作组织发展制约因素的理论分析

1.4.1 黑龙江省农民用水合作组织发展制约因素的理论框架

从前文分析中可知，黑龙江省农民用水合作组织发展至今已取得初步成效，在田间管理中显现出一定的作用；组织形式不断丰富、数量不断扩大，已经有一定的规模；农户满意度提高、用水纠纷不断减少，但与国内“世行模式”农民用水合作组织相比还存在很大差距，这种差距也表现在多个方面，从省内外的调研情况来看，制约黑龙江省农民用水合作组织发展的因素也是多方面的（图 1-1）。在阅读国内外文献资料以及实地调研的基础上，笔者从影响农民用水合作组织发展的内外部因素着手，提出以下研究假设，同时对可能的制约因素进行详细讨论。

假设 1：人力资本因素与农民用水合作组织的发展呈正相关，且具有显著影响。

假设 2：物质资本因素与农民用水合作组织的发展呈正相关，且具有显著影响。

假设 3：制度因素与农民用水合作组织的发展呈正相关，且具有显著影响。

假设 4：农户因素与农民用水合作组织的发展呈正相关，且具有显著影响。

假设 5：外部关系因素与农民用水合作组织的发展呈正相关，且具有显著影响。

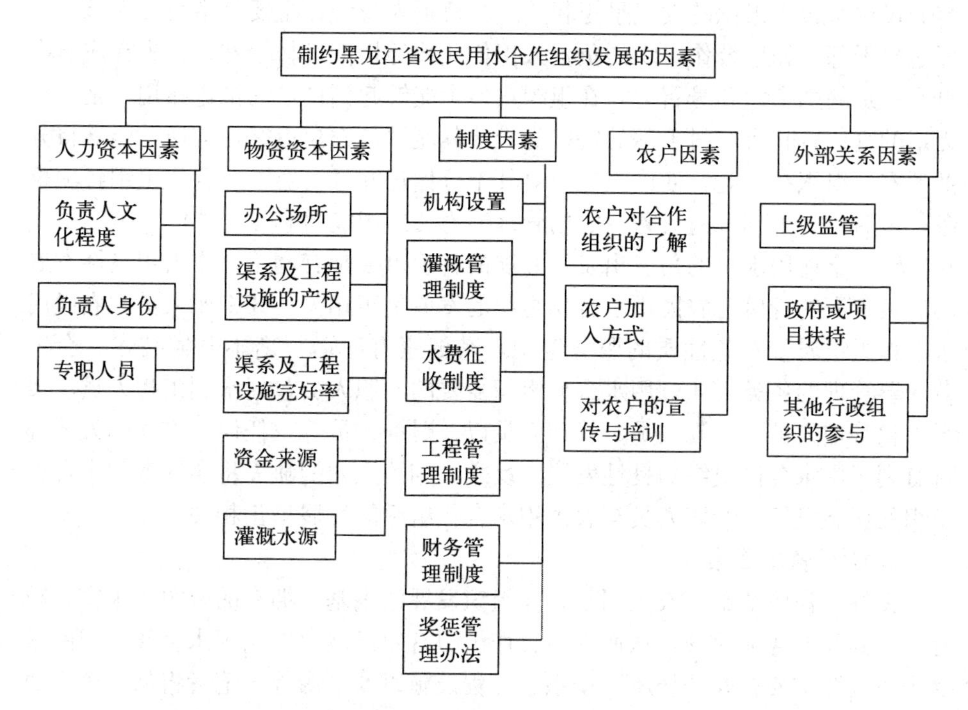

图 1-1 黑龙江省农民用水合作组织发展制约因素的理论框架

1.4.2 黑龙江省农民用水合作组织发展制约因素理论框架的说明

1. 人力资本因素

农民用水合作组织拥有的人力资源是其正常开展各项活动的重要前提条件，也决定了合作组织其他资源功能的发挥，因而对其健康成长具有重要的影响。人力资本因素主要包括负责人文化程度、负责人身份、专职人员等 3 个因素。这些因素理论上对农民用水合作组织的发展都有一定的影响。①负责人文化程度，这里的文化程度主要是指负责人接受教育的程度，农村人口接受教育的程度普遍偏低，存在一定的小农思想，对于新鲜事物接受能力普遍较差，而且存在严重的利己的思想。负责人接受教育的程度越高，接受、学习和了解新鲜事物、理念的能力也越强，越能够分辨用水合作组织对农村以及农民发展的益处，同时，向他人宣传新的理念和指导他人学习的能力也越强，反之，接受教育程度越低，学习能力越差，对新鲜事物排斥心理也越强，更难以向他人宣传新鲜理念，导致农民很难接受用水合作组织这种新鲜事物。负责人文化程度与农民用水合作组织的发展呈正相关。②负责人身份，主要是指负责人是否担任过村干部。如果合作组织的负责人担任或曾经担任过村干部，首先在成员中具有一定的感染力和号召力，在组织宣传中能够起到良好的推进作用，是一种无形的宣传；其次，村干部的特殊身份使其能够与农户更好地沟通，能够将分散的农户组织在一起，使广大农户对其十分信任并且自愿参与合作组织各项事务；最后，村干部普遍具备一定的管理能力、组织能力和领导才能，他们更能从组织、全体用水户的角度出发，开展的各项事务是有利于合作组织良性发展的。负责人的身份与农民用水合作组织的发展呈正相关。③专职人员，农民用水合作组织属于专业性质的服务组织，其健康有序运行离不开懂技术、会经营、善管理的各类人才，用水合作组织需要的专职人员包括水利工程人员、渠系工程管理人员、灌溉人员、管理人员以及财务人员等，任何一方面的人才都将有利于用水合作组织的良性发展，反之，相关人才的缺失将会导致用水合作组织的病态发展。专职人员与农民用水合作组织的发展呈正相关。

2. 物质资本因素

良好的物质基础是农民用水合作组织发展的根基。拥有的资源越丰富，越有利于其开展各项活动，从而保障合作组织有效发展。农民用水合作组织的重要物质资源主要有办公场所、渠系、工程设施以及水源等。笔者将从5个方面概括用水合作组织发展的物质资本：办公场所、渠系及工程设施的产权、渠系及工程设施完好率、资金来源、灌溉水源。①办公场所，办公场所是合作组织开展各项工作的基础，拥有独立办公场所的合作组织，可以随意开展各项活动、组织成员民主会议、领导小组讨论工作等，反之，没有独立办公场所的组织，开展各项活动将受到限制，也会因为这种限制阻碍合作组织的发展。办公场所与农民用水合作组织的发展呈正相关。②渠系及工程设施的产权，调查中发现，在参与式灌溉管理改革中，主干渠道仍归灌区管理，支斗渠已经交由各农民用水合作组织负责，在这种情况下，如果合作组织拥有渠系及工程设施的产权，产权的激励功能将得到有效发挥，提升灌溉效率，改善灌溉服务，直接为用水户带来收益。渠系及工程设施的产权与农民用水合作组织的发展呈正相关。③渠系及工程设施完好率，从国内外参与式灌溉管理改革的成功经验来看，不论是发展中国家还是发达国家，农民用水户协会成立以及保证良性运转的最基本条件就是灌溉工程的完好程度，完好度较高的灌溉工程交由农民用水户协会，可以保证灌溉效率和灌溉服务质量，促进协会的良性发展。渠系及工程设施的完好率与农民用水合作组织的发展呈正相关。④资金来源，主要是指合作组织是否有稳定、多样的资金来源，资金来源丰富多样的合作组织，除能够满足日常基本管理开销外，还能够进行渠系、工程的改良和维护等各项活动，还可以对成员进行培训以便其更好理解合作组织的内涵和作用，反之，资金匮乏的合作组织难以开展各项活动，甚至难以支付工作人员的工资，更不可能保证合作组织的良性发展。资金来源与农民用水合作组织的发展呈正相关。⑤灌溉水源，主要是指灌溉水源是否充足，无论采用哪一种灌溉方式，灌溉水源越是充足，越是能够满足用水户的灌溉需求，用水纠纷越少，用水户满意度也越高，也会广泛吸纳更多的用水户，使合作组织规模不断壮大，反之，合作组织灌溉水源不充足，难以保证用水户日常的灌溉需求，就很难吸纳更多的用水户，没有用水户的参与又何谈合作组织。灌溉水源与农民用水合作组织的发展呈正相关。

3. 制度因素

设计合理的组织制度能否按章实施是保障组织有效运行的基础，也体现了组织的经营管理水平。农民用水合作组织的制度是多方面的，各项制度也是相辅相成的，共同决定合作组织发展的好坏。农民用水合作组织发展的主要制度有机构设置、灌溉管理制度、水费征收制度、工程管理制度、财务管理制度、奖惩管理办法等 6 个主要方面。笔者假设这 6 个方面都是制约合作组织发展的制度因素。①机构设置，农民用水合作组织重在体现用水户民主合作的原则，他们是不以营利为目的的社会团体，坚持“谁受益，谁负担”的自我服务原则，组织机构成员的恰当组建就显得尤为重要。全部的用水户组成的会员代表大会是该团体的最高权力机构，会员代表大会负责选举和罢免执委会，并监督审查其各项工作，执委会是会员代表大会的执行机构，用水组的用水户代表由一定范围内的全体用水户投票选举产生，在执委会的指导下负责本用水组的用水计划、工程维修计划、灌溉调度、解决水事纠纷以及收缴水费等。②灌溉管理制度，是为了实行计划用水、节约用水、提高农业灌溉效益和供水可靠性，为广大用水户提供灌溉服务，依据合作组织的章程而制定的制度。灌溉管理要依据全年和阶段性供水计划，贯彻适时供水、安全输水、合理利用水资源、平衡供求关系，科学调配水量、合理配水，严禁人情水、关系水，认真做好水费计收工作，充分发挥灌溉效益的原则。③水费征收制度，明确规定了用水户有义务合理使用和保护水资源，节约用水，自觉按时缴纳水费。用水户协会的水费取之于协会用之于协会，用水户按照用水量或是耕种面积按时缴纳水费，协会征收的水费主要用于管理人员工资、渠系及工程维修等。④工程管理制度，是为了保障各辖区内渠道及附属建筑物的完好以及安全运行，各协会的工程管理实行分级负责制，支渠及渠系建筑物由协会统一管理，斗渠以下渠道及其小型建筑物由用水组管理，协会会员有按照协会章程完成灌溉工程维修的义务，且任何会员不应拒绝。⑤财务管理制度，各协会的财务管理工作应遵守国家的法律、法规和财务管理制度，切实履行财务职责，如实反映财务状况，接受主管财务机关的检查、监督；协会配备的财务人员应具备基本的业务素质，建立独立的盈亏平衡成本核算体系，每年要定期向用水户公开财务收支状况。⑥奖惩管理办法，本着“鼓励先进、鞭策后退，以奖为主、以罚为辅，施奖公正、处罚合理”的原则，而奖励与处罚的目的在于促进协会所属工程的维护并免遭人为破坏，维护灌溉秩序，促进水费的足额按时缴纳，使协会章程及各项规章制度落到实处、贯彻执行。设计合理且得到良好执行的制度也可以表明组织的发展是良好的，反之，形同虚设的组织制度或是没有制度，都表明了组织的发展状况较差。各项管理制度与农民用水合作组织的发展呈正相关。

4. 农户因素

农民用水合作组织既要服务于农户，也要依靠广大农户的力量才能持续发展。农户对农民用水合作组织越是了解，农户越是会主动加入合作组织、对组织的各项活动参与度也越高。农户的高度参与可以促进用水合作组织的良好发展，发展良好的用水合作组织也更会吸引农户的加入、参与。笔者假设农户因素对农民用水合作组织发展的制约可概括为农户对合作组织的了解，农户加入方式以及对农户的宣传与培训三个方面。①农户对合作组织的了解，农户对合作组织越是了解，越能够认识到合作组织成立的必要性，从自身利益出发，越能够主动加入到合作组织中来，在组织中积极地选择合作，反之，农户对合作组织不了解，认识不充分，他们对合作组织会产生排斥心理，不愿意加入合作组织更不愿意参加各项活动，长此以往，合作组织将只是一种形式上的合作而无实质的合作互助。农户对合作组织的了解与农民用水合作组织的发展呈正相关。②从农户加入方式来看，如果农户是主动加入或是经合作组织适当引导加入的，农户更愿意参加合作组织的各种活动也更会服从合作组织的安排，在合作组织中更倾向于积极地选择合作，也会主动承担更多的责任和义务，反之，农户由当地政府或村委会强制加入的，就会导致农户对合作组织的不满和消极情绪，对合作组织各项活动置之不理，更不愿意承担部分责任和义务，吸纳这样的农户是不利于合作组织发展的。农户的加入方式与农民用水合作组织的发展呈正相关。③从对农户的宣传与培训来看，积极向农户推广、宣传农民用水合作组织，对广大农户进行培训，可以增强农户对合作组织的了解，使农户能够更加主动加入到合作组织中来，经过适当培训的农户对合作组织章程、内涵、各种组织活动都能够更好地了解、掌握，有利于其更好、更高效地参加组织活动，反之，没有对广大农户进行宣传、培训，即使农户是主动加入且想参与各项活动，也会因为其对合作组织的相关章程和内涵不了解而无法快速、高效地参加组织的活动。对农户的培训与宣传与农民用水合作组织的发展呈正相关。

5. 外部关系因素

黑龙江省的农民用水合作组织是在政府发动下建立的，建立之初，政府应给予一定的项目扶持和帮助，还应对农户进行适当的培训和宣传，以加强农户对合作组织的了解；持续运行过程中，其健康发展更离不开政府的监督与引导，政府等外部组织的推动力量是保障合作组织良性发展的关键。适当的政府扶持、引导，以及外部组织的监督、指导，有利于合作组织的规范发展。笔者假设制约农民用水合作组织发展的外部关系因素有上级监管，政府或项目扶持以及其他行政组织的参与情况三个方面。①从上级监管情况来看，农民用水合作组织虽然是农民自治组织，但黑龙江省农民用水合作组织普遍是在政府发动下建立的，或是由灌区管理局或是由地方水务局组建，如果上级监管单位能够对合作组织定期考核监督进行绩效评价与奖励，合作组织就能够严格规范管理，提高灌溉效率和灌溉服务的质量，达成组建的初衷，真正做到发展一个成熟一个，反之，缺少监督的农民用水合作组织会存在管理松散随意的现象，合作组织仅是一个形式而无法真正实现发展。上级监管与农民用水合作组织的发展呈正相关。②从政府或项目扶持情况来看，对于农民用水合作组织，如果缺乏政府的引导或是项目的扶持，没有资金或是技术上的支撑，没有相关的法规政策做保障，建立、发展农民用水合作组织的可能性不大，反之，如果有相关项目的政府外部扶持，合作组织的发展不仅能够保证充足的资金，而且还可以获得技术、人才上的支持。政府或项目扶持与农民用水合作组织的发展呈正相关。③从其他行政组织的参与情况看，黑龙江省的农民用水合作组织以行政辖区为组建边界，在运行过程中，需要行政组织的参与、帮助，一方面，合作组织力量薄弱、资源单一，需要行政组织的帮助，另一方面，行政组织参与到合作组织工作中，能够增强用水户对合作组织的信任，从而更积极参与组织的各项活动，反之，行政组织不参与合作组织的运行，合作组织不仅得不到应有的帮助，还会失去用水户的信任和支持。其他行政组织的参与和农民用水合作组织的发展呈正相关。

1.5 黑龙江省农民用水合作组织发展制约因素的实证分析

1.5.1 黑龙江省农民用水合作组织发展制约因素的描述性统计

为了更好地研究黑龙江省农民用水合作组织发展的制约因素，本书按照大、中、小型灌区的分类，选取了五常市、齐齐哈尔市、绥化市、鹤岗市、七台河市、双鸭山市以及牡丹江市的 5 个大型灌区、7 个中型灌区以及 4 个小型灌区的农民用水合作组织作为主要的调研对象，在实地调研和数据收集过程中，有些组织名存实亡，因此经过筛选整理，本书的研究主要基于30家农民用水户协会和8家水利专业合作社。针对选取的农民用水合作组织发放问卷38份，收回问卷38份，有效问卷38份，针对农户发放问卷240份，收回问卷223份，有效问卷208份，问卷有效率为86.67%。根据调研所搜集到的数据，可以从中找出制约黑龙江省农民用水合作组织发展的主要因素。

1. 黑龙江省农民用水合作组织人力资本情况的描述性统计

从负责人文化程度来看，调查的38家农民用水合作组织中，占比最大的是初中文化程度，约占44.8%，其次为高中，约占28.9%，其他文化程度占比均不足15%。因此可以看出，黑龙江省农民用水合作组织的负责人文化程度多为初、高中水平，以远高出农村人口的平均文化程度，属于中上等的水平。从负责人身份来看，普通农户占比52.6%，曾任或现任村干部等约占47.4%，在组织中能够起到较好的带头作用。从专职人员情况来看，没有专职人员的合作组织占到全部组织的60.5%，有专职人员的只有39.5%，其中，专业的灌溉技术人员、工程维修人员的占比21.1%，懂得会计知识的专职财务人员约占18.4%。因此可以看出，调查的黑龙江省农民用水合作组织的人力资本整体情况，负责人多以现任村干部或曾经的村干部为主，文化程度主要集中在初中到高中的水平，懂技术的专职人员占比较少，需要多加培训（表1-12）。

表1-12 样本农民用水合作组织的人力资本情况

人力资本情况	分类	比重（%）
负责人文化程度	小学	15.7
	初中	44.8
	高中	28.9
	高中以上	10.6
负责人身份	普通农户	23.7
	村干部等	76.3
专职人员	没有	60.5
	只有灌溉、工程人员	18.4
	只有财务人员	15.8
	两种专职人员都有	5.3

数据来源：根据调研问卷获得。

2. 黑龙江省农民用水合作组织物质资本情况的描述性统计

从调查的38家农民用水合作组织来看，约有60.5%的农民用水合作组织还没有自己独立的办公场所，只有39.5%的农民用水合作组织拥有自己独立的办公场所，开展组织各项活动不受场地的限制。从渠系及工程设施产权来看，多数的农民用水合作组织还不能拥有支斗渠的产权，约有36.9%的农民用水合作组织已经拥有渠系或工程的产权，其中调查的水利合作社占比约21%。渠系及工程设施的完好率方面，完好率40%～60%（含）的占比最多达到39.5%，完好率60%～80%（含）的约占36.8%，占比也较高，完好率相对完好或是相对很差的占比少。农民用水合作组织的资金来源方面，仅有36.8%的合作组织不仅能够收取水费或服务费获得资金，还有其他获取资金的方式。从灌溉水源方面看，50%的农民用水合作组织拥有充足的水源，另50%的合作组织灌溉水源不充足。因此可以看出，黑龙江省农民用水合作组织发展的物质基础相对较差，渠系及工程设施的产权率和完好率还相对较低，除了收取水费或服务费外，获取资金的渠道相对有限，灌溉水源还需要进一步保障（表1-13）。

表1-13　样本农民用水合作组织的物质资本情况

物质资本情况	分类	比重（%）
办公场所	没有	60.5
	有	39.5
渠系及工程设施的产权	没有	63.1
	有	36.9
渠系及工程设施的完好率	20%～40%	13.2
	40%～60%	39.5
	60%～80%	36.8
	80%～100%	10.5
资金来源	水费/服务费	63.2
	水费、服务费+其他	36.8
灌溉水源	不足	50.0
	充足	50.0

数据来源：根据调研问卷获得。

3. 黑龙江省农民用水合作组织制度情况的描述性统计

农民用水合作组织的各项制度是否能够贯彻执行既能够决定合作组织的发展好坏，也是合作组织发展好坏的一个评价方面。关于制度的制定和执行，笔者主要从三个层次来评价：第一，合作组织是否有这项制度；第二，拥有制度且能够较好地按照制度执行；第三，合作组织能够严格按照制度执行。机构设置方面，能够严格按照制度执行的仅有26.3%，大多数处于没有机构设置制度，占调查全部的39.5%。灌溉管理制度方面，能够严格执行的仅有10.6%，没有灌溉制度的约占52.6%。水费征收制度方面，能够严格执行的也较少只占全部的10.5%，多数的合作组织执行情况一般，约占47.4%。工程管理制度方面，能够严格执行的有15.8%，约有47.4%的合作组织没有这项制度。财务管理制度方面，能够严格按照执行的仅有10.5%，约有47.4%的合作组织能够较好地执行。奖惩管理办法方面，严格执行发挥一定作用的约占10.5%，47.4%的合作组织没有相关的奖惩管理办法。因此可以看出，黑龙江省农民用水合作组织各项制度整体执行情况都相对较差，甚至用水户不了解组织的相关制度更谈不上贯彻执行（表1-14）。

表1-14　样本农民用水合作组织的制度情况

制度情况	分　类	比重（%）
机构设置	没有	39.5
	执行情况一般	34.2
	严格按照制度执行	26.3
灌溉管理制度	没有	52.6
	执行情况一般	36.8
	严格按照制度执行	10.6
水费征收制度	没有	42.1
	执行情况一般	47.4
	严格按照制度执行	10.5
工程管理制度	没有	47.4
	执行情况一般	36.8
	严格按照制度执行	15.8
财务管理制度	没有	42.1
	执行情况一般	47.4
	严格按照制度执行	10.5
奖惩管理办法	没有	47.4
	执行情况一般	42.1
	严格按照制度执行	10.5

数据来源：根据调研问卷获得。

4. 黑龙江省农民用水合作组织农户情况的描述性统计

农民用水合作组织的发展离不开农户的支持，从农户对合作组织的了解程度来看，约有40%的农户表示对合作组织有点了解，只有13.2%的农户表示对合作组织很了解，甚至还有46.8%的农户表示对合作组织一点也不了解。农户对合作组织的了解程度也决定了农户的加入方式，被强制加入的农户最多，占调查农户的62.1%，仅有7.9%的农户是再了解后主动加入到合作组织中来的。农户对合作组织是否了解也取决于农民用水合作组织是否进行过宣传和培训，从对农户的宣传和培训方面来看，约78.4%的农民用水合作组织都没有进行过宣传或培训，仅有5.3%的合作组织开展过宣传和培训活动。因此可以看出，黑龙江省农民用水合作组织普遍缺乏对农户的宣传和培训，农户对合作组织不了解，被强制加入，最终导致农户对合作组织存在一定的偏差，认可度较低（表1-15）。

表1-15　样本农民用水合作组织的农户情况

农户情况	分　类	比重（%）
农户对合作组织的了解	不了解	46.8
	有点了解	50.0
	很了解	13.2
农户加入方式	强制加入	62.1
	引导加入	30
	主动加入	7.9
对农户的宣传与培训	都没有	78.4
	宣传/培训	16.3
	宣传和培训都有	5.3

数据来源：根据调研问卷获得。

5. 黑龙江省农民用水合作组织外部关系情况的描述性统计

从调查的农民用水合作组织来看，仅有39.5%的合作组织拥有上级监管单位，其他的合作组织只是在民政部门或工商部门注册，在灌区管理单位或是水利单位的帮助下成立，而不再有相关的上级监管单位。政府或项目扶持方面，有36.8%的合作组织表示获得过政府资金的支持，63.2%的合作组织表示并没有获得过政府或项目的扶持。其他行政组织的参与方面，村委会等高度参与到合作组织中的约占18.5%，有52.6%的村委会等基本不参与农民用水合作组织的各项工作。因此可以看出，黑龙江省农民用水合作组织的外部关系各方面整体不利于合作组织的发展，很少获得政府、项目或行政组织的帮助（表1-16）。

表1-16　样本农民用水合作组织的外部关系情况

外部关系情况	分　类	比重（%）
上级监管	没有	60.5
	有	39.5
政府或项目扶持	没有	63.2
	有	36.8
其他行政组织参与	基本不参与	52.6
	一般	28.9
	高度参与	18.5

数据来源：根据调研问卷获得。

1.5.2　黑龙江省农民用水合作组织发展制约因素的计量经济分析

1. 研究方法

本书将采用因子分析的方法对第4章中黑龙江省农民用水合作组织发展制约因素的理论假设进行验证。因子分析法就是用少数几个公因子去描述许多指标或因素之间的联系，即将相互关系比较密切的若干变量归在同一类中，每一类变量成为一个新的公因子，以较少的几个公因子反映原始资料的大部分信息的方法。因子分析主要应用有两方面：第一，寻求基本结构，即通过因子分析能够找到较少的几个公因子，它们能够代表数据的基本结构，反映了信息的本质特征。第二，通过因子分析可以将原始观测变量的信息转换成公因子的因子值，利用因子值直接对样本进行分类、综合评价或进行其他的统计分析，如回归分析、判别分析等。

本书将采用因子分析的方法，排除原有20个变量之间的共线性，提取出制约农民用水合作组织发展的公因子，同时利用因子值对调查的38家农民用水合作组织进行综合评价。因子分析方法的一般步骤为：

（1）模型检验，利用SPSS统计软件对数据进行适合性检验。

（2）确定公因子，运用SPSS提供的因子分析，得出总方差解释和因子载荷系数，提取 m 个公因子。

（3）计算各因子得分及综合得分。由因子得分系数矩阵可以得出公因子得分公式：$F_m = a_{1m}X_1 + a_{2m}X_2 + a_{3m}X_3 + \cdots + a_{20m}X_{20}$（$F_m$ 为第 m 个公因子得分，X_K 为第 k 个变量，a_{km}为第 k 个变量在第 m 个因子下的得分系数）。根据公因子得分及各方差贡献率计算各家农民用水合作组织的综合得分：$F = (\lambda_1 F_1 + \lambda_2 F_2 + \cdots + \lambda_m F_m) / (\lambda_1 + \lambda_2 + \cdots + \lambda_m)$（$\lambda_m$ 为第 m 个公因子的方差贡献率）

2. 变量的选择及解释

根据前文对黑龙江省农民用水合作组织发展的现状分析及黑龙江省农民用水合作组织发展制约因素的理论假设，本书选择了 5 类 20 个变量，变量的含义及赋值，样本的均值等详细列出，如表 1－17 所示。

表 1－17　各个变量的解释与说明

变量名称	变量定义	样本均值
负责人文化程度 X_1	小学＝1；初中＝2；高中＝3；高中以上＝4	2.37
负责人身份 X_2	普通农户＝0；村干部、灌区工作人员＝1	0.74
专职人员 X_3	没有＝0；有＝1	0.37
办公场所 X_4	没有＝0；有＝1	0.39
渠系及工程设施的产权 X_5	没有＝0；有＝1	0.36
渠系及工程设施完好率 X_6	0～20%（含）＝1；20%～40%（含）＝2；40%～60%（含）＝3；60%～80%（含）＝4；80%～100%＝5	3.03
资金来源 X_7	水费/服务费＝0；水费/服务费＋其他＝1	0.33
灌溉水源 X_8	不足＝0；充足＝1	0.50
机构设置 X_9	没有＝1；执行情况一般＝2；严格按照制度执行＝3	2.07
灌溉管理制度 X_{10}	没有＝1；执行情况一般＝2；严格按照制度执行＝3	1.65
水费征收制度 X_{11}	没有＝1；执行情况一般＝2；严格按照制度执行＝3	1.93
工程管理制度 X_{12}	没有＝1；执行情况一般＝2；严格按照制度执行＝3	1.71
财务管理制度 X_{13}	没有＝1；执行情况一般＝2；严格按照制度执行＝3	1.93
奖惩管理办法 X_{14}	没有＝1；执行情况一般＝2；严格按照制度执行＝3	1.73
农户对合作组织的了解 X_{15}	不了解＝1；有点了解＝2；很了解＝3	1.72
农户加入方式 X_{16}	强制加入＝1；引导加入＝2；主动加入＝3	1.57
对农户的宣传与培训 X_{17}	都没有＝1；有宣传/培训＝2；宣传和培训＝3；	1.37
上级监管 X_{18}	没有＝0；有＝1	0.42
政府或项目扶持 X_{19}	没有＝0；有＝1	0.39
其他行政组织的参与 X_{20}	基本不参与＝1；一般＝2；高度参与＝3；	1.88

3. 因子分析过程

（1）数据检验。基于对调研过程中获得数据的统计，利用 SPSS 统计软件对统计数据进行适合性检验，得到KMO和Bartlett检验的结果如表1-18。

表1-18 KMO和Bartlett检验

KMO抽样适度检验		0.826
Bartlett的球形度检验	近似卡方	742.650
	自由度	190
	显著性水平	0.000

KMO检验统计量是用于比较变量间简单相关系数和偏相关系数的指标，取值在0和1之间，KMO值越接近于1，意味着变量间的相关性越强，原有变量越适合做因子分析。Bartlett检验是用于检验数据分布以及各个变量间的独立情况。一般情况，只有KMO值>0.5，Bartlett检验值<0.05时，才能进行因子分析。表1-18中，KMO数据值为0.826，且Bartlett检验p=0.000，表明样本数据适合做因子分析。

（2）确定公因子。本书采取主成分分析的方法，通过SPSS统计软件处理获得表1-19解释的总方差。因子分析的结果显示，经过旋转可获得5个特征值都大于1的公因子，5个公因子的贡献率依次为27.780%、18.870%、16.075%、14.920%、11.300%，方差累计贡献率达到88.945%，5个公因子足以解释原有20个变量所包含的信息，且具有显著代表性（表1-19）。

表1-19 解释的总方差

成分	初始特征值			提取平方和载入方差			旋转平方和载入方差		
	合计	方差的%	累积%	合计	方差的%	累计%	合计	方差的%	累积%
1	10.914	54.570	54.570	11.214	56.070	56.070	5.556	27.780	27.780
2	1.797	8.986	63.556	1.972	9.860	65.930	3.774	18.870	46.650
3	1.481	7.403	70.959	1.751	8.755	74.685	3.215	16.075	62.725
4	1.222	6.109	77.068	1.596	7.980	82.665	2.984	14.920	77.645
5	1.056	5.281	82.350	1.256	6.280	88.945	2.260	11.300	88.945
6	0.938	4.688	87.038						
7	0.541	2.703	89.741						
8	0.449	2.245	91.985						
9	0.278	1.392	93.378						
10	0.265	1.324	94.702						
11	0.244	1.220	95.922						

（续）

成分	初始特征值			提取平方和载入方差			旋转平方和载入方差		
	合计	方差的 %	累积 %	合计	方差的%	累计%	合计	方差的 %	累积 %
12	0.197	0.987	96.909						
13	0.155	0.777	97.686						
14	0.121	0.603	98.289						
15	0.097	0.486	98.776						
16	0.074	0.371	99.146						
17	0.059	0.294	99.440						
18	0.044	0.222	99.662						
19	0.041	0.205	99.867						
20	0.027	0.133	100.000						

提取方法：主成分分析。

公因子特征值的碎石图（图 1－2）用于显示提取的公因子的重要程度，纵坐标显示因子的特征值且按从大到小的顺序排列，从图中可以清晰看出第一个因子的特征值远高于其他，对解释变量的贡献率最大，第二、三、四个因子的特征值也较高，第五个因子的特征值稍弱一些，但也大于 1，其他因子的特征值都小于 1 且贡献率不断下降，因此，用提取 5 个公因子是合适的。

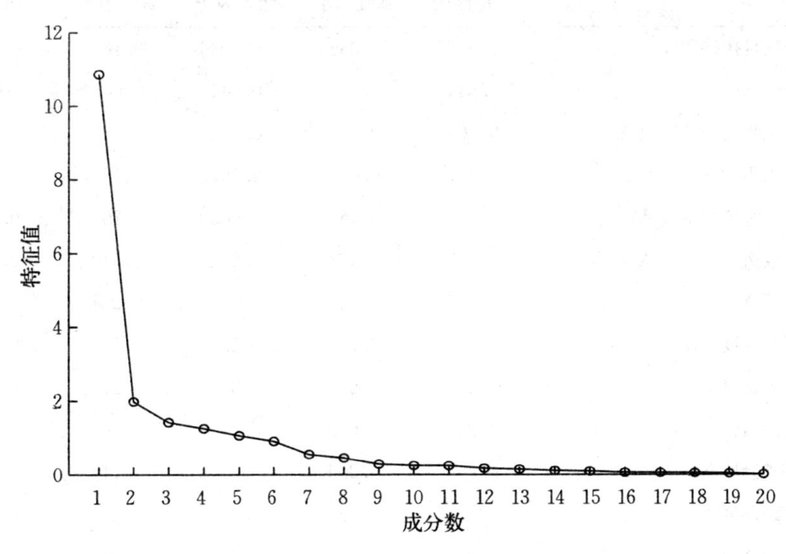

图 1－2　公因子特征值的碎石图

从统计软件分析结果表 1－19 旋转后的因子载荷矩阵可知，第一个因子主要解释了政府或项目扶持（X_{19}）、上级监管（X_{18}）、渠系及工程设施的产权（X_5）、渠系及工程设施完好率（X_6）、对农户的宣传与培训（X_{17}）、其他行政组织的参与（X_{20}），这几个变量主要都与政府等行政组织相关，因此，我们把第一个因子称为政府支持因子；第二个因子主要解释了资金来源（X_7）、水费征收制度（X_{11}）、财务管理制度（X_{13}）、办公场所（X_4），这几个变量主要反映的都是农民用水合作组织的资金、财务状况，我们把第二个因子称为经济基础因子；第三个因子主要解释了灌溉管理制度（X_{10}）、工程管理制度（X_{12}）、灌溉水源（X_8）、奖惩管理办法（X_{14}），这几个变量都与农民用水合作组织的灌溉情况有关，我们把第三个因子称为灌溉能力因子；第四个因子主要解释了专职人员（X_3）、负责人身份（X_2）、机构设置（X_9）、负责人文化程度（X_1），这几个变量反映的是农民用水合作组织的人员状况，我们把第四个因子称为人力资本因子；第五个因子解释了农户对合作组织的了解（X_{15}）、农户加入方式（X_{16}）两个变量，这两个都是与农户有关的，我们把第五个因子称为农户因子（表 1－20）。

表 1－20　旋转后的因子载荷矩阵

影响因子	公因子				
	F_1 政府支持因子	F_2 经济基础因子	F_3 灌溉能力因子	F_4 人力资本因子	F_5 农户因子
政府或项目扶持 X_{19}	0.907	0.036	−0.036	0.101	0.245
上级监管 X_{18}	0.844	0.229	0.344	0.008	−0.112
渠系及工程设施的产权 X_5	0.804	0.129	0.272	0.225	0.158
渠系及工程设施完好率 X_6	0.787	0.014	0.197	0.184	0.215
对农户的宣传与培训 X_{17}	0.734	0.155	−0.036	0.267	0.171
其他行政组织的参与 X_{20}	0.659	0.028	0.244	0.549	0.246
资金来源 X_7	0.135	0.856	−0.030	0.284	0.235
水费征收制度 X_{11}	0.159	0.728	0.196	0.269	0.320
财务管理制度 X_{13}	0.229	0.671	0.058	0.319	0.346
办公场所 X_4	0.247	0.539	0.410	0.368	0.275
灌溉管理制度 X_{10}	0.037	0.208	0.811	0.114	−0.041
工程管理制度 X_{12}	−0.017	0.187	0.765	0.424	0.224
灌溉水源 X_8	0.034	0.472	0.612	0.266	0.050
奖惩管理办法 X_{14}	0.190	0.354	0.555	0.326	0.353

（续）

影响因子	公因子				
	F_1 政府支持因子	F_2 经济基础因子	F_3 灌溉能力因子	F_4 人力资本因子	F_5 农户因子
专职人员 X_3	0.201	0.091	0.189	0.818	0.279
负责人身份 X_2	0.206	0.322	0.275	0.763	0.156
机构设置 X_9	0.082	0.509	0.295	0.685	0.304
负责人文化程度 X_1	0.044	0.358	0.343	0.615	0.417
农户对合作组织的了解 X_{15}	0.070	0.328	0.344	0.348	0.791
农户加入方式 X_{16}	0.102	0.406	0.244	0.086	0.726

（3）计算各因子得分及综合得分（表1-21）。

表1-21　因子得分系数矩阵

相关系数	F_1	F_2	F_3	F_4	F_5
负责人文化程度 X_1	−0.041	−0.052	0.286	0.061	−0.102
负责人身份 X_2	−0.047	−0.039	0.392	−0.144	0.002
专职人员 X_3	−0.079	−0.185	0.464	−0.014	−0.008
办公场所 X_4	−0.017	0.123	0.058	−0.034	0.048
渠系及工程设施的产权 X_5	−0.096	0.365	−0.049	−0.106	0.014
渠系及工程设施完好率 X_6	−0.106	0.369	−0.093	−0.031	−0.042
资金来源 X_7	−0.028	0.355	−0.269	0.015	0.040
灌溉水源 X_8	−0.035	0.202	0.167	−0.194	−0.055
机构设置 X_9	0.134	0.083	−0.036	−0.014	−0.052
灌溉管理制度 X_{10}	0.417	−0.051	−0.066	−0.239	−0.056
水费征收制度 X_{11}	0.235	−0.055	−0.083	0.028	−0.008
工程管理制度 X_{12}	0.269	−0.139	0.129	−0.072	−0.126
财务管理制度 X_{13}	0.160	−0.025	−0.009	0.025	−0.001
奖惩管理办法 X_{14}	0.204	0.007	−0.198	0.073	0.048
农户对合作组织的了解 X_{15}	−0.049	−0.047	−0.032	0.385	−0.072
农户加入方式 X_{16}	−0.199	0.030	0.059	0.355	−0.042
对农户的宣传与培训 X_{17}	−0.059	−0.107	−0.141	0.508	0.004
上级监管 X_{18}	−0.119	0.075	0.131	−0.244	0.437
政府或项目扶持 X_{19}	−0.058	−0.026	−0.191	0.109	0.482
其他行政组织的参与 X_{20}	0.154	−0.161	−0.018	−0.005	0.282

表1-21为因子得分系数矩阵，我们根据因子得分系数和原始变量的观测值可以计算出提取的各个因子的得分，计算公式如下：

$F_1=-0.041X_1-0.047X_2-0.079X_3-0.017X_4-0.096X_5-0.106X_6-0.028X_7-0.35X_8+0.134X_9+0.417X_{10}+0.235X_{11}+0.269X_{12}+0.160X_{13}+0.204X_{14}-0.049X_{15}-0.199X_{16}-0.059X_{17}-0.119X_{18}-0.058X_{19}+0.154X_{20}$

$F_2=-0.052X_1-0.039X_2-0.185X_3+0.123X_4+0.365X_5+0.369X_6+0.355X_7+0.202X_8+0.083X_9-0.051X_{10}-0.055X_{11}-0.139X_{12}-0.025X_{13}+0.007X_{14}-0.047X_{15}+0.03X_{16}-0.107X_{17}+0.075X_{18}-0.026X_{19}-0.161X_{20}$

$F_3=0.286X_1+0.392X_2+0.464X_3+0.058X_4-0.049X_5-0.093X_6-0.269X_7+0.167X_8-0.036X_9-0.066X_{10}-0.083X_{11}+0.129X_{12}-0.009X_{13}-0.198X_{14}-0.032X_{15}+0.059X_{16}-0.141X_{17}+0.131X_{18}-0.191X_{19}-0.018X_{20}$

$F_4=0.061X_1-0.144X_2-0.014X_3-0.034X_4-0.106X_5-0.031X_6+0.015X_7-0.194X_8-0.014X_9-0.239X_{10}+0.028X_{11}-0.072X_{12}+0.025X_{13}+0.073X_{14}+0.385X_{15}+0.355X_{16}+0.508X_{17}-0.244X_{18}+0.109X_{19}-0.005X_{20}$

$F_5=-0.102X_1-0.002X_2-0.008X_3+0.048X_4+0.014X_5-0.042X_6+0.040X_7-0.055X_8-0.052X_9-0.056X_{10}-0.08X_{11}-0.126X_{12}-0.001X_{13}+0.048X_{14}-0.072X_{15}-0.042X_{16}+0.004X_{17}+0.437X_{18}+0.482X_{19}+0.282X_{20}$

由 F_1 政府支持因子、F_2 经济基础因子、F_3 灌溉能力因子、F_4 人力资本因子和 F_5 农户因子对方差的贡献率分别为27.780%、18.870%、16.075%、14.920%、11.300%，5个因子方差累计贡献率为88.945%，可以得出农民用水合作组织发展情况的综合得分表达式如下：

$F=(0.277\,80F_1+0.188\,70F_2+0.160\,75F_3+0.149\,20F_4+0.113\,00F_5)/0.889\,45$

通过计算，对调查的38家黑龙江省农民用水合作组织的发展情况综合得分进行排序见表1-22。

表1-22　黑龙江省38家农民用水合作组织发展情况综合得分表

组织名称	F	排名	组织名称	F	排名
金光用水户协会	1.435	1	顺通水利灌溉专业合作社	0.784	7
龙凤山灌区用水户协会	1.012	2	后兴山农田水利灌溉专业合作社	0.708	8
金边北区用水户协会	0.943	3	万兴水利合作社	0.676	9
金边南区用水户协会	0.891	4	长岗灌区用水户协会	0.584	10
国刚水利合作社	0.834	5	泉海农田水利灌溉专业合作社	0.554	11
花香南区用水户协会	0.823	6	丰收用水户协会	0.485	12

（续）

组织名称	F	排名	组织名称	F	排名
海洋用水户协会	0.191	13	前进用水户协会	−0.303	26
富华水利喷灌专业合作社	0.384	14	万北用水户协会	−0.308	27
富兴水利喷灌专业合作社	0.373	15	敖来灌区用水户协会	−0.367	28
鑫水水利喷灌专业合作社	0.315	16	铁山村用水户协会	−0.381	29
和平灌区四支渠用水户协会	0.157	17	黎明用水户协会	−0.397	30
和平灌区五支渠用水户协会	0.106	18	三合用水户协会	−0.442	31
大兴村用水户协会	0.065	19	泥鳅河灌区用水户协会	−0.452	32
平安村用水户协会	−0.047	20	泰来农场北区用水户协会	−0.486	33
白庙子用水户协会	−0.159	21	泰来农场南区用水户协会	−0.514	34
大荒村用水户协会	−0.183	22	邵文村用水户协会	−0.534	35
莲花村用水户协会	−0.205	23	小泉子用水户协会	−0.575	36
东珠村用水户协会	−0.284	24	红光用水户协会	−0.601	37
红丰用水户协会	−0.294	25	马河用水户协会	−0.631	38

4. 因子分析的结果分析

根据调查数据，运用SPSS19统计软件进行因子分析，其结果见表1-19、表1-20和表1-22。从表1-19中可以看出，经过旋转后提取出5个特征值都大于1的公因子，5个公因子的方差累计贡献率达到88.945%，说明这5个公因子足以包含原有的20个变量所包含的信息，具有显著代表性，可以用于解释原有的问题。

从表1-20中可以看出5个因子对原有的20个变量进行了重新解释，第一个因子命名为政府支持因子，方差贡献率为27.780%，在5个因子中最显著，对黑龙江省农民用水合作组织的发展作用最显著。政府因子主要解释了政府或项目扶持（X_{19}）、上级监管（X_{18}）、渠系及工程设施的产权（X_5）、渠系及工程设施完好率（X_6）、对农户的宣传与培训（X_{17}）、其他行政组织的参与（X_{20}）共6个变量，且都是很重要的因素。第二个因子命名为经济基础因子，方差贡献率为18.870%，在5个因子中也较显著，对黑龙江省农民用水合作组织的发展也起到显著的制约作用。经济基础因子主要解释了资金来源（X_7）、水费征收制度（X_{11}）、财务管理制度（X_{13}）、办公场所（X_4）共4个变量，除了办公场所（X_4）显著性稍弱一些，其他3个变量都是比较重要的因素。第三个因子命名为灌溉能力因子，方差贡献率为16.075%，在5个因子中也比较显著，对黑龙江省农民用水合作组织的发展也能起到较显著的制约作用。灌溉能力主要解释了灌溉管理制度（X_{10}）、工程管理制度（X_{12}）、灌溉水源（X_8）、奖惩管理办法（X_{14}）共4个变量，除了奖惩管理办法（X_{14}）显著性稍弱一些外，其他3个变量都是比较重要的因素。第四个因子命名为人力资本因子，方差贡献率为14.920%，在5个因子中也较显著，对黑龙江省农民用水合作组织的发展制约作用较显著。人力资本因子主要解释了专职人员（X_3）、负责人身份（X_2）、机构设置（X_9）、负责人文化程度（X_1）共4个变量，且都是比较重要的因素。第五个因子命名为农户因子，方差贡献率为11.300%，在5个因子中显著性最弱，对黑龙江省农民用水合作组织的发展起着较弱的制约作用。农户因子解释了农户对合作组织的了解（X_{15}）、农户加入方式（X_{16}）共2个变量，且都是比较重要的因素。虽然5个公因子对原有的20个变量进行了重新的解释，但20个变量相对5个公因子都是重要的因素，且5个公因子包含了原有20个变量的近乎全部信息，具有显著代表性，足以用于解释黑龙江省农民用水合作组织发展的制约因素问题，所以，因子分析的结论足以验证第四章的5个关于制约因素的假设是正确的。

表1-22为调查的38家农民用水合作组织发展情况的综合得分，整体可以分为三个等级，综合得分大于1、综合得分小于1大于0，以及综合得分小于0三个等级；农民用水户协会的发展呈现两极的状态，水利灌溉合作社整体发展状况良好且发展水平相近。第一个等级综合得分大于1的只有2家农民用水户协会，其中金光用水户协会和龙凤山灌区用水户协会在2014年被评为全国用水示范组织，综合得分远远高于省内的其他农民用水合作组织。第二个等级综合得分小于1大于0的共有17家，其中农民用水户协会共有9家，水利专业合作社共有8家，且调查的8家水利专业合作社全部在第二等级，可见黑龙江省的水利专业合作社整体发展水平相近且都居于中上等；金边北区、金边南区、花香南区、海洋和丰收用水户协会综合得分也较高，它们和金光用水户协会都属于典型的农垦模式下农民用水户协会，有其天然的优势，故发展状况好于省内的其他农民用水合作组织；长岗灌区、和平灌区四支渠、和平灌区五支渠农民用水户协会虽不属于大型灌区，但成立时间都较早，属于比较成熟的农民用水户协会，综合得分也相对较高。第三个等级综合得分小于0的共有19家，占到全部调查对象的50%，全部为农民用水户协会。调查中发现，综合得分小于0的这19家多是为了政府的成立扶持资金才建立的农民用水户协会，而并没有真正开展太多的实质性活动，有些早已经名存实亡。

1.6 推进黑龙江省农民用水合作组织发展的政策建议

通过第三部分以及第五部分的因子分析可知，黑龙江省农民用水合作组织整体发展状况较差，存在许多急需解决的问题，而通过因子分析也找到了制约黑龙江省农民用水合作组织发展的5个公因子：政府支持因子、经济基础因子、灌溉能力因子、人力资本因子以及农户因子。想要改善黑龙江省农民用水合作组织现有的发展状况，需要从这五类因素着手，重新来构建黑龙江省农民用水合作组织良性发展机制，机制的构建应从内、外部两个方面着手，并据此提出推进黑龙江省农民用水合作组织良性发展机制有效运行的保障措施。

1.6.1　完善黑龙江省农民用水合作组织发展机制

1. 促进黑龙江省农民用水合作组织良性发展的外部机制构建

（1）建立“资金、技术、人才扶持＋考核监管”的管理机制。黑龙江省的农民用水合作组织多是在政府发动下成立，发展一直比较缓慢，甚至很多组织早已名存实亡。名存实亡的真正原因多是因为其组建只是为了政府给予的10万元资金补助，而这10万元的补助资金也并未用于组织的建设和管理，农民用水合作组织的存在也只是一个毫无用处的空壳。然而，黑龙江省这种“非世行模式”的农民用水合作组织却离不开且十分需要政府的扶持帮助，这种帮助也不仅仅是资金上的支持，更需要技术以及人才的投入。关于政府的投入机制应从两个方面入手：①“资金投入＋考核监督”的审核机制。政府的资金投入应是长期有效的，以保证其有足够的灌溉设施维修经费以及渠系工程建设资金，此外，为保证资金真正用于田间管理，政府应建立与资金投入配套的考核监督审核机制，例如，用款项目审批制度、定期跟踪考核监督等，努力做到建设一个、投入一个、成熟一个的发展模式；②技术、人才的投入机制。除了资金上的支持，政府也应加大农民用水合作组织在技术以及人才方面的扶持，灌区管理单位或是行政组织应做好技术服务工作，定期对合作组织工作人员进行培训，增强其管理和技术水平，同时在各灌区内建立服务站，以对农民用水合作组织及时高效地解决问题；同时鼓励与农业、水利相关的企业积极参与到农民用水合作组织建设中，为其提供技术、经济和信息方面的支持。

（2）建立政策保障和明晰的产权机制。黑龙江省农民用水合作组织发展至今已经有十余年，国家近年的中央1号文件也一直在鼓励农民用水合作组织的建立，鼓励其在农田水利建设上发挥一定作用，而长期以来农民用水合作组织的建立和发展并没有相关法律法规的保证也没有明确其地位，无法真正实现农民的参与式灌溉管理，农民用水合作组织的存在也只是地方水利部门的“附属品”。因此，农民用水合作组织的发展应建立配套的法律保障体系。①法律或法规层面的，用于保障农民用水合作组织成立和发展的法律地位；②农民用水合作组织章程，用于具体规范农民用水合作组织的发展建立；③农民用水合作组织与灌溉机构之间的转让协议，为其发展提供物质基础保障（赵翠萍，2012）[50]。参与式灌溉管理的初衷是将农户引入到农田水利管理和维护中，减轻政府财力负担的同时提高灌溉设备的完好率和灌溉服务质量，这一目的的前提是政府等行政组织及灌溉管理机构将部分或全部的权利和职能转移给以用水户为主体的农民用水合作组织，将斗渠以下的工程交给用水户自主管理。为此，政府应逐渐下放水利工程设施的产权，支渠及以上的工程仍由灌区单位负责管理，斗渠以下的小型农田水利工程通过农民用水合作组织交给用水户管理，本着“谁受益，谁负责”的原则科学合理地进行管理和维护，明确其产权和责任主体，有效解决灌溉设施管理和维护的问题。

2. 促进黑龙江省农民用水合作组织良性发展的内部机制构建

（1）建立“会员代表大会＋执委会＋用水户小组”的民主治理机制。治理机制是体现组织内各成员主体之间权、责、利的制度安排。具体到农民用水合作组织中主要包括会员代表大会、执委会以及用水户小组。会员代表大会是农民用水合作组织的最高权力机构，由组织内全部用水户组成，用水户民主参与决定组织各项活动决策，会员代表大会应每年召开1～2次，也可因紧急事项临时组织召开，每次会议应至少有3/4以上的正式代表出席，全体表决半数以上方为有效。执委会是由会员代表大会选举产生的会员代表大会的执行机构，在闭会期间领导本组织开展日常工作，对会员代表大会负责。执委会应包括主席1名，成员若干名。主席负责主持全面工作，成员负责所管辖范围内的灌溉管理、工程管理、水费征收、财务收支工作，以及协调本组织内外部的关系。用水户小组由一定范围内的用水户组成，主要职责是在执委会领导下，与用水户协商，制定本用水组的用水计划、工程维修计划、集资办水利计划，解决本组成员间的水事纠纷以及收缴本组的水费并上交执委会。在调查中发现，黑龙江省的农民用水合作组织并没有所谓的用水户代表大会和用水户小组，组织所有工作决策都由执委会决定，决策的制定并没有成员的参与和意愿的表达，成员自然不愿意参与到组织的各项工作中，执委会只是基层水利单位的附属执行机构。因此，农民用水合作组织在发展中应贯彻“会员代表大会＋执委会＋用水户小组”的民主治理机制，合理地将农户引入到合作组织管理中，真正实现农民参与式灌溉管理。

（2）建立“按计划有序灌溉＋以量缴费”的灌溉用水管理及奖罚机制。为了实行计划用水、节约用水、提高农业灌溉效益和供水可靠性，为广大用水户搞好灌溉服务，每个农民用水合作组织应制定合理的灌溉制度和水费征收制度并严格执行，每个用水户有义务合理利用和保护水资源、节约用水，自觉地按时缴纳水费，同时对于破坏工程设施、扰乱灌溉秩序、不按时缴纳水费的用水户应执行严格的惩罚措施，因此，农民用水合作组织应建立“按计划有序灌溉+以量缴费”的灌溉用水管理及奖罚机制。第一，应由执委会负责整个农民用水合作组织的灌溉工作，调度管理按计划供水、用水申报、合理调配及分段管理，具体由用水户小组负责制定辖区内的用水计划、执行灌溉配水征收水费。第二，执行以用水量缴费而不是每年按灌溉面积收取固定的水费，以量缴费可以有效避免用水户过量用水、用水毫不节制的现象，不仅可以节约用水，还可以有效避免用水纠纷的发生。第三，建立“以奖为主，以罚为辅，施奖公正、处罚合理”的奖惩管理办法，鼓励那些节约用水、及时缴费、爱护工程、积极参与维修的用水户，对那些扰乱灌溉秩序、蓄意破坏工程设施、无故拖欠水费的用水户施以严厉的惩罚。

（3）建立“基层水利单位+用水户小组”的工程维护分级负责机制。调查中发现黑龙江省农田水利建设情况较好，但渠系工程完好率较低，灌溉设施年久失修，常年处于有人用而无人管的状态，调查的38家农民用水合作组织渠系及工程的完好率仅有60.6%，无法提供高质量高效率的灌溉服务。参与式灌溉管理的初衷就是将末级渠系及工程设施交由农户管理，在减轻政府财力负担的同时提高农户的参与，因此，应建立“基层水利单位+用水户小组”的工程维护分级负责机制。第一，基层水利单位或是灌区水管单位负责辖区内所有的干渠、支渠的管理维护工作，保证上级渠系的完整为末级渠系的使用提供保障，同时指定专人对辖区内全部农民用水合作组织水利设施的使用和维修提供技术和专业的指导，农忙时节或缺水季节水利单位和灌区水管单位的工作人员应全部下到基层去，及时解决农田灌溉中遇到的各种问题。第二，由农民用水合作组织负责斗渠以下渠系及工程的管理和维护工作，在具体实践中，可以按照各斗渠流域所覆盖的范围选取用水户小组，由用水户小组在执委会的领导下负责整个斗渠及以下渠道的灌溉管理。灌溉前，用水户小组应对渠道进行安全检查，对影响通水的渠道及建筑物及时进行维修；灌溉期间，用水户小组应巡堤护水，加强检查维修，保证渠道安全通水；灌溉结束后，用水户小组应对辖区内渠道进行检查，发现破损、垮塌应及时组织用水户维修，大的安全问题应尽快上报协会执委会组织维修。

（4）建立“农民用水合作组织理论宣传+培训”的用水户参与机制。

在走访农户过程中发现，许多农户并不知道农民用水合作组织，即使是已经加入到农民用水合作组织的成员对其也不了解，远不如农民专业合作社家喻户晓，人人都能或多或少了解一些。现有的农户因其对合作组织并不了解没能够正确认识农民用水合作组织的存在，并不愿意加入到其中，即使被强制加入也不愿参与组织的各项活动。在调查中，笔者向部分农户详细阐述了农民用水合作组织的理念和运行机制，多数的农户表示愿意加入到这种组织中，也相信其能够改善目前的灌溉现状提升灌溉服务质量，当被问到需要农户参与维修和管护工作时，多数的农户也表示愿意为用水合作组织的发展出一份力。因此，应建立起“农民用水合作组织理论宣传＋培训”的用水户参与机制。第一，灌区管理单位和基层水利部门应联合各行政村组织进行广泛宣传，举办专题讲座、召开座谈会、走访分发宣传资料、召开村民会议、广播电视等手段，向农户传播农民用水合作组织的理念、发展目的、章程等，使农民用水合作组织的组建工作家喻户晓，人人明白，上下一心，形成共识；还可邀请示范用水组织的负责人进行讲座，使成员能够直观地认识到加入农民用水合作组织对农户的好处。第二，加强对用水户灌溉技能和工程维修技能的培训，基层水利单位应定期开展灌溉知识和技能培训讲座，讲解新技术、新设备，农民用水合作组织内部定期举办交流讲座，交换心得体会，共同自助学习。

1.6.2 推进黑龙江省农民用水合作组织发展的保障措施

1. 加大政府扶持力度，明确农民用水合作组织发展的法律地位

农民用水合作组织是参与式灌溉管理的组织实施载体，目的是将农户引入到小型农田水利管理中，建立农民自己的民主自治组织，但国内外的成功经验表明，这种农民自治组织的良性发展离不开政府等外部力量的支持和引导，政府与农民用水合作组织的关系应做到“支持但不干预、引导但不强制、扶助但不包办（黄珺，2011）”[51]。第一，国家及地方政府需加大对农民用水合作组织发展所需资金、技术、人才的投入，国家预算中应设立专门的扶持农民用水合作组织发展的项目资金，建立严格的项目审批、考核、监督机制以保证资金的合理使用；基层水利单位、高等院校应加强对农民用水合作组织灌溉技术及理念的指导与培训，提升组织负责人和专职人员的专业技能知识。第二，加大对农户的宣传和培训力度，农民用水合作组织想要取得良性发展终归离不开广大农户的参与，政府应多通过广播、电视、报纸等媒介宣传农民用水合作组织，通过座谈会、讲座、走访发放宣传资料的方式提高农民用水合作组织在农户中的知名度和认可度，不定期地举办农业灌溉知识的讲座提高农户的各方面技能。第三，通过法律法规来明确农民用水合作组织发展的法律地位，目前国内还没有明确的法律规范来指导农民用水合作组织的发展建立，应尽快落实相关法律法规或地方性规章制度，以保障农民用水合作组织发展，用水户参与灌溉管理需要国家创造一个宽松、有利的政策环境，建立健全完善的法律法规体系以及相关的政策措施是十分必要的。制定相关的法律和规范，赋予用水协会一定的权利，并规定相应的义务与责任。保证用水协会有法可依，依法行事。

2. 加强农民用水合作组织自身能力建设，规范管理

在政府给予充分支持的前提下，农民用水合作组织应重点改善其自身状况，加强自身能力建设，增强其独立发展的能力才是农民用水合作组织良性发展的保障。第一，培养专职人员。农民用水合作组织属于专业的服务组织，成员多为受教育程度较低的农户，需要多加强培训才能够适合组织各项工作，而专职人员是农民用水合作组织快速发展的保障。因此，应着重培养农民用水合作组织需要的专职人员，例如，专业的管理者、渠系管护人员、设施维修人员、财务人员等；加强对成员的培训和教育，提高水利建设与设施维修的技能，提高其参与度。第二，农民用水合作组织应多措并举以稳固发展的物质根基，目前，除政府补助资金外，农民用水合作组织唯一的资金来源就是水费或灌溉服务费，很难维持日常的各项开支，更没有资金用于管理人员的激励，因此，既要节约成本，更要多渠道地吸纳资金。可以考虑吸收民间资本参与资本运作、分红，依托农机合作社或种植业合作社共享资源、共同发展，创办实业等多种方式来创收。第三，应健全组织机构，规范合作组织发展以保障组织运行的制度基础。合作组织应制定切合自身发展实际的财务管理制度而不是混同于其他组织，同时规范操作使财务管理更加严格与完善，便于用水户参与和监督。此外，组织应严格执行灌溉管理制度，提高农业灌溉效益和供水可靠性，同时尽可能节约用水、降低用水成本。

3. 建立和完善工程配套设施，提高灌溉设施的完好率

农民用水合作组织的建立以农田水利设施的存在而存在，其发展的基本条件就是完好率较高的配套的小型农田水利设施。目前正在使用的渠系及灌溉设施都是灌区管理权移交之前由国家投资建设的，调查中发现，黑龙江省一些灌区的工程配套设施老化，现代化水平较低，灌溉设施完好率较低，导致水资源浪费严重、灌溉效率低，也间接地导致了用水纠纷。因此，第一，应加强农民用水合作组织发展所需的工程设施建设，提高其现代化水平，完善灌溉设施和配套设备的后续改良建设，提高现有渠道和水资源的利用系数，加大对灌区节水改造工程的投入，降低亩次灌溉用水量，提高灌溉用水保证率，同时有利于供水单位和农民用水合作组织的正常建立和有效的运行管理（陈倩等，2007）[52]。第二，提高现有灌溉设施的完好率，对灌溉设备年久失修、老化的部件进行维修和替换；每年在灌溉前、灌溉中、灌溉后进行定期维修检查，及时排除故障，更换损坏零件；在农忙季节派专业的工程维修人员到田间走访，及时解决农户灌溉中遇到的问题；农闲时节，应派人员看管工程设备，以防有人蓄意破坏。由于农民用水合作组织自身经济能力较弱，能维持日常运行维护已属不易，所以，在水利灌溉设施移交后，今后在灌溉设施大修和更新改造过程中还需要各级政府的大力支持。

4. 鼓励发展多种模式、多种形式的农民用水合作组织

黑龙江省耕地面积较为广阔且地域间灌溉资源、经济条件差异较大；不同灌区之间，渠系建设和灌溉工程设施完好率也存在着巨大差异。为此，各地区应结合实际条件选择因地制宜的发展模式，不应仅仅局限于黑龙江省目前的政府组建模式，也应大力鼓励农民自发建立农民用水合作组织，组建中可根据地区特点和管理的方便性以行政村为边界进行组建，也可以参考“世行模式”以渠系水文为边界。可以参照现有的运行模式，例如：五常龙凤山灌区“总协会＋分协会＋用水户”的管理模式，查哈阳灌区“灌区管理单位＋供水公司＋农民用水户协会＋用水户”的管理模式，长岗灌区“水行政主管部门＋承包人＋农民用水户协会＋用水户”的运行模式，也可以根据各地区的经济发展情况、人口多少、灌溉规模等因素选择适合自己的运行模式。另外在调研中发现，黑龙江省农民用水合作组织的运行模式正在不断多样化，农民水利灌溉专业合作社正在逐渐兴起，从 2013 年开始发展至今，已经取得显著成效，其整体发展水平要好于农民用水户协会的形式，这与它的发展模式息息相关。农民水利灌溉专业合作社主要依靠种植业合作社或农机合作社共同发展，例如：齐齐哈尔市龙江县的万兴水利专业合作社，依托于东方红农机合作社共同发展；龙江县的国刚水利合作社依托于国刚玉米专业合作社共同发展。“农民水利灌溉专业合作社＋农机/种植业合作社”的运行模式，有效地解决了水利合作社资金不足及两个组织持续、高效发展的问题，是一种值得在全省范围内推广的发展形式，也可以组建“农民用水户协会＋农机/种植业合作社”共同发展的模式。但无论选择什么样的发展模式都不能搞形式主义，将农民用水合作组织的发展脱离政绩效应的影响，应结合各地区实际资源、经济状况选择适合的发展模式，循序渐进地引导农户参与，使农民用水合作组织真正成为灌溉管理改革的组织载体，实现灌溉管理效率和服务水平的提升。

参 考 文 献

[1] World Bank. Water Resources Management. A World Bank Policy Paper [R]. Washington, D. C：World Bank，Operations Evaluation Department，1993.

[2] Colvin J，Ballim F，etc. Building capacity for co - operative governance as a basis for integrated water resource managing in the Inkomati and Mvoti catchments [J]. South

Africa. Water SA. 2008 (6): 681 - 689.

[3] Jusipbek Kazbekov, Iskandar Abdullaev, Herath Manthrithilake, Asad Qureshi, Kakhramon Jumaboev. Evaluating planning and delivery performance of Water User Associations (WUAs) in Osh Province, Kyrgyzstan [J]. Agricultural Water Management, 2009 (8): 1259 - 1267.

[4] Moguel A. Marnio, Slobodan P. simonovic. Simonvic, Integrated Water Resources Management [M]. IAHS, 2001: 456 - 473.

[5] Richard L. Knight. Ecosystem Management [M]. Washington, DC: Island Press, 2002: 271 - 279.

[6] Douglas L. Vermillion. Irrigation Management TransferIn the Columbia Basin [C]. USA: A Review of Context, Process and Results. International E - mail Conference on Irrigation Management Transfer June - October, 2001.

[7] Yuko Tanaka, yohei Sato. An institutional case study of Japanese Water Users Association: towards successful Participatory Irrigation Management [J]. Paddy Water Environ, 2003 (1): 85 - 90.

[8] Dono Gabriele, Giraldo Luca, Severini, Simone. The Cost of Irrigation Water Delivery: An Attempt to Reconcile the Concepts of Cost and Efficiency [J]. Water Resources Management, 2012 (7): 1865 - 1877.

[9] Dominic Stucke, Jusipbek Kazbekov, Murat Yakubov, and Kai Wegerich. Climate Change in a Small Transboundary Tributary of the Syr Darya Calls for Effective Cooperation and Adaptation [J]. Mountain Research and Development 2012 (3): 275 - 285.

[10] Murat Yecan. Management Turning - over and Participatory Management of Irrigation Schemes: A Case Study of the Gediz River Basin in Turkey [J]. Agricutural Water Management, 2003 (62): 205 - 214.

[11] Nicolas Faysse, Mostafa Errahj, Catherine Dumora, Hassan Kemmoun, Marcel Kuper. Linking research and public engagement: weaving an alternative narrative of Moroccan family farmers' collective action [J]. Agric Hum Values, 2012 (29): 413 - 426.

[12] Awan, Usman Khalid, Ibrakhimov, Mirzakhayot, etc. Improving irrigation water operation in the lower reaches of the Amu Darya River - current status and suggestions [J]. Irrigation and drainage, 2011 (5): 600 - 612.

[13] Giovanni Munozl, Carlos Garces - Restrepol, Douglas L. Vermillion, Daniel Renault and Madar Samad. Irrigation Management Transfer: Worldwide Efforts and Results [C]. The 4th Asian Regional Conference & 10th International Seminar on Participatory Irrigation Management Tehran - Iran May 2 - 5, 2007.

[14] Emmanuel Kanchebe Derbile. Water users association and indigenous institution in the management of community—based irrigation schemes in northeastern GHANA [J].

European Scientific Journal, 2012 (11): 118-137.

[15] Joost Wellens, Martial Nitcheu, Farid Traore, Bernard Tychon. A public - private partnership experience in the management of an irrigation scheme using decision - support tools in Burkina Faso [J]. Agricultural Water Management, 2013 (116): 1-11.

[16] Cengiz Koç. Assessing the Financial Performance of Water User Associations: A Case Study at Great Menderes Basin, Turkey [J]. Irrig Drainage Syst, 2007 (21): 61-77.

[17] Jenniver Sehring. Irrigation reform in Kyrgyzstan and Tajikistan [J]. Irrig Drainage Syst, 2007 (21): 277-290.

[18] Özlem Karahan Uysal, Ela Atş. Assessing the performance of participatory irrigation management over time: A case study from Turkey [J]. Agricultural Water Management, 2010, 97 (7): 1017-1025.

[19] 王雷，赵秀生，何建坤．农民用水户协会的实践及问题分析 [J]. 农业技术经济，2005 (1): 36-39.

[20] 张陆彪，刘静，胡定寰．农民用水户协会的绩效与问题分析 [J]. 农业经济问题，2003 (2): 29-33.

[21] 邵龙，张忠潮．我国用水户协会发展的制度障碍与完善建议 [J]. 安徽农业科学，2013 (3): 1293-1294.

[22] 罗斌，梁金文．大中型灌区农民用水户协会运作模式的探讨 [J]. 江西水利科技，2007 (1): 50-53.

[23] 曾桂华．农民用水户协会参与灌溉管理的研究——以山东省为例 [D]. 济南：山东大学，2010.

[24] 柴盈．激励与协调视角的“小农水”管理效率：四省（区）证据 [J]. 改革 2013 (7): 88-95.

[25] 何寿奎，王媛媛，黄明忠．用水户协会管理模式比较与改进对策 [J]. 中国农村水利水电，2015 (1): 33-36.

[26] 杜鹏，徐中民，唐增．农民用水户协会运转绩效的综合评价与影响因素分析——以黄河中游张掖市甘州区为例 [J]. 冰川冻土，2008 (4): 697-703.

[27] 方凯，李树明．甘肃省农民用水户协会绩效评价 [J]. 华中农业大学学报（社会科学版），2010 (2): 76-79.

[28] 张晓清．农民用水户协会在灌区农村发展中的作用分析 [D]. 大连：东北财经大学，2010.

[29] 王盼．基于平衡计分卡的灌区农民用水户协会绩效评价指标体系研究 [D]. 长沙：长沙理工大学，2013.

[30] 伏新礼．关于建立农民用水户协会的实践 [J]. 中国农村水利水电，2003 (4): 21-22.

[31] 胡学家．发展农民用水户协会的思考 [J]. 中国农村水利水电，2006 (5): 8-10.

[32] 张慧，杨具瑞．农民用水户协会运行管理存在的问题及对策研究——以昆明市西山区为例 [J]. 中国农村水利水电，2014 (6)：26-28.

[33] 王修兵，侯磊，肖鹏．农田水利建设发展的困境研究 [J]. 农业与技术，2013 (6)：35.

[34] 徐宁红，杨培君．宁夏引黄自流灌区农民用水户协会调查研究 [J]. 中国水利水电，2008 (11)：60-62.

[35] 高雷，张陆彪．自发性农民用水户协会的现状及绩效分析 [J]. 农业经济问题，2008 (增刊)：127-132.

[36] 蔡晶晶．从外源性合作到内生型合作：农村合作用水机制的制度选择——以福建省农民用水户协会调查为基础 [J]. 甘肃行政学院学报，2012 (4)：102-109.

[37] 靖娟，秦大庸，张占庞．灌区运行管理模式的创新研究 [J]. 人民黄河，2006 (7)：45-46.

[38] 楚永生．用水户参与灌溉管理模式运行机制与绩效实证分析 [J]. 中国人口资源与环境，2008 (2)：130-134.

[39] 赵立娟，乔光华．农民用水者协会发展的制约因素分析 [J]. 中国农村水利水电，2009 (11)：16-18，21.

[40] 秦宏毅．甘州区农业用水的绩效及影响因素分析 [D]. 兰州：兰州大学，2014.

[41] 冯天权，刘久泉．促进漳河灌区农民用水户协会可持续发展浅议 [J]. 中国农村水利水电，2012 (11)：148-153.

[42] 黄彬彬，胡振鹏，刘青．农户选择参与农田水利建设行为的博弈分析 [J]. 中国农村水利水电，2012 (4)：1-5.

[43] 刘辉，陈思羽．农户参与小型农田水利建设意愿影响因素的实证分析——基于对湖南省粮食主产区 475 户农户的调查 [J]. 中国农村观察，2012 (2)：54-66.

[44] 周利平，苏红，付连连．农民参与农村公共产品建设意愿的影响因素研究——基于江西省 639 份调查问卷的实证分析 [J]. 江西农业大学学报 (社会科学版)，2012 (9)：43-46.

[45] 林毅夫．制度、技术与中国农业发展 [M]. 上海：上海人民出版社，1999：180-190.

[46] 魏道南，张晓山．中国农民新型合作组织探析 [M]. 北京：经济管理出版社，2006：82-129.

[47] 关于上报 2013 年大型灌区续建配套与节水改造、大型灌排泵站更新改造项目实施进度的通知 [EB/OL]. 中国节水灌溉网，http：//www.jsgg. com.cn/index/display.asp? newsid=17982.

[48] 国家农民合作社示范社和用水示范组织公示名单发布 [EB/OL]. 中国节水灌溉网，http：//www.chinacoop.gov.cn/Item/96080.aspx.

[49] 徐龙志，包忠明．农民合作经济组织的优化：内部治理及行为激励机制研究 [J]. 农村经济，2012 (1)：112-116.

[50] 赵翠萍．参与式灌溉管理的国际经验与借鉴 [J]．世界农业，2012（2）：18－22.
[51] 黄珺．中国农民合作经济组织形成机理与治理机制研究 [M]．长沙：湖南大学出版社，2011：173.
[52] 陈倩，陈丹，陆军．基于意愿调查的农业水价承载力研究 [J]．中国农村水利水电，2007，（2）：11－13.

专题 2

黑龙江省农民用水合作组织运行机理研究

2.1 引言

“水利是现代农业发展中不可或缺的首要条件，而农田水利建设滞后仍然是影响农业稳定发展和国家粮食安全的最大硬伤，水利设施薄弱仍然是国家基础设施的明显短板[1]”。“从根本上改变靠天吃饭的局面、持续提高农业综合生产能力，首先要夯实农田水利这个基础（陈雷，2011）”[2]。20 世纪 80 年代，世界上大多数国家的灌溉管理出现了问题，为提高灌溉效益、提升灌溉用水效率，国外尝试引入“参与式灌溉管理”，目前已取得相应成效。国内随着市场经济的发展，计划经济时期的灌溉管理制度弊端逐渐显现。为此，20 世纪 90 年代中期，国内开始借鉴发达国家参与式灌溉管理经验，在世界银行项目推动下，于 1995 年在湖北、湖南省成立第一批农民用水户协会。此后，农民用水户协会作为农民用水合作组织的重要组织形式，其发展引起了政府、专家学者及水利工作者的关注。

2002 年国务院办公厅转发《水利工程管理体制改革实施意见》中明确提出“改革小型农村水利工程管理体制，要探索建立以各种形式农村用水合作组织为主的管理体制”。2005 年又一次转发《关于建立农田水利建设新机制的意见》，提出“要鼓励和扶持农民用水户协会等专业合作组织的发展”。2005 年，水利部、国家发改委、民政部联合下发了《关于加强农民用水户协会建设的意见》，系统地阐述了用水户协会建设的重要性、发展的指导思想和原则，将农民用水户协会置于十分重要的位置。“农田水利建设的‘最后一公里’问题是制约农田水利发展的关键性问题，要不断加大对‘最后一公里’的投入”（陈雷，2012）[3]。“当前形势下，农田水利‘最后一公里’的问题，不仅仅是投入问题，更重要的是组织问题。（罗兴佐，2011）”[4]。2004 年以来连续 10 个中央“1 号文件”中有 6 个 1 号文件提到农户参与式灌溉管理、农民用水合作组织在农业生产中的作用，提出要发展农民用水合作组织。同时，由水利部、农业部、国家发改委、民政部、国家灌溉排水发展中心，在 2006 年以后组织了

5 次全国性的农民用水户协会工作经验、建设管理、高效运行、参与用水管理制度建设经验交流会及专题研讨会。目前，国内包括农民用水户协会在内的农民用水合作组织已有 7.8 万个[5]。黑龙江省作为农业大省，2012 年粮食产量达到 1 250 亿斤，实现粮食生产“九连增”，目前黑龙江省粮食总产量、增产量、商品量、调出量均处于全国第一位。兴农先治水，“没有现代水利，就没有现代农业，必须大兴农田水利基础设施建设，提高农业抵御自然灾害的能力，努力改变靠天吃饭的局面（吉炳轩，2011）[6]。”“大力加强农田水利建设，保障国家粮食安全（陈雷，2012）[7]”。研究表明，在影响粮食生产的诸多因素中，水的增产效用最为突出，1 亩水浇地的收益是 1 亩旱地的 2～4 倍，水利对粮食生产的贡献率高达 40%以上[8]。黑龙江省作为粮食主产区和商品粮基地，省内农田水利工程及设施完好率较低，其发展水平同实际需求之间存在较大差距。本书基于国际参与式灌溉管理经验，结合国内灌溉水资源利用情况、农民用水合作组织的发展实情，对农民用水合作组织与用水户组建封闭系统稳定性、用水户参与意愿、用水户的博弈行为等进行分析，研究黑龙江省农民用水合作组织的运行机制。

2.2 文献回顾

2.2.1 国外研究动态

通过对国外文献的梳理分析发现，农民用水合作组织是中国灌溉管理中特有的名词，在国际上并没有这样的叫法。国外对农民用水合作组织相关方面的研究更多集中于对灌溉管理体制制度本身的研究，同时还有对农民用水户协会的研究。

1. 参与式灌溉管理制度变迁原因分析

Vermillion D. L. and C. Garces - Restrepo（1996，1998）[9,10]研究指出导致灌溉管理组织制度发生改变的原因是为减轻政府财政负担，政府无力承担巨额的水利支出；并且改变低效的灌溉管理和完好率较低的灌溉工程。基于此，世界各国特别是发展中国家开始了参与式灌溉管理改革的热潮。Vermillion, D. L. （1997）[11]指出，国家对灌溉管理权的改革原因是水利管理机构没有足够的改进管理系统的责任和激励措施；实现灌溉管理权的转移可以防止灌溉系统的进一步退化，提升灌溉管理的水平；可以减少政府在灌溉管理上的人力及财政负担。Mark Svendsen，Gladys Nott（1997）[12]分别对墨西哥、土耳其参与式灌溉管理的研究指出，墨西哥政府灌溉管理权的转移主要是因为政府财政的紧张，减少了对灌溉设施的投入，灌溉设施老化满足不了用水户灌溉的需求，用水户拒交水费对于灌溉设施的投资进一步减少，出现了恶性循环的局面。政府为改变这种局面进行了参与式灌溉管理改革。Wichelns（1998）[13]研究认为，大多数国家感受到农户参与式灌溉管理在灌溉系统维护上的成效促使其进行了对传统灌溉管理体制的改革。Margreet Z. Zwarteveen（1998），Sushenjit Bandyopadhuya，Priya Shyamsundar，Mei Xie（2007）[14]研究同样指出灌溉管理制度的变迁主要原因是政府。由于政府缺少对灌溉设施管理、维护的费用致使工程老化破损严重；另外由于淡水资源的短缺更提升了对灌溉水利用效率的要求，需要更高灌溉技术的应用。Moguel A. Marnio.，Slobodan P. simonovic（2001）[15]研究认为，传统的水资源管理体制对灌溉用水的需求之间的矛盾是灌溉管理制度变迁的主要原因。Agrawal（2001）[16]认为灌溉管理权力的下放能够更有效地实现对水资源的管理和利用的目的。综上可知，国外大部分国家灌溉管理权的转移主要是政府迫于压力，为缓解财政负担，提高灌溉管理效率，提高水资源利用率并提高灌溉工程的完好率，缓解水利机构和用水户之间的矛盾而进行的改革。

2. 参与式灌溉管理发展历程分析

当代世界范围内参与式灌溉管理实践源于发达国家，通过世界银行等国际多边机构的努力，使得发达国家的灌溉管理模式得以向发展中国家逐步推广[17]。参与式灌溉管理始于发达国家的原因：发达国家的市场经济发展较为完善，并且发达国家参与式灌溉管理有历史的经验和基础，发达国家财政能力相对于发展中国家更为充足，用于灌溉设施投入、维修、管理的资金较多，灌溉系统的完好率较高，以上这些条件都使得发达国家的参与式灌溉管理实践早于发展中国家。Douglas L，Vermillion（2001）[18]对美国哥伦比亚流域参与式灌溉管理研究发现，在美国用水户参与灌区灌溉工程设施的管理是最常见的组织形式。美国的灌区同政府机构是平等的关系，拥有绝对的权威性（可以剥夺不支付水费的用水户的土地所有权）。整个灌区由用水户合作组织进行管理。Yuko Tanaka，yohei Sato（2003）[19]对日本的土地改良区参与式灌溉管理进行研究，指出“日本的改良区就是日本农田水利事业的基层单位，土地改良区的农田水利工程管理体现的就是参与式灌溉管理的内涵”。Wim H. Kloezen，Carlos Gares－Restrepo（1997）[20]对墨西哥参与式灌溉管理研究时指出，自20世纪80年代开始随着墨西哥灌区系统工程、灌溉设施的退化，国内农业灌溉受到严重制约，农业产量下降，墨西哥政府开始接受世行的支援，进行参与式灌溉管理实践。Mark Svendsen，Gladys Nott（1997）[21]对土耳其参与式灌溉管理进行分析，发现土耳其在20世纪60年代就开始灌溉责任的转移，但是由于缺少用水户的参与及受到国家水利部门人员的抵制，该项改革进行缓慢最后停滞。1993年土耳其政府发生财政危机，开始接受世行的援助进行参与式灌溉管理改革。综上可见，国际上参与式灌溉管理改革的进行分为“内生式”和“外援式”的改革模式。大部分发达国家所进行的是“内生式”改革，而大部分发展中国家是依靠世界银行为代表的国际机构的援助开始的“外援式”灌区管理改革。

3. 农民用水户协会的影响及绩效分析

Kolavalli S.，Jeffery D. B.（1999）[22]指出参与式灌溉管理组织载体——农民用水户协会的建立，提高了灌溉设施的使用效率，节约了灌溉用水，同时使政府在水利上的投入减少，提高水资源利用的公平性。Murat Yerean（2003）[23]在对土耳其流域农民用水户协会组建前后对比发现，用水户对协会水费的收取较为满意，同时指出农民用水户协会是解决服务生产管理问题的最佳解决方法。Peter J. R（2004）[24]研究认为农民用水户协会能够根据当地的实际，充分将资金、劳动力等进行有效组合。通过用水户的参与，保证了协会运行的透明度，能够更好地满足用水户的需求，提高了农户的生产效率。Kiran Prasad Bhatta，Akira Ishida，Kenji Taniguchi（2005）[25]通过对尼泊尔地区农民用水户协会建立前后的入户调查显示，农民用水户协会组建后用水户的水稻产量、农业生产在总收益中的比重都得到了显著的提升。Murat Yildirim，Belgin Cakmak，Zeki Gokalp（2007）[26]研究指出农民用水户协会的建立对于水资源的充分利用产生了积极影响，保证了用水的公平性、公正性，使灌溉工程的灌溉效率得到提升。Sushenjit 等（2007）[27]主要研究农民用水户协会组建对农户水稻产量的影响，研究结论为农民用水户协会组建后使得水稻产量增加了2%～6%，同时在研究过程中发现，农民用水户协会同灌区渠道维护的提升是有关联的。

4. 当前国外的研究进展及趋势

目前国外学者对参与式灌溉管理及农民用水户协会的研究主要针对发展中国家进行：Insa Theesfeld（2004）[28]在对保加利亚的灌区管理改革进行的调查发现，保加利亚灌溉管理权的转移主要是基于国内的政治、经济上的激烈变化。1991年在世行的支援下建立了农民用水户协会，但是用水户的参与程度较低，用水户协会的发展只是流于形式，并没有发挥真正的作用。Guanghua Qiao，Lijuan Zhao，K. K. Klein（2008）[29]对中国内蒙古世行项目农民用水户协会的发展情况进行研究，研究结论为影响用水户加入用水户协会的因素主要取决于用水户对协会的理解程度。研究还发现，农户对农民用水户协会的认可度较高，协会起到了保护用水户利益的作用，减少了人力投入，减少了用水纠纷。Qiuqiong Huang，Seott Rozelle，JinXia Wang 等（2009）[30] 对中国北方的灌溉管理改革进行研究，发现中国灌溉管理改革的发展速度非常快，但中国的参与式灌溉管理改革中农户参与不足且缺少激励。Abraham. M，Barbara V. K. Mattew M（2009）[31] 通过对坦桑尼亚水资源制度改革中发现，坦桑尼亚水权制度改革并没有发挥作用，分配基础和制度还未建立。但是在水费改革中，用水协会的参与改善了村一级水资源管理的现状，使矛盾和纠纷减少。

2.2.2 国内研究动态

国内对农民用水户协会的研究要晚于国外，并且目前国内对于农民用水户协会的叫法不一，主要有“农民用水户协会”“农民用水者协会”“用水户协会”等，而实质上同“农民用水户协会”相同。对于“用水户协会”概念的首次提出是在 1988 年启动的《改进灌溉管理与费用回收》报告提出吸收农户参与灌溉管理。笔者在 CNKI 上以“农民用水者协会”“农民用水户协会”“农民用水合作组织”“参与式灌溉管理”为关键词，搜索到第一篇涉及农民用水户协会的文章为贾仰文 1990 年在《农田水利与小水电》第 9 期（现《中国农村水利水电》）发表的名为《让农民积极参加灌溉管理——参加联合国粮农组织亚太地区研讨会的情况和体会》的文章，该文章对用水户协会在亚洲的发展情况进行了概述，同时指出国内灌溉管理“重建设轻管理，工程老化失修，灌溉管理中没有充分发挥农民参与的积极性”这是造成灌溉管理较差的重要原因[32]。相隔 5 年后，国内在世行援助下率先在湖北、湖南进行灌溉管理的改革试点，组建农民用水户协会，至此国内有关农民用水户协会的研究逐步增多，研究由宏观研究走向微观分析、由定性研究走向定量分析。国内研究主要侧重于以下几个方面。

1. 农民用水户协会的发展历程及发展特点分析

国内有的研究者将农民用水户协会的发展为两个阶段，有的学者将其分为三个阶段。王雷、赵秀生、何建坤（2005）[33] 指出：“中国农村农民用水户的发展可以划分为两个阶段，即世行项目区的试点阶段和其他地区的发展推广阶段。”翟浩辉（2006）[34] 在农民用水户协会工作经验交流会上的讲话中指出，农民用水户协会在国内的发展主要经历三个发展阶段：1995 年，湖北、湖南世行项目开展的用水户参与灌溉管理改革探索阶段；1999 年国内大型灌区节水技术改造时期，国内确定 20 个大型灌区作为用水户参与灌溉管理试点，此时进入到试点阶段；2003 年全国大型灌区工作会议后，灌区管理改革——农户参与式灌溉管理进入全面推进阶段。张陆彪、刘静、胡定寰（2003）[35] 在对湖北省漳河三干渠灌区和东风渠灌区的10个用水户协会和协会内的208户农户进行实地调查的基础上，总结农户参与式灌溉管理的制度创新的四方面特征：一是按照市场机制进行商品水的交易；二是农民用水户参与灌排区管理；三是农民用水户具有明确法人地位；四是用水户协会与农村经济发展已显示出良性互动。应若平（2006）[36]指出，参与式灌溉管理中农民用水户协会的特点是：一是具有独立的法人地位的事业性团体组织；二是以水文边界为例。享有的权利与履行的义务分别为：直接面向用水户收取水费的权利；义务负责支渠及其以下小型工程的运行管理、维修养护等。

2. 农民用水户协会的运行模式及发展成效分析

应若平（2006）[36]对湖南铁山灌区灌溉管理改革模式进行介绍，指出铁山灌区模式为“供水公司＋农民用水户协会＋用水户”的末级渠系管理。曾桂华（2010）[37]指出，不同的地理位置、地理环境及经济社会发展状况，对于参与灌溉管理的模式均有影响，例如：山东东平引湖灌区在运行中采用“供水公司＋用水协会＋用水户”的模式；对于以行政村为单位，以井灌为主组建的农民用水户协会，适宜采用“用水协会＋用水户”模式，例如山东毕庄；在经济状况较好，工程设施完备的中小型灌区地区可采用“用水协会单独承担”的模式。在运行成效方面，刘其武（2001）[38]、李代鑫（2002）[39]、伏新礼（2003）[40]、胡学家（2006）[41]对用水户参与灌溉管理取得成效概括为：主动投入效应，用水户通过民主管理、民主决策方式提高了管水、用水的透明度，用水户主动投资投劳参与灌区管理；自我管理效应，提高灌溉用水的效率和效益，灌溉保证率和设备完好率得到提升；减负效应，用水户参与到灌溉管理当中，减少了水费征收中间环节，减少灌区守水劳力和水事纠纷，恢复和改善了灌溉面积。王建鹏、崔远来等（2008）[42]通过对漳河灌区55个农民用水户协会的绩效评价，指出农民用水户协会在灌溉水分配、渠道清淤等方面发挥了重要作用，保证了渠道输水效率，在稳定水稻高产的同时降低了单位面积灌溉用水量，同时提升了水务工作的透明度。孟德峰（2009）[43]研究参与式灌溉管理对农业生产和农户收入的影响，研究结果发现农民用水户协会在灌溉用水量较大的作物上增产效果显著，例如水稻、小麦；在农户收入上，分析结果表明，农民用水户协会对提高农户种植业收入具有显著影响，并且发现这种增收效应中穷人获益要大于富人，即参与式灌溉管理可以促进收入分配的公平性。刘静、Ruth Meinzen-Dick、钱克明等（2008）[44]运用计量经济模型检验政府参与式灌溉管理和用水者协会改革政策的效果，研究认为：“用水者协会的成立对农户灌溉水资源供应和农业生产产生了积极影响，表明用水者协会可以成为灌溉管理改革的方向和选择。”

3. 农民用水户协会发展中存在问题及发展对策的分析

农民用水户协会作为参与式灌溉管理的有效组织形式，是国内进行灌区管理体制改革的主要方式，同时是国内提高水资源利用与管理的有效措施和手段。但农民用水户协会作为一个新的管理制度改革实施载体，在国内试点及普及推广阶段取得一定成效的同时，在组建及运行过程中还存在着一系列问题。李代鑫（2002）[39]对用水户参与灌溉管理中从四个方面总结出需注意的问题，一是用水户协会人员素质教育问题，二是用水户参与灌溉管理的配套政策问题，三是配套完善灌溉工程问题，四是协会规模问题。这四个问题既是用水户协会发展中应注意的问题，同时也是农民用水户协会运行过程中最常出现的问题。张陆彪、刘静、胡定寰（2003）[35]在湖北省漳河三干渠灌区和东风渠灌区实地调查中发现，用水户的民主参与、民主监督较少；用水户协会没有水费收取权；用水户协会财务公开程度较差；少部分地区用水户协会徒有形式，只是为应付世行项目验收由政府临时组建。王雷、赵秀生、何建坤（2005）[33]在调查的基础上指出，大部分地区的农民用水户协会流于形式，根本没有发挥出任何作用，同时指出水费收取权是农民用水户协会能否发挥作用的关键因素。王建鹏、崔远来等（2008）[42]在对漳河灌区55个农民用水户协会调查研究的基础上，指出："灌区用水户协会在组织建设方面存在组织松散性和职能单一性问题，运行不够规范"。综上可知，目前我国农民用水户协会在组建和发展过程中的问题主要集中于用水户民主决策、民主参与性不强，协会缺少渠道维修及运行经费，水利工程完好率较低，部分用水户协会流于形式，徒有虚名等几个方面。

在发展对策上，王雷、赵秀生、何建坤（2005）[33]指出水费收取权应由行政机构转移到水管部门和用水户协会；农民用水户协会推广者要明确组建协会的目的和实质；农民用水户协会的良好运行不仅需要制度保证，还需要对协会领导及农户培训上下工夫。姜东晖、胡继连、武华光（2007）[45]指出，为保障农民用水户协会的有序、有效发展，政府层面应在宣教、指导、服务、监督等方面支持农民用水者协会的组建，支持SIDD管理模式的应用；农民用水者协会方面，应加强协会内部管理、提高协会管理、灌溉用水、财务等信息的透明程度来加强自身建设。高雷、张陆彪（2008）[46]指出，要从资金上加大投入和扶持；政策上建立配套政策措施；加大用水户协会宣传，提高农户的参与度；循序渐进，因地制宜推广"用水户参与灌溉管理"。王金霞、黄季焜、Scott Rozell（2004）[47]对黄河流域灌区水管理制度的改革进行实证研究，指出水管理制度改革、管理者的激励机制和农民参与中，名义上的水管制度改革对节水没有意向，只有应用管理者的激励机制才对节水有效应，同时农民在用水管理中的参与也会收到节水的效果。

4. 国内近年研究趋势

近年国内对农民用水户协会的研究逐步走向微观具体化，大部分学者的研究成果是在实地调查分析、总结的基础上形成的，并且在研究中更加注重计量方法的应用，由定性研究走向定性分析与定量分析相结合的研究趋势中。杜鹏、徐中民（2008）[48]基于熵理论及组织结构熵模型，对黄河中游张掖市农民用水户协会组织模式及内在组织结构的运行水平和运行效率进行定量分析。王建鹏、崔远来、张笑天（2008）[49]运用灰色关联法，建立19个评价指标对湖北省漳河灌区42个用水户协会的发展情况进行绩效评价。李树明（2008）[50]在其硕士论文中运用因子分析方法对甘肃省30个农民用水户协会绩效进行综合评价并做出排序；运用聚类分析方法将30个农民用水户协会的运行绩效分为9类。马智晓、崔远来、王建鹏（2009）[51]通过建立农民用水户协会绩效评价的投影寻踪分类模型，同时运用最优分割法对用水户协会绩效进行聚类分析。这种方法能够很客观地进行权重赋值，很大程度上有效地解决了传统评价方法中人为主观赋予权重系数对评价结果的影响。内蒙古农民用水户协会建立、运行和管理问题研究课题组（2010）[52]运用Logistic回归方法分析了用水户加入用水户协会的意愿及影响因素。李天霄、白雪峰、刘东（2011）[53]通过对黑龙江省方正县农民用水户协会的调查，构建农民用水户协会影响因素的评价指标体系，运用AHP方法对影响农民用水户协会建立的因素进行优选和排序。陈勇、王猛、徐得潜等（2010）[54]运用灰色关联、层次分析理论对农民用水户协会进行综合评价，文章中综合考虑农民用水户协会在组建和运行中的影响因素，运用层次分析方法进行指标权重的确定，利用灰色系统理论进行定性指标的量化分析，最终评价结果是安徽省肥西县农民用水户协会运行良好。

2.2.3 国内外研究述评

综合国内外的研究可以看出，国际上对参与式灌溉管理改革是持支持、鼓励、肯定态度的，在改革过程中收到了良好成效。参与式灌溉管理改革首先始于发达国家，且发展充分完善。绝大多数发展中国家参与式灌溉管理改革是“内外力”共同作用的结果，在收到改革成效的同时，还存在着一些问题。

通过国外综述看出，国外对于农民用水户相关的研究理论研究成果较国内充实、丰富。国内对于参与式灌溉管理改革的研究更多集中于改革实施载体——农民用水户协会的研究。目前，国内对于该领域的研究处于实证分析和深入研究阶段，研究成果具有理论价值和实践意义，但是研究中还存在一些不足：第一，从研究区域看，主要集中于湖南、湖北、江苏、内蒙古、新疆等几个大的世行项目支持的大中型灌区。对于国内其他地域的研究较少，特别是对国家粮食主产区的研究更少。第二，从研究内容看，国内大部分学者的研究主要集中于“世行模式”的研究，而对“非世行模式”的研究较少，能够将“世行模式”与“非世行模式”灌溉管理改革进行对比分析的少之又少。第三，从研究方法看，在研究初期主要以定性分析为主，缺少定量分析。虽说近年对该领域的定量分析研究成果不断增加，但更多的是采用主观赋予权重的绩效分析法，对于客观的熵值理论和 PPC 模型应用的研究较少，结合运用集中数学模型进行综合分析的成果更少。

为此，目前国内对于参与式灌溉管理及农民用水合作组织的研究尚处于发展阶段，还有许多需要补充与完善的地方。选取恰当的研究切入点、采用恰当的研究方法，做出更有价值的研究成果，来推动国内参与式灌溉管理改革和农民用水合作组织的完善非常有必要。

2.3 用水户参与灌溉管理的冲量过程分析

2.3.1 问题分析与研究假设

1. 问题分析

随着农民用水合作组织的组建和发展，国内学者对农民用水合作组织的研究广度与深度不断拓宽、加深。本小节与已有的研究成果有着密切的联系，但研究的关注点是将农民用水合作组织与用水户组建为一个封闭系统，解决的是如何调整系统中的因素，维持系统的稳定。同时农民用水合作组织组建对灌溉管理产生了怎样的影响、哪些是正面影响、哪些是负面影响、如何因势利导将负面影响降到最低。农民用水合作组织的组建究竟是成效大于问题，还是问题大于成效、何时能够发挥作用，本书带着上述问题以庆安县和平灌区有效调研数据为支撑，进行了研究。

2. 研究假设

基于上述分析，提出如下基本研究假设：

假设 1：用水户同农民用水合作组织所组成的灌溉管理系统是不稳定的。

假设 2：农民用水合作组织的成立是灌溉管理改革的必然，在灌溉管理体系中是必要的。

假设 3：农民用水合作组织与用水户组成的封闭系统中，用水合作组织的规模对灌溉工程完好率、灌溉水利用系数、灌溉面积、粮食的亩产量四因素会有促进作用；对亩均灌溉用水量、灌溉水价、水事纠纷发生频率三方面具有促退作用。

假设 4：农民用水合作组织规模的变动对系统中各因素的冲量影响程度不同。

2.3.2 冲量理论与模型构建说明

冲量模型[①]的建模过程主要是要确定系统的边界，即确定系统的范围，然后找到系统内部各个要素之间的一个因素对另外一个因素的直接促进或是促退作用。要研究当系统中的某一个因素突然发生改变的情况下，来预测系统的内部各要素之间的演变过程和趋势。系统中的各因素可以用冲量模型中的一个图的顶点来表示，系统中因素的直接影响用带方向的边表示，从而就会构建出系统有向图。为了显示系统中因素间直接影响是促进的（正面的）还是促退的（负面的），可以在箭头旁边记以“+”或“−”来表示。至此，系统中的各要素就可以用带有符号的有向图来表示（图 2－1）。在图中需要说明的是：第一，图中两个顶点的有向边来表示两个因素间的直接影响，如 $\nu_1\nu_2$ 带“+”来表示某一个时段农民用水合作组织规模 ν_1 的增加将导致下一时段灌溉工程完好率 ν_2 的提升；$\nu_1\nu_4$ 带“+”来表示某一个时段农民用水合作组织 ν_1 人数的增多导致下一时段用水合作组织灌溉面积 ν_4 的增加。而因素间的间接影响是由图中几条相连的同方向的边进行反映，例如 $\nu_1\nu_3\nu_5\nu_1$，由于 ν_1 的人数的增加，更多人参与到渠系维护中，推进下一时段 ν_3 的提升，而 ν_3 的提升将促使下一时段 ν_5 的减少，ν_5 的减少在灌溉用水总量一定的条件下，可吸收更多的用水户的加入，即刺激 ν_1 的增加。

用代数方法来研究图 2－1 中带符号的有向图，把图中有关联的因素关系用邻接矩阵 $A=(a_{ij})$ 来表示如下：

$$a_{ij}=\begin{cases}1,\text{若 } \nu_i\nu_j \text{ 为}+\\-1,\text{若 } \nu_i\nu_j \text{ 为}-\\0,\text{若 } \nu_i\nu_j \text{ 不存在}\end{cases}\quad i,j=1,2,\cdots,8 \qquad (2-1)$$

为此得到灌溉管理系统内各因素相互作用的邻接矩阵：

① 该部分理论详细分析见参考文献［55］。

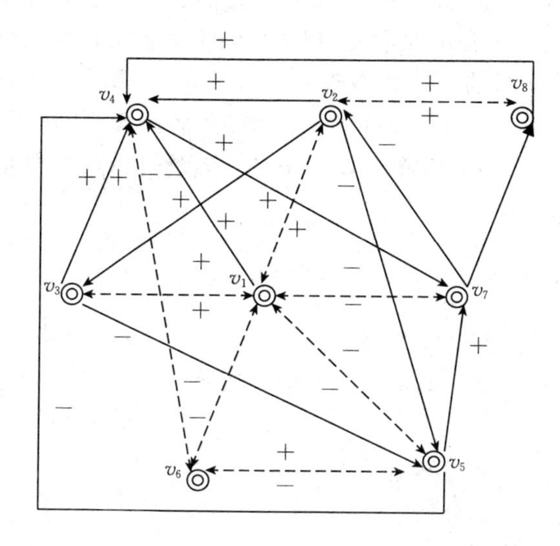

v_1表示农民用水合作组织规模(人)；
v_2表示工程完好率(%)；
v_3表示灌溉用水利用系数(%)；
v_4表示灌溉面积(万亩)；
v_5表示亩均灌溉用水量(立方米/亩)；
v_6表示灌溉用水价格(分/立方米)；
v_7表示水事纠纷发生频数(次/年)；
v_8表示水稻亩产(斤)

图 2-1　庆安县和平灌区灌溉管理系统主要因素带符号的有向图

注：①图中虚线表示系统中的两个因素彼此之间相互关系，两个因素之间的关系用 $\nu_i\nu_j$ 表示。$\nu_i\nu_j$ 代表的是 ν_i 对 ν_j 的影响，如 $\nu_1\nu_2$ 表示 ν_1 对 ν_2 的影响；$\nu_2\nu_1$ 表示 ν_2 对 ν_1 的影响。$\nu_i\nu_j$ 符号为“＋”或“－”受笔者调研数据的支撑；②为使因素之间关系表达清晰，两个因素彼此之间存在的关系（促进或促退），线上代表小号因素对大号因素的影响，线下代表大号因素对小号因素的影响，如 $\nu_1\nu_5$ 和 $\nu_5\nu_1$ ，线上面的“－”表示 ν_1 对 ν_5 的影响为“－”，线下面的“＋”表示 ν_5 对 ν_1 的影响为“＋”。

$$A=(a_{ij})_{8\times 8}=\begin{bmatrix} a_{11} & a_{12} & a_{13} & \cdots & a_{18} \\ a_{21} & a_{22} & a_{23} & \cdots & a_{28} \\ a_{31} & a_{32} & a_{33} & \cdots & a_{38} \\ \vdots & \vdots & \vdots & \vdots & \vdots \\ a_{81} & a_{82} & a_{83} & \cdots & a_{88} \end{bmatrix}=$$

$$\begin{bmatrix} 0 & 1 & 1 & 1 & -1 & -1 & -1 & 0 \\ 1 & 0 & 1 & 1 & -1 & 0 & 0 & 1 \\ 1 & 0 & 0 & 1 & -1 & 0 & 0 & 0 \\ 0 & 0 & 0 & 0 & 0 & 1 & 1 & 0 \\ -1 & 0 & 0 & -1 & 0 & 1 & 1 & 0 \\ -1 & 0 & 0 & -1 & -1 & 0 & 0 & 0 \\ -1 & -1 & 0 & 0 & 0 & 0 & 0 & 0 \\ 0 & 1 & 0 & 1 & 0 & 0 & 0 & 0 \end{bmatrix} \qquad (2-2)$$

为了研究系统中的某一因素在出事时段的一个突然变化所引起的整个系统在其后个时间段的演变过程，用 $\nu_i(t)$ 表示因素 ν_i 在时段 t 的状态水平值（动量），$P_i(t)$ 表示 ν_i 从 $t-1$ 时段到 t 时的单位状态改变量（冲量），其中 $P_i(0)$ 表示外界在 $t=0$ 时刻对因素 ν_i 的一个冲量。设矩阵 $A=a_{ij}$ 中各因素之间的影响变动记为 ω_{ij}（当 $a_{ij}=0$ 时，$\omega_{ij}=0$），矩阵为 W。于是有灌溉管理系统中涉及的 8 个因素，根据 ω_{ij} 的含义得到：

$$p_i(t+1)=\sum_{i=1}^{8}\omega_{ij}p_i(t), j=1,2,3,\cdots,8, t=0,1,2,3,\cdots \tag{2-3}$$

$$\nu_i(t+1)=\nu_i(t)+p_i(t+1), i=1,2,3,\cdots,8, t=0,1,2,3,\cdots \tag{2-4}$$

记行向量 $V(t)=[\nu_1(t),\nu_2(t),\nu_3(t),\cdots,\nu_8(t)]$

$P(t)=[p_1(t),p_2(t),p_3(t),\cdots,p_8(t)]$

于是根据式（2-3）、式（2-4）有：

$$P(t+1)=P(t)W, t=0,1,2,3,\cdots \tag{2-5}$$

$$V(t+1)=V(t)+P(t+1) \tag{2-6}$$

如果只考虑系统在初始状态的基础上进行变化，设

$$P(0)=V(0) \tag{2-7}$$

于是通过式（2-1）～式（2-6）就可以分别计算出系统中各因素在任意 t 时的动量 $V(t)$ 和 t 时到 $t+1$ 时单位时段受到的冲量 $P(t+1)$，从而来把握农民用水合作组织的组建对灌区灌溉管理系统变动趋势（即冲量的影响）。

2.3.3 数据来源与冲量过程模拟

1. 数据来源

为更清晰地研究用水户与农民用水合作组织所组成的封闭系统稳定性及农民用水合作组织组建对当地灌溉管理的影响，$\nu_1-\nu_8$ 分别代表农民用水合作组织规模、灌溉工程完好率、灌溉水利用系数、灌溉面积、亩均灌溉用水量、灌溉水价、水事纠纷发生频率、水稻亩产，其中 ν_1 用水合作组织规模代表冲击因素，他们共同构成一个八因素封闭系统。

本文通过实地调研得到庆安县和平灌区用水户与农民用水合作组织组建的封闭系统关键因素指标数据，同时根据基本数据，计算出各因素在 2005—2012 年 8 年的年均增长率变化情况，为其后续定量分析做好准备，具体见表 2-1。

表 2-1　庆安县和平灌区用水户与农民用水合作组织组建的封闭系统关键因素指标

年份	农民用水合作组织规模（人）	灌溉工程完好率（%）	灌溉水利用系数（%）	灌溉面积（公顷）	亩均灌溉用水量(立方米/亩）	灌溉水价（分/立方米）	水事纠纷发生频率（次/年）	水稻亩产（斤）
2005	1 440	41	39	2 500	800	2.50	53	950
2006	2 635	46	42	2 500	770	2.60	49	1 000
2007	3 024	51	50	2 530	750	2.67	44	1 000
2008	3 820	58	54	2 530	700	2.86	38	1 100
2009	4 615	63	60	2 540	690	4.00	36	1 170
2010	5 060	67	62	2 600	670	4.00	34	1 200
2011	6 008	72	67	2 610	650	4.00	32	1 250
2012	6 950	72	67	2 630	600	4.10	31	1 400
年均增长率（%）	0.252	0.084	0.080	0.007	−0.040	0.073	−0.074	0.057

数据来源：庆安县水利局对和平灌区统计数据，经笔者整理得到。

2. 冲量过程模拟

根据前面对冲量模型理论的表述，图 2-1 和矩阵 A 可称之为定性模型（理论模型），但是在冲量过程中需要进行定量分析，为此就需要将系统中的各关键因素通过量化方式，将其中的关系和影响量化表达。为使本文的数据分析更为科学，更具有可比性，在关键因素的量化分析中，将各因素的 8 年年均增长率作为量化分析的依据，年均增长率具体变化情况见表 2-1。根据表 2-1 中各关键因素的年均增长率变化情况及图 2-1 中各关键因素的关系方向，将年均增长率数据两两作比[①]，所得新数据作为两个因素之间的加权值，在图 2-2中箭头旁的数字称为权，而用权来代替矩阵 $A=a_{ij}$ 中的 0、±1 取值，记为 ω_{ij}（当 $a_{ij}=0$ 时，$\omega_{ij}=0$），从而就得到了加权的有向图 2-2 的邻接矩阵 W。需要注意的是：有向邻接矩阵 W 与邻接矩阵 A 的对比中会发现，部分因素两两作比后的数据正负值之间存在着一定的问题，如向邻接矩阵 W 中 $\omega_{16}=0.294$、$\omega_{61}=3.452$、$\omega_{64}=0.096$，但在矩阵 A 中均显示为 -1；$\omega_{47}=-10.571$、$\omega_{56}=-1.825$，但在矩阵 A 中均显示为 $+1$。出现这样问题的原因

① 此处数据处理方法参照参考文献［56］。

是：表 2-1 中关键性因素 ν_5 亩均灌溉用水量和 ν_7 水事纠纷发生频率的增长率为负值所致。根据实际农业生产经验可知 ω_{16}、ω_{61}、ω_{64} 的符号应该为“－”，ω_{47}、ω_{56} 的符号应该为“＋”。根据上面的解释和研究需要，有向连接矩阵 W 中数据符号出现问题的因素需做出调整，具体符号调整情况见有向连接矩阵 W_1，并且后面的分析主要以有向连接矩阵 W_1 数据为准。

$$W = (\omega_{ij})_{8\times 8} = \begin{bmatrix} \omega_{11} & \omega_{12} & \omega_{13} & \cdots & \omega_{18} \\ \omega_{21} & \omega_{22} & \omega_{23} & \cdots & \omega_{28} \\ \omega_{31} & \omega_{32} & \omega_{33} & \cdots & \omega_{38} \\ \vdots & \vdots & \vdots & \vdots & \vdots \\ \omega_{81} & \omega_{82} & \omega_{83} & \cdots & \omega_{88} \end{bmatrix} =$$

$$\begin{bmatrix} 0 & 0.333 & 0.317 & 0.028 & -0.159 & -0.290 & -0.294 & 0 \\ 3.000 & 0 & 0.952 & 0.083 & -0.476 & 0 & 0 & 0.679 \\ 3.15 & 0 & 0 & 0.088 & -0.500 & 0 & 0 & 0 \\ 0 & 0 & 0 & 0 & 0 & 10.429 & 10.571 & 0 \\ -6.300 & 0 & 0 & -0.175 & 0 & 1.825 & 1.85 & 0 \\ -3.452 & 0 & 0 & -0.096 & -0.548 & 0 & 0 & 0 \\ -3.405 & -1.135 & 0 & 0 & 0 & 0 & 0 & 0 \\ 0 & 1.474 & 0 & 0.123 & 0 & 0 & 0 & 0 \end{bmatrix}$$

$$W_1 = (\omega_{ij})_{8\times 8} = \begin{bmatrix} \omega_{11} & \omega_{12} & \omega_{13} & \cdots & \omega_{18} \\ \omega_{21} & \omega_{22} & \omega_{23} & \cdots & \omega_{28} \\ \omega_{31} & \omega_{32} & \omega_{33} & \cdots & \omega_{38} \\ \vdots & \vdots & \vdots & \vdots & \vdots \\ \omega_{81} & \omega_{82} & \omega_{83} & \cdots & \omega_{88} \end{bmatrix} =$$

$$\begin{bmatrix} 0 & 0.333 & 0.317 & 0.028 & -0.159 & -0.290 & -0.294 & 0 \\ 3.000 & 0 & 0.952 & 0.083 & -0.476 & 0 & 0 & 0.679 \\ 3.15 & 0 & 0 & 0.088 & -0.500 & 0 & 0 & 0 \\ 0 & 0 & 0 & 0 & 0 & 10.429 & 10.571 & 0 \\ -6.300 & 0 & 0 & -0.175 & 0 & 1.825 & 1.85 & 0 \\ -3.452 & 0 & 0 & -0.096 & -0.548 & 0 & 0 & 0 \\ -3.405 & -1.135 & 0 & 0 & 0 & 0 & 0 & 0 \\ 0 & 1.474 & 0 & 0.123 & 0 & 0 & 0 & 0 \end{bmatrix}$$

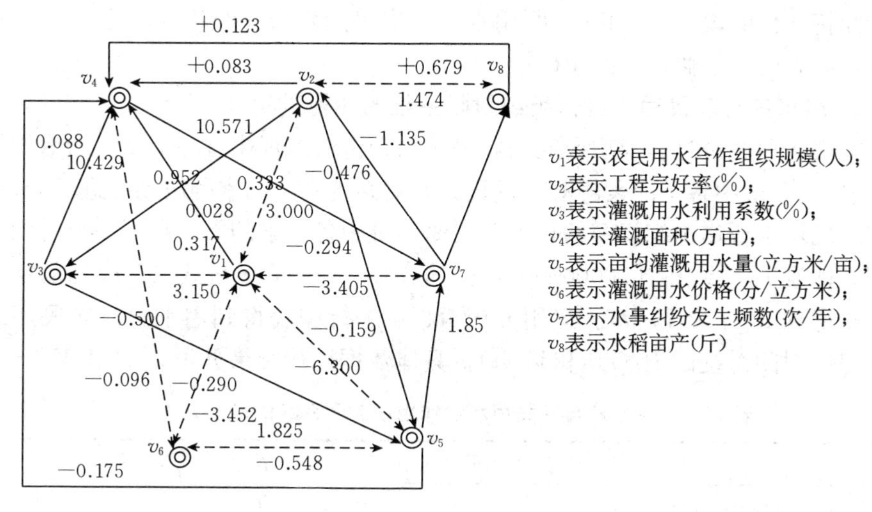

图 2-2 庆安县和平灌区用水户与农民用水合作组织封闭系统关键因素关系加权有向图

2.3.4 模型分析结果与应用

1. 封闭系统波动性分析

在冲量过程模型中，封闭系统某些因素在初始时段的一个变化（冲量）将导致系统中各因素的演变，这一个过程叫做冲量过程。在初始状态中，初始冲量 $p(0)$ 中只有一个分量为 1，其余分量为 0 时，就称为简单的冲量过程。很明显，冲量的过程可以分为若干个简单的冲量过程叠加。本小节所讨论的过程即为简单冲量过程，记为 S。如果系统中任意一个因素在 $t=0$ 时的变化，引起系统中各因素在任意一个时段的改变量（冲量）和值均不改变（无限增长或是无限减少），由此我们说这个系统的冲量过程 S 是稳定的。而对于系统的 i 和任意的 t，如果 $|p_i\ (t)|$ 有界，就称 S 是冲量稳定的，如果 $|\nu_i\ (t)|$ 是有界的，称为 S 值是稳定的。由上面式（3）我们可知，S 值是稳定的，那么必是冲量稳定的，反过来则不然。因为 $P\ (t)$，$V\ (t)$ 由一阶差分方程（2-5）、（2-6）来确定，从而看出 $P\ (t)$，$V\ (t)$ 是否有界主要取决于 W 特征根的模与 1 的比较。设 λ 是 W 非零特征根，则有 S 冲量稳定的充要条件为 $|\lambda|\leqslant 1$，而且均为单根。而 S 稳定的充要条件是 S 冲量稳定并且 $|\lambda|\neq 1$。

根据有向连接矩阵 W_1 的数据信息，利用 matlab9.0 软件求出矩阵的特征根 $\lambda=$ [$1.5140+0.6663i$，$1.5140-0.6663i$，$-0.8625+1.2243i$，$-0.8625-$

1.2243i，-1.4901，$0.0937+0.4619i$，$0.0937-0.4619i$，$-0.0002]^T$，从而可知特征根的模 $|\lambda|>1$，证明用水户与农民用水合作组织封闭系统是不稳定的，此处验证了假设1的正确性。

2. 用水户与农民用水合作组织封闭系统的冲量过程

本文运用冲量过程模型研究当农民用水合作组织规模有一个突然的增加量（冲量）时系统中各个因素的演变过程，并对系统中各因素的波动性进行分析。假定农民用水合作组织规模的扩大对封闭系统中各因素的影响在下一个时段来显现，即设 $P_0=V_0=[10000000]$，根据公式（2-5）—公式（2-7）的定义即可以得到 $P(t)$、$V(t)$。运用 mtalab9.0 进行编程得到用水户与农民用水合作组织封闭系统的 $P(t)$ 和 $V(t)$，具体数据运行结果见表2-2和表2-3。

表2-2 用水户与农民用水合作组织封闭系统的冲量 $P(t)$

t	P_1	P_2	P_3	P_4	P_5	P_6	P_7	P_8
0	1.000	0	0	0	0	0	0	0
1	0	0.333 0	0.317 0	0.028 0	−0.159 0	−0.290 0	0.294 0	0
2	2.999 3	−0.333 7	0.317 0	0.111 2	−0.158 1	0.001 8	0.001 8	0.226 1
3	0.980 9	1.329 9	0.633 1	0.139 5	−0.477 6	0.001 4	1.764 8	−0.226 6
4	2.978 7	−2.010 4	1.577 1	0.249 1	−1.106 3	0.298 6	0.879 3	0.903 0
5	1.881 4	1.324 9	−0.969 7	0.331 3	−0.468 8	−0.284 7	1.462 6	−1.365 1
6	−0.123 4	−3.045 6	1.857 7	0.018 8	−0.289 0	2.054 2	3.188 3	0.899 6
7	−19.412 1	−2.333 8	−2.938 6	−0.128 8	−0.585 2	−0.295 6	−0.372 3	−2.068 0
8	−10.282 8	−9.089 9	−8.375 4	−1.119 4	5.828 7	3.218 7	−8.150 9	−1.584 6

表2-3 用水户与农民用水合作组织封闭系统动量 $V(t)$

t	V_1	V_2	V_3	V_4	V_5	V_6	V_7	V_8
0	1.000	0	0	0	0	0	0	0
1	1.000 0	0.333 0	0.317 0	0.028 0	−0.159 0	−0.290 0	0.294 0	0
2	3.999 3	−0.000 7	0.634 0	0.139 2	−0.317 1	−0.288 2	0.295 8	0.226 1
3	4.980 1	1.329 3	1.267 1	0.278 7	−0.794 6	−0.286 8	2.060 7	−0.000 5
4	7.958 8	−0.681 1	2.844 2	0.527 8	−1.901 0	0.011 9	2.940 0	0.902 6
5	9.840 2	0.643 8	1.874 5	0.859 1	−2.369 8	−0.272 8	4.402 6	−0.462 5
6	9.716 7	−2.401 9	3.732 2	0.877 9	−2.658 8	1.781 5	7.590 9	0.437 1
7	−9.695 3	−4.735 6	0.793 6	0.749 2	−3.244 0	1.485 8	7.218 6	−1.630 9
8	−19.978 2	−13.825 6	−7.581 7	−0.370 2	2.584 7	4.704 5	−0.932 3	−3.215 5

3. 冲量过程结果与解释

用水户与农民用水合作组织组建封闭系统的冲量过程结果显示：

从影响阶段来看，在初始阶段 $t=0\sim4$ 时农民用水合作组织规模的增大，对灌区亩均用水量和灌溉用水价格是不利的，主要表现为表 2－3 中数据符号为负，也就是说在农民用水合作组织组建的初始阶段，其用水合作组织成员的增加对用水户节约灌溉用水和降低用水成本没有起到应有的作用。但此阶段，随着农民用水合作组织成员的增加，灌区灌溉用水利用系数提升较快、灌区水事纠纷发生率减少明显。当 $t=0\sim5$ 时，农民用水合作组织规模的扩大对关键因素 $V_2\sim V_8$ 影响并不显著，这就说明在农民用水合作组织组建初期其作用的发挥很有限，随着时间的推移在 $t=6\sim8$ 时刻，农民用水合作组织规模的扩大对关键因素 $V_2\sim V_8$ 影响较前一阶段（$t=0\sim4$ 时）的效果增强，这说明随着时间的延后，农民用水合作组织在参与灌溉管理中的作用才逐步在发挥。

从影响程度来看，在 $t=8$ 时，V_1 规模的扩大对 V_2 的影响最大达到 13.825 6，其次是对 ν_3 的影响达到 7.581 7，这说明农民用水合作组织成员的增加对灌溉工程完好率及灌溉水利用系数的影响较高。原则上用水合作组织成员的增加会对灌区末级渠系工程完好率及灌溉水利用系数的提升起到较好的推动作用，但模型分析结果却相反。出现这样局面，根据调查信息资料最可靠的解释为：农民用水合作组织内部治理机制不完善，特别是奖惩激励机制的不足，使得组织中成员大量“搭便车”，继而在成员大量增加的情况下，末级渠系工程完好率并没有改善，灌溉用水损耗率仍较高。在 $t=8$ 时，V_1 规模的扩大对 V_6 的影响也较高达到 4.704 5。说明农民用水合作组织成员的增加会促进用水户灌溉用水价格的提升。在实际调查中 V_6 的大小主要受到政府定价的影响，运行中的农民用水合作组织并没有农业用水的定价和水费收缴权力。模型分析与假设 3 不同，其解释为：随着农业灌溉用水价格的改革，农业灌溉用水价格将逐步走向成本价。另外从表 2－3 的分析结果看出，在 $t=0\sim7$ 时，ν_5 的符号始终为“－”，说明农民用水合作组织规模的扩大，对于内部成员亩均用水量的减少起到较好的作用。但在 $t=8$ 时 $\nu_5=2.584\ 7$，说明单纯依靠组织规模的扩大，而缺少有效的内部运行机制与良好的外部协调机制配合，农民用水合作组织作用的发挥将会打折扣，甚至损害用水户利益。从对 V_8 的影响来看，与假设 3 的预测关系出现偏差，这是因为 V_8 的提升除受灌溉用水的影响外，受到土壤肥沃程度、种植技术、种植品种、土壤肥力的影响。模型分析结果中 V_1 对 V_4 的影响最小，说明用水合作组织成员的增加对灌溉面积增加的冲量影响并不显著。说明农民用水合作组织规模扩大的速度要高于灌溉面积增加的速度，换句话讲目前用水合作组织所统计的会员人数在统计标准上存在问题。以协会覆盖行政村人口数作为统计依据，通常是一个行政村有多少户，用水合作组织会员统计上就记为多少会员。如一个用水户协会所辖的行政村内有500户，那么这个用水户协会的会员将记为500个。

2.4 用水户加入农民用水合作组织意愿的Logistic分析

用水户作为农民用水合作组织的重要成员，其加入意愿及参与程度对农民用水合作组织的发展具有重要影响。目前，农民用水合作组织已经在黑龙江省参与灌溉管理中运行9年，用水户对农民用水合作组织的态度如何，加入意愿高低，有哪些因素对其加入意愿有显著影响，如何提升用水户对农民用水合作组织的认知程度及参与意愿，这些问题是支持农民用水合作组织持续发展与运行的关键。为此，本小节选择黑龙江省农民用水合作组织发展相对成熟的五常市龙凤山灌区农民用水合作组织中的用水户作为调研对象，将295份调研数据作为分析支撑，研究用水户对农民用水合作组织的认知程度、加入意愿及影响因素。从用水户微观视角出发，运用二分类Logistic回归模型分析用水户加入农民用水合作组织的意愿及影响因素，为用水合作组织发展运行机制及发展模式的创新研究提供理论基础和佐证。

2.4.1 理论框架及假设

用水户是否选择加入农民用水合作组织这一行为，可以理解为用水户在各种社会经济信号影响下的反应。而这种影响既有来自用水户自身的，也有来自外界环境因素的。基于分析，笔者从用水户特征、用水户家庭特征及外部环境特征3个方面，提出以下研究假设，同时对可能的影响因素进行讨论。

假设1：用水户的受教育程度越高，其加入农民用水合作组织的意愿越强，即教育程度对其加入意愿具有正向影响。

假设2：用水户的身体健康状况对用水户加入农民用水合作组织具有影响，且影响为负。

假设3：用水户的灌溉面积越大、灌溉支出在农业生产支出中比重越高，其加入农民用水合作组织的意愿越强。

假设4：对农民用水合作组织了解程度越深，其加入意愿就越强烈。

假设5：用水户认为灌溉水价越合理，对加入农民用水合作组织的意愿就越低。

假设6：水事纠纷发生频率对用水户加入农民用水合作组织会有显著的正向影响。用水合作组织成立前，水事纠纷发生频次越高，用水户越期待加入农民用水合作组织。

2.4.2 数据的统计描述

为保证本次调研数据的质量及数据的说服力，在正式调研工作前，笔者随项目组部分成员赴五常市龙凤山乡进行了前期的预调查工作。预调查中发现，用水户对部分问题表现出谨慎和犹豫的态度，之后对这些问题进行了重新调整，开始对五常市所辖的龙凤山乡、民意乡、卫国乡、营城子乡和小山子镇、拉林河镇、背荫河镇共计7个乡（镇），30个行政村，295个用水户进行调查。调查中了解到，目前灌区内现有27个分协会①已经覆盖了整个灌区。调查地点的具体分配情况是，在每个乡镇中选择以水田为主的行政村3～5个，在每个行政村中选取8～10个用水户进行问卷调查及访谈，具体分布情况（见表2-4）。

调研后，对问卷问题进行集中检验，共获得有效问卷295份，其有效率为100%。另外，本次调研虽以用水户调查为主，但调研期间还走访了五常市水务局、五常市龙凤山灌区管理局、小山子、卫国、光辉、民意、营城子5个灌溉站、部分乡镇水利站，访谈获得数据及信息同样充实了本书的研究。

表2-4 用水户具体地区分布情况

乡（镇）	村子（个）	问卷（份）	自然条件	作物类型
龙凤山乡	5	50	平原、丘陵	水稻、特色经济作物
民意乡	5	50	半丘陵浅山区	水稻、玉米
卫国乡	4	40	丘陵	水稻
营城子乡	4	40	平原、丘陵	水稻、玉米
小山子镇	5	50	山地	水稻、特色经济作物
拉林河镇	3	25	平原	水稻
背荫河镇	4	40	丘陵、半山区	水稻、玉米

① 五常市龙凤山灌区的灌溉模式为：协会总会（设在灌区管理站）+分协会（由几个行政村干部组成）+用水户，分协会要受协会总会的统一领导。

2.4.3 实证分析

用水户加入农民用水合作组织的意愿描述。用水户加入农民用水合作组织的意愿数据统计结果显示，其加入意愿不高。27.39%的用水户为自愿加入，这之中37.63%为村干部，48.25%为参与组织成立的代表会员（以种植大户为主），其余14.12%为普通用水户。77.46%非自愿加入的用水户中有29.36%的用水户为随大流盲目跟从，47.35%用水户为怕不加入对自己产生不利，23.29%用水户是不知情的情况下加入[①]。

为更深入地了解用水户加入农民用水合作组织的意愿及原因，针对自愿加入、非自愿加入和没有加入意愿的用水户进行调查，结果显示：自愿加入的用水户，其加入意愿更多地倾向与自身利益关系较大的方面，例如：扩大灌溉面积，增加收入；降低灌溉用水价格，减少灌溉支出；保证灌溉用水的及时性和可靠性（表2-5）。

表2-5 用水户自愿加入农民用水合作组织的原因

原因	所占比重（%）
扩大灌溉面积，增加收入	22.25
增强灌溉用水的话语权	19.43
降低灌溉用水价格，减少灌溉支出	13.96
保证灌溉用水的及时性和可靠性	12.85
减少灌溉劳动投入和水事纠纷	11.31
共同合作节约用水，提升灌溉用水效率	9.53
提高弱势群体的灌溉水获取性	5.42
提高灌溉水利工程的完好性	3.47
其他	1.78

非自愿加入的用水户主要是基于对农民用水合作组织的不了解；身体健康，种植经验丰富，不用合作；水田面积小，现有灌溉方式可以满足需求、灌溉用水价格提升等4个方面，认为农民用水合作组织是政府行为、对自身益处较小，同时村子缺少好的带头人等也是影响其加入的不可忽视因素，具体情况

① 农民用水户协会以村为边界成立，为此在已成立农民用水户协会的村子，内部用水户均被视为协会会员。

见表2－6。

用水户对农民用水合作组织的认知情况、加入意愿分析表明：第一，用水户加入农民用水合作组织的意愿较低，一方面是水利部门对农民用水户协会的宣传力度不够，另一方面是现行用水户协会运行不规范；第二，用水户加入农民用水合作组织的意愿，更多的是从自身利益考虑。选择加入的用水户倾向于从组织中获取利益；选择不加入的用水户主要是对组织的不了解、自身不需要或是存在对组织的不信任。为此，要促进农民用水合作组织的发展，前提是在不损害用水户现有既得利益的基础上，使其利益能够获得提升。

表2－6　用水户非自愿加入农民用水合作组织的原因

原　因	所占比重（%）
对农民用水合作组织不了解	22.57
身体健康，种植经验丰富，不用合作	17.33
水田面积小，现有灌溉方式可以满足需求	14.35
灌溉用水价格提升①	11.54
农民用水合作组织是政府行为，对自身益处较小	9.23
村子缺少好的带头人	8.48
文化程度低，很难加入新组织	8.25
灌溉上的合作容易产生更多矛盾	7.74
其他	0.51

2.4.4　用水户加入农民用水合作组织意愿的影响因素

1. 模型选择与说明

根据所查资料，对于两分类问题，Logistic模型是一种很合适的分析方法。二元Logistic回归模型能确定解释变量X在预测分类因变量Y发生概率时的作用和强度。二元逻辑回归原理，记因变量为y，取值1表示事件发生，取值0表示事件未发生；影响y的m个自变量分别记为：x_1，x_2，…，x_m。

记研究事件发生的概率为：$P(y=1 \mid x_i)=p_i$，事件发生与否的两个概率分别记为如下两个式子：

① 五常市龙凤山灌区是黑龙江省农业水价改革首批试点地区，在水价改革的同时成立了农民用水户协会。水价改革的结果是水价的提升，为此大多数用水户将水价提升的原因归结为农民用水户协会的成立，对协会选择消极的加入态度。

$$p_i=\frac{1}{1+e^{-(a+\sum_{i=1}^{m}\beta_i x_i)}}=\frac{e^{a+\sum_{i=1}^{m}\beta_i x_i}}{1+e^{a+\sum_{i=1}^{m}\beta_i x_i}} \tag{2-8}$$

$$1-p_i=1-\frac{e^{a+\sum_{i=1}^{m}\beta_i x_i}}{1+e^{a+\sum_{i=1}^{m}\beta_i x_i}}=\frac{1}{1+e^{a+\sum_{i=1}^{m}\beta_i x_i}} \tag{2-9}$$

其中 p_i 代表在第 i 个观测中事件发生的概率，$1-p_i$ 代表在第 i 个观测中事件不发生的概率，它们都是由自变量 x_i 构成的非线性函数。

事件发生与不发生的概率之比为 $\frac{p_i}{(1-p_i)}$，称为事件的发生比，简记为 Odds。Odds 一定为正值（因为 $0<p_i<1$），并且没有上界；对 Odds 做对数变换，就能够得到逻辑回归模型的线性模式：

$$\ln\left(\frac{p_i}{1-p_i}\right)=a+\sum_{i=1}^{m}\beta_i x_i \tag{2-10}$$

Logistic 模型不需要严格的假设条件，能够克服线性方程受统计假设约束的局限性，具有更为广泛的适用范围（杜鹏，2011）。Logistic 回归模型的分析同本书的研究需要极为吻合，为此本文运用 SPSS16.0 软件完成模型拟合。

2. 变量选择与解释

本文以用水户是否愿意加入农民用水合作组织为因变量，以被调查者性别、年龄、受教育程度、身体状况等 14 个影响因素作为自变量，模型中各变量的统计描述见表 2-7 和表 2-8。

表 2-7　模型中相关变量说明与解释

变量	变量解释	变量取值
Y	是否愿意加入农民用水合作组织	不愿意=0；愿意=1
X_1	被调查者性别	女=0；男=1
X_2	被调查者年龄	实际调查数据
X_3	受教育程度	6 年以下=1；6～9 年=2；10～12 年=3；13 年及以上=4
X_4	身体状况	非常不健康=1；时常有小病=2；健康=3；非常健康=4
X_5	是否为村干部	不是=0；是=1
X_6	农忙时家里农业劳动力人数	实际调查数据
X_7	家里外出务工人数①	实际调查数据
X_8	灌溉面积	10 亩以下=1；10～20 亩=2；20～30 亩=3；30 亩以上=4

（续）

变量	变量解释	变量取值
X_9	灌溉支出在农业生产支出中比重	5%以下=1；5%～8%=2；9%～12%=3；12%以上=4
X_{10}	对农民用水合作组织了解程度	完全不了解=1；了解一点=2；很了解=3；非常了解=4
X_{11}	灌溉水价的合理性	偏低=1；还可以=2；偏高=3
X_{12}	水事纠纷发生频率	3次以下/年=1；3～5次/年=2；5～7次/年=3
X_{13}	政府对农民用水合作组织的宣传②	从未宣传=1；宣传1次=2；宣传2次=3
X_{14}	末级渠系工程完好性	很不好=1；还可以=2；很好=3

注：①家里外出务工人数是指一年中务工时间超过3个月的人数；②是指当地成立农民用水合作组织至今政府水利部门利用信息传播渠道进行的宣传

表2-8　模型中变量的统计性描述

变量	最小值	最大值	均值	标准差	变量	最小值	最大值	均值	标准差
Y	0	1	0.23	0.423	X_8	1	4	2.38	0.807
X_1	0	1	0.73	0.452	X_9	1	3	1.88	0.723
X_2	26	61	44.32	9.191	X_{10}	1	3	1.30	0.564
X_3	1	3	1.93	0.656	X_{11}	1	3	2.00	0.641
X_4	1	4	2.85	0.921	X_{12}	1	3	1.95	0.677
X_5	0	1	0.08	0.267	X_{13}	1	3	1.20	0.464
X_6	1	4	2.53	0.816	X_{14}	1	3	1.72	0.599
X_7	0	3	1.08	0.944					

3. 模型运行结果与分析

用水户加入农民用水合作组织意愿的影响因素Logistic回归模型测算结果显示，HL检验值为3.852，概率p的显著性水平Sig=0.870>0.05，统计检验不显著，说明模型拟合程度较好，具体模型运行结果见表2-9。

表2-9　用水户加入农民用水合作组织意愿的影响因素Logistic回归模型运行结果

变量	参数估计值（B）	标准误差（SE）	$Wald x^2$ 统计量	显著性（$Sig.$）	发生比率Exp（B）
Y	−1.808	0.716	6.379	0.012	0.164
X_1	0.047	0.335	0.019	0.890	1.048
X_2	−0.202	0.255	0.630	0.427	0.817

（续）

变量	参数估计值（B）	标准误差（SE）	$Waldx^2$ 统计量	显著性（$Sig.$）	发生比率 Exp（B）
X_3	0.093	0.169	0.307	0.580	1.098
X_4	−0.220	0.074	8.787	0.003	0.803
X_5	0.087	0.063	1.886	0.170	1.091
X_6	−0.075	0.270	0.077	0.781	0.928
X_7	−0.058	0.153	0.143	0.705	0.944
X_8	1.073	0.313	11.735	0.001	2.923
X_9	0.319	0.121	6.902	0.009	1.375
X_{10}	0.957	0.262	13.335	0.000	2.603
X_{11}	−0.372	0.831	0.201	0.654	0.689
X_{12}	0.157	0.066	5.602	0.018	1.170
X_{13}	1.086	1.068	1.034	0.309	2.961
X_{14}	0.052	0.198	0.069	0.792	1.054
模型检验　HL=3.852　Sig=0.870					

从表2-9中看出，用水户身体状况、灌溉面积、灌溉支出在农业生产支出比重、对用水合作组织的了解程度、水事纠纷发生频率5个要素对用水户加入意愿有显著性影响；而其余9个因素对其加入意愿影响不显著。

从用水户个体特征来看，用水户的身体健康情况、对用水合作组织的了解程度对其加入意愿有显著影响。主要表现为用水户身体健康情况越差，其加入意愿越强；对用水合作组织的了解程度越深，其加入意愿越强。调查中发现，用水户身体情况越糟糕，对用水合作组织的信任程度越高，越期待通过合作的形式，来解决灌溉中遇到的困难；另外用水户对农民用水合作组织越了解，知晓农民用水合作组织的成立宗旨、功能及作用，就越期待加入用水合作组织。用水户的性别、年龄、受教育程度、是否为村干部，对其加入意愿影响不显著，其可能的解释为：被调查者的性别、年龄、受教育程度及是否为村干部几方面因素，使得其对待农民用水合作组织的认知、加入组织的出发点等方面存在较大差异，继而导致这几个因素对加入意愿影响不显著。特别是受教育程度上，这一点与笔者的预测出现矛盾，主要原因是在调查中受教育程度稍高的用水户大部分不以农业收入为主，工资性收入是其收入的主要来源。

从用水户的家庭特征来看，用水户的灌溉面积、灌溉支出在农业生产支出中比重，对其加入意愿具有显著影响，主要表现为灌溉面积越大、灌溉支出在农业生产支出中比重越高，加入意愿越强。调查中发现，灌溉面积越大，对外界的需求也就越多，越期待加入；灌溉支出在农业生产支出中的比重，如比重越大，就越期待通过其他的途径来减少支出，例如加入用水合作组织的方式。在用水户的家庭特征中，农忙时家里农业劳动力人数、家里外出务工人数对其加入意愿影响不显著，可解释为：灌区机械化程度较高，对劳动力的依赖较小，同时在农村邻里间的帮助行为较容易发生，且随着用水户收入的提高，雇工生产时常出现；而家里外出务工人数对加入意愿影响也不显著，调查中发现外出务工人数较多的家庭，往往灌溉面积会相对较小，为此对灌溉问题关注较少。

从外部环境来看，水事纠纷发生频率对用水户加入农民用水合作组织有显著影响，主要表现为水事纠纷发生频率越高，其加入意愿越大。因为，以往在作物灌溉时期，特别是干旱年份发生水事纠纷的频率较大。调查中用水户希望通过建立相应组织的方式对纠纷进行调解和控制。外部环境中灌溉水价的合理性、政府对农民用水合作组织的宣传、末级渠系工程完好性三因素对其加入意愿影响不显著，其可能解释为：灌区实行水价改革后，灌溉水价出现提升，大部分用水户认为是建立农民用水户协会而导致，从而影响其加入意愿；政府方面，主要是因为政府只关注组织的建设，而缺少后期的宣传及引导；末级渠系工程完好性，灌区的末级渠系是由村集体来负责，所以受各村的经济发展水平影响较大，用水户不会单纯因为渠系的好坏来选择是否加入用水合作组织。

2.5 农民用水合作组织持续运行的博弈分析

在前面运用冲量过程模型分析了农民用水合作组织产生的必要性，下面将利用博弈模型①来分析农民用水合作组织产生后，其内部运行机制及其可持续运行的内在机理。根据合作社理论可知，一个合作组织能够持续运行的条件是要有会员的参与，而对于农民用水合作组织来讲，用水户的参与是其发展的决定性条件。用水户是否选择按期缴纳水费、是否积极参与用水合作组织所辖范围内的工程及渠系设施管理维护、是否积极主动参与用水合作组织所开展的各项活动均对用水合作组织的持续运行产生重要影响。本文假设一个用水合作组织的用水户如果能够做到上述所说的事项，那么这个用水合作组织就可以持续经营下去；反之，用水合作组织的发展将处于一个非常尴尬的局面，甚至会导致参与式灌溉管理体制改革的失败。为此，作为参与式灌溉管理体制改革组织

① 此处理论分析部分参考内蒙古农民用水户协会建立、运行和管理问题研究课题组．农民用水户协会形成运行机理研究［M］. 北京：经济科学出版社，2010：119－125.

载体的农民用水合作组织，其内部成员的灌溉管理策略选择“合作”或是“搭便车”，将对农民用水合作组织的发展具有重要影响。用水户的“合作”策略是指用水户对农民用水合作组织所开展的活动持积极参与态度；“搭便车”策略是指用水户在参与灌溉管理过程中的不交水费、灌溉工程维护中的偷懒、不节约用水等等行为。因而，对于农民用水合作组织持续规范运行，重点要弄清用水户参与策略的选择，继而才能够分析农民用水合作组织的内在运行机制问题。本节将运用博弈模型，从单一回合静态博弈入手，分析简单的同质性用水户的策略选择问题，进而根据实际情况演变到多回合动态博弈分析，来研究用水户在一定流域参与灌溉管理中博弈行为选择，为其后农民用水合作组织运行机制及发展模式选择问题奠定分析基础。

2.5.1 单一回合静态博弈分析

“公地悲剧”是公共池塘资源发展结果中的一种，“公地悲剧”模式也已经被格式化地认为是“囚徒困境”博弈模式。在“囚徒困境”中每一个单个个体（对局人）都有一个可支配的策略选择，即不管对方选择什么样的策略，自己只要选择背叛策略，都会使双方选择了一个第三个最好结局的均衡。为此，运用到参与式灌溉管理的单一回合静态博弈中，先假设一个农民用水合作组织中只有两个参与的用水户，且博弈是一次性的。假设这两家用水户为用水户 A 和用水户 B，在一定流域范围内灌溉工程及灌溉设施由这个两人组成的农民用水合作组织来管理与维护。为了使博弈分析的过程简单清晰，假定双方在选择“合作”策略时的支出成本 $C=30$，收益 $S=80$，在这过程中用水户 A 或是用水户 B 选择不合作所带来的平均收益的损失减少为 $J=20$。为此在这个一次性的博弈过程中，若用水户 A 和用水户 B 都选择合作，那么灌溉渠系及灌溉工程的完好率都会提升，灌溉用水需求便会得到满足，能够享受到灌溉组织所带来的服务；若其中的一个用水户选择“搭便车”，那么另一方会因为这一方的不合作遭受到很大的损失。为更好地展示用水户 A 和用水户 B 的博弈矩阵，一次性博弈结果见表 2-10。

表 2-10 用水户单一回合静态博弈选择结果

博弈选择策略		用水户 B	
		合作	搭便车
用水户 A	合作	（50，50）	（30，60）
	搭便车	（60，30）	（40，40）

从表 2-10 中可以看出，对于用水户 A 或是用水户 B 无论哪一方均想达到自身利益的最大化，由此对于单个一方如用水户 A 的策略选择为“合作”时，用水户 B 从自身利益考虑最优的策略为“搭便车”，因为“搭便车”时候的收益为 60 大于合作的收益 50；同时在用水户 A 选择“搭便车”时，用水户 B 仍然会选择“搭便车”，因为此时“搭便车”的收益为 40 而合作的收益为 30。为此，无论用水户 A 选择什么样的策略，用水 B 的最优策略都是“搭便车”，同时用水户 A 和用水户 B 具有同质性，用水户 B 的最优选择策略同样也是用水户 A 的最优选择策略，这样一次性博弈的均衡结果为（搭便车，搭便车），用水户 A 和用水户 B 的收益都是（40，40），这样的选择是一个非合作的低效率策略组合。这样的策略选择最终会使得农民用水合作组织走向低效，使得灌溉工程、水利设施缺少维修，灌溉服务得不到满足而不能够持续存在。但是如果用水户 A 和用水户 B 都能够选择“合作”策略，双方的收益为（50，50），这样的策略组合是符合效率原则的解，同时也是能够使农民用水合作组织走向持续发展的策略组合。

为什么会出现“搭便车，搭便车”这样的低效策略组合？主要是由于个体理性和集体理性之间存在着矛盾。在一次性博弈当中，若参与的一方选择“搭便车”那么他得到的收益要高于“合作”时的收益，因为减少了合作时的支付成本同样可以享受到其他对局人投入所带来的收益，为此对于单个的策略者来讲，他关心的只是自身收益的最大化，都具有“搭便车”的动机。即使对于博弈中的测量者均了解（合作，合作）的总效益最大，但是个体理性仍然会选择自身效益最大的策略，宁肯接受集体收益的最小。

2.5.2 多回合动态博弈分析

在长期的农业生产中，用水户灌溉策略选择并不是一次性单一静态博弈过程，而是多回合的动态博弈，在农业生产中用水户的灌溉行为是经常发生的，并且在一定流域内用水户的灌溉管理行为及结果都是可以相互观察的。渠系上游用水户的用水行为选择及策略的实施对于临近的用水户来讲是可以观察到的，这个用水户是否遵守农民用水合作组织的章程、是否带有偷懒行为都是透明的，可以根据前面用水户的行为来选择自己的策略。在一次性的静态博弈中用水户存在着机会主义行为，更加注重眼前的短期利益，博弈的对局人理性地选择是“搭便车”，但是在多回合的动态博弈当中，各方为了利益的最大化，博弈双方会对未来的收益足够重视，会朝着利益最大化的方向来努力，继而出现可能的更有效率的经济结果（合作，合作），而这一结果的产生各方所采取的策略选择称为“冷酷战略”。这一战略的含义是：在博弈过程中，策略的双方在博弈开始时采取“合作”，在以后长期的博弈过程中，对弈的一方采取“合作”策略，另一方也会一直采取“合作”的策略，直到发现对方实施了“搭便车”策略后，自己就会一直采取“不合作”的策略。“冷酷战略”是多回合博弈中实现合作和提高均衡效率的关键机制。因为由于对弈的一方一旦发现另外一方采用了“不合作”策略，那么接下来为了报复会一直采用“不合作”策略，为此“冷酷战略”可以有效地避免博弈双方的不道德及欺骗行为，能够很好地对双方的博弈策略选择行为进行约束，以实现最好博弈的最好策略组合和最大收益。

根据“冷酷策略”的理论表述，将其运用到农民用水合作组织中用水户的多回合博弈行为中，具体阐述如下。假定用水户 A 首先采取行动同时并采用“冷酷战略”而且开始选择“合作战略”，此时如果用水户 B 也采取“合作”策略，那么用水户 A 也随之采取“合作”战略，但是如果用水户 A 发现用水户 B 采取的是“不合作”策略，那么此后用水户 A 也将一直选择“不合作”策略来表示对用水户 B 的惩罚。此处设置多回合重复博弈的得意贴现系数为 γ（这一系数主要是指将后一阶段的得意折算成当前阶段得意的系数），它的取值范围界定为［0，1］之间。在这样的假设情况下来比较用水户 B 的两种策略选择：

第一种情况：若用水户 B 在开始时就采用“搭便车”，那么他在初始阶段就会得到收益 60，但是日后用水户 A 就会长期采用“搭便车”策略，为此用水户 B 为使自己收益最大也会采用“搭便车”策略，因而此后的每个阶段用水户 B 将只能得到 40 的收益，现计算用水户 B 的总收益值为：

$$T_1=60+40\gamma+40\gamma^2+40\gamma^3+\cdots=60+\frac{40\gamma}{1-\gamma} \qquad (2-11)$$

第二种情况：若用水户 B 在开始时就采用“合作”策略，那么他在初始时的收益为 50，而在下一个阶段又面临着一样的选择，此后用水户 A 和用水户 B 都会选择“合作”的策略，现计算用水户 B 的总收益值为：

$$T_2=50+50\gamma+50\gamma^2+50\gamma^3+\cdots=\frac{50}{1-\gamma} \qquad (2-12)$$

用水户 B 究竟是选择第一种情况还是选择第二种情况，就需要比较 T_1 与 T_2 的大小。如若当$\frac{50}{1-\gamma}>60+\frac{40\gamma}{1-\gamma}$时，也就是$\frac{1}{2}<\gamma<1$时，用水户 B 会选择第二种情况即“合作”策略；当条件转变时即 $0<\gamma<\frac{1}{2}$时，用水户 B 就会选择第一种情况即“搭便车”策略。而在长期多回合的动态博弈中，当$\frac{1}{2}<\gamma<$

1时，选择“搭便车”会使得眼前收益60大于50的“合作”收益，但从长远来看会牺牲很大的收益。为此在长期动态博弈中当$\frac{1}{2}<\gamma<1$时，理性的用水户B会选择第二种情况“合作”策略，同样用水户A同用水户B具有同质性，也会选择“合作”策略。为此，在一定流域内的灌溉管理中，当贴现系数$\frac{1}{2}<\gamma<1$时，多回合长期动态博弈的博弈者策略选择是（合作，合作）。

多回合动态博弈在一定流域的灌溉管理中，不仅适合于两个人，同样适合于多人的动态博弈，因为对于灌溉活动而言，在一定区域内生活的人们，用水户彼此的生活习惯和日常品行都较为相似，或是较为了解，一旦在灌溉中策略行为的选择出现背驰现象很容易被观察到，为此理性的用水户不会选择丧失自己的声誉，丧失自己同他人合作的机会来获得长久利益。基于此，农民用水合作组织内部只要采取恰当的行为规范和约束，规范内部治理机制和运行机制，农民用水合作组织就有条件持续存在，并发挥作用。

2.6　黑龙江省农民用水合作组织运行机制构建

通过黑龙江省农民用水合作组织运行机理的实证分析，清晰了解农民用水合作组织加入的灌溉管理系统还不稳定，用水户对待农民用水合作组织态度消极，有众多因素导致其加入意愿不强，用水户在灌溉管理博弈中为获取更多收益单次博弈会选择“搭便车”，而在多回合动态博弈中会选择“合作”，但前提是需要有一个完善的运行机制。

2.6.1　机制构建原则

运行机制是指人类社会有规律的运动中，影响这种运动的各要素、结构、功能以及这些要素作用过程和作用原理及其运行方式，它包括高度抽象的原理关系、基本原则、规则制度等内容，目的是保证运动目标实现和任务完成。农民用水合作组织成立的目的是加强灌溉用水管理，加强对灌溉工程设施的管理和维护，提高灌溉效率。运行机制设计原则同其他组织运行机制设计原则思想上存在相通之处。农民用水合作组织运行机制设计的目的是保障其组织的规范运行和有效发展。结合黑龙江省农民用水合作组织发展的实际情况和发展要求，在运行机制设计时应主要考虑以下原则：

1. 权责对称原则

权责对称原则是农民用水合作组织运行机制构建中较为重要的原则。农民用水合作组织产生的原因、发展目标等问题在学术界已经得到较为明确的回复：农民用水合作组织的出现有“外力”——世行项目的推动，但更多的是旧灌溉管理体制无法满足灌溉需求的情况下而产生的。参与式灌溉管理改革实施前，政府对农田水利工程及灌溉设施维护的费用投入不足，灌溉工程及渠系完好率较低，为此借鉴国际参与式灌溉管理经验，组建农民用水户协会。因而，农民用水户协会组建的一个最主要目标是弥补财政投入的不足，吸引用水户的参与来提升灌溉工程完好率，满足灌溉需求。而农民用水合作组织作为新的灌溉管理组织载体，在承担灌溉工程建设、管理、维护责任的同时，需要明确其在灌溉管理系统中的权力，使其具备长久生存的条件，避免出现“小马拉大车”现象，将刚成立还未走向正规发展轨道的组织压垮。笔者认为当前黑龙江省农民用水合作组织的组建应该遵循“权责对称”原则，在权力赋予方面需保证农民用水合作组织的水利工程产权、水费收缴权力、民主决策权力、独立财务管理权力等几项权力；农民用水合作组织在具备上述权力的同时需承担相应责任。第一，要承担用水合作组织辖区范围内的水利工程设施的管理、维修、养护工作。第二，征收水费和管理工作。第三，协调用水户之间的水事纠纷，维护灌溉用水秩序。第四，专款专用，保证灌溉用水及财务的公开透明，接受用水户监督。

2. 谁投资谁受益原则

农民用水合作组织投资兴建的水利工程大部分是支渠以下工程，组建的目的之一是完善农村小型农田水利工程设施建设。当前黑龙江省农民用水合作组织发展中存在的问题，很大程度上是因没有遵循“谁投资、谁受益”原则，组建过程中较少考虑用水户意愿和需求，很多时候是政府急于求成。在用水户对农民用水合作组织不了解，甚至存在偏见的情况下，硬性要求而组建，这严重挫伤了用水户的积极性。另外，目前农村中用水户自发投资建设的渠系工程，在产权不清晰情况下，投资的用水户并未得到渠系建设投资所带来的收益。在农民用水合作组织参与的灌溉管理系统中，对于用水户出资建立或是由用水户联合出资投建的新水利工程其产权和工程建设后的收益应该归用水户或是用水联户所有，这样才可推动用水户参与建设农田水利及工程设施的积极性，才能够保持农民用水合作组织的群众性质，避免将农民用水合作组织作为灌溉管理单位下设机构，具有行政属性。为此农民用水合作组织运行中，应坚持“谁投资、谁受益”原则，保证用水户参与的积极性，推进农民用水合作组织的持续发展。

3. 因地制宜原则

农民用水合作组织的建立和发展中一定要遵循因地制宜的原则，这是农民用水合作组织持续运行与发展的灵魂。从国内农民用水合作组织发展的历程看出，目前农民用水合作组织刚进入到初级推广阶段，但发展的规范性与适宜性问题仍是农民用水合作组织发展的阻碍。为此，借鉴农民专业合作组织发展经验，将农民用水合作组织纳入到农民专业合作社的范畴，按照农民专业合作社的组建程序和管理办法来发展农民用水合作组织。同样在农民专业合作社发展经验中，因地制宜原则是一条成功发展经验。农民用水合作组织作为新的组织，在灌溉管理中虽发挥一定的效用，但是不同的地区、不同的自然、人文、社会、法律环境，使其拥有不同的发展模式。另外黑龙江省地域广阔，各地区之间的自然条件，特别是水文条件差距较大，因而在组建和发展农民用水合作组织的过程中，应该考虑各地区的自然条件、社会经济条件、人民生活水平等，从系统全局角度规划农民用水合作组织的发展类型和发展模式。发展中政府积极扶持与引导，减少行政干预，避免盲目行政指挥，出现违背当地自然条件、违背用水户发展意愿的“一刀切”现象，千篇一律照抄照搬某一模式，而是应根据不同地区的发展实际情况选择恰当的发展模式，量力而行，真正发挥农民用水合作组织在灌溉管理体制改革和农田水利建设中的优势及作用。

4. 系统整体协调原则

农民用水合作组织发展的运行机制是一个复杂系统，在整个系统中内外各环节、各方面的协调发展是农民用水合作组织机制创新和高效运行的可靠保证。在农民用水合作组织参与式灌溉管理中主要涉及水管部门、供水单位（供水公司）、用水合作组织、用水户，在这个系统中涉及农民用水合作组织同各部门之间的资源协调配置，涉及农民用水合作组织内部关系的协调及合作等。因此，作为参与式灌溉管理改革组织载体的农民用水合作组织，是灌溉管理系统中的一个单位和环节，运行机制的核心是保持组织内外部各因素之间的协调。在用水合作组织外部，需处理好用水合作组织同灌溉管理系统中各个组织之间的权利和责任，维护好用水户的合法权益；在用水合作组织内部，将用水户和农民用水合作组织看成一个封闭系统，将用水户和用水合作组织之间涉及的系统因素进行合理安排，将影响系统稳定、导致系统效率低下的因素进行调整或是规避，保证这个封闭系统的稳定、高效发展。

5. 市场导向原则

农民用水合作组织的组建是对传统计划经济时期灌溉管理体制的最好突破，代表市场经济条件下的灌溉管理体制。为此在农民用水合作组织的组建、运行及发展中应坚持以“市场导向”为原则，按照市场经济的客观规律来推进农民用水合作组织的稳定发展。在计划经济形成的灌溉管理体制时期，水利工程的灌溉管理由国家做主，灌溉管理中用水户参与成分较少，而用水户作为农田水利工程及设施的终端使用者，作为市场经济中的重要参与者，在灌溉系统中所发生的一切经济关系都将直接或是间接地进入到市场关系中。虽然农民用水合作组织是不以盈利为目的的社团组织，但其组织发展的宗旨是最大限度地为成员服务。对内不盈利，但对外应该是以追求盈利最大化为发展目标，需按照市场规律来发展，讲求盈利，以市场为导向，特别是灌溉用水水价的形成，除考虑到农业灌溉用水的特殊性外，在水价形成过程中要考虑市场的供求因素，将农业灌溉用水的供求关系体现到水价形成因素中，实现灌溉用水、灌溉管理的市场化发展。

2.6.2 内部运行机制构建

农民用水合作组织能否发挥作用、能否达到预期效果、是否具备凝聚力、能否吸引到用水户的参与，这些都是农民用水合作组织内部运行机制的最有效考证。黑龙江省农民用水合作组织目前还处于初级发展阶段，为此如何构建一套有效的运行机制，尤其是构建一个健全的、合理的内部运行机制就成为了农民用水合作组织持续发展的根本性问题。本节从农民用水合作组织的产权机制、投入机制、治理机制、决策机制、激励机制、约束机制等几个方面对农民用水合作组织内部运行进行研究。

1. 产权机制

产权就是一种权利束，是财产权利的简称，并不是指人与物之间的关系，而是物的背后使用者之间的关系。换句话讲，产权就是人与人之间对特定财产关系的权利束，而不是单向的权力。如果一项产权的所有者对自身所拥有的权利拥有自由的支配权、排他的使用权、权利收益的独享权就说明产权是完备的，否则产权就是残缺的。产权不清带来的问题一是责任承担主体的模糊，二是融资承贷主体的不清晰。长期以来，国内农村小型水利工程产权界定问题较为模糊，有的地区将灌区末级渠系水利工程的产权界定为国家所有，而有的地区将这一产权界定为农村集体所有。作为公共产品的农村小型水利工程，将其产权界定为国家所有这是一个非常宽泛的概念，作为终端使用者的用水户因为不具备产权，为此并没有义务参与管理维护。国家具备产权但是在小型水利工程或是工程的末级渠系的管理维护中“鞭长莫及”显得力不从心。对于产权界定为国家所有的农村小型水利工程其完好率较低，大部分水利工程及设施处于“有人用，无人管”的状态。另外，对于农村小型水利工程及灌溉设施产权归村集体所有的，工程渠系的好坏同村集体的财力状况紧密相关。在村集体财力较为紧张的情况下，用于灌溉工程管理维护的费用则较少，工程破损率较高。

作为参与式灌溉管理的组织载体——农民用水合作组织生存和发展的根基在于水利工程及灌溉设施产权。因而在灌溉管理体制改革时需将灌溉工程及设施的产权移交给农民用水合作组织，使用水户意识到自己是水利工程的主人，对水利工程拥有所有权、使用权和经营的收益权，充分调动用水户参与工程建设、管理与维护的积极性，推进农村小型水利工程建设发展。

2. 投入机制

对农村小型水利工程投入机制的分析应包括资金投入、技术投入、人才投入等。这当中最为核心的因素是资金投入机制，为此本小节对投入机制的分析更多地侧重于对农村小型农田水利建设资金投入机制的分析。农田水利设施建设具有公益性特质，自身不适合商业开发，长久以来农村小型水利工程投入严重不足，历史欠账过多，使得农田水利建设滞后于农业发展的需求。而导致这一状况出现最为主要的原因是农村小型农田水利建设投入机制的不稳定与不完善，核心因素为农田水利建设资金投入的不足，为此需要建立农田水利投入稳定增长机制。第一，抓住国家关注“三农”的契机，抓住对现代农业发展投入的时机，增加财政专项水利资金投资规模，将土地出让收益金的10%全额投入到农田水利建设，特别是对小型农田水利建设与维护的资金投入；第二，增强地方政府配套资金的落实效率，特别是黑龙江省发展现代化大农业，“千亿斤粮食产能工程”的契机，在争取到更多中央资金支持的同时，加大自身配套资金投入力度；第三，争取县级财政和吸收社会资金的投入，拓宽资金融资渠道和融资规模；第四，鼓励农民用水合作组织的发展，吸收用水户参与农田水利建设，缓解农田水利建设资金紧缺的难题。但用水户参与农田水利建设更多地是以劳抵资的方式，不能期待用水户以现金支出的方式进行农田水利的建设与维修。

3. 治理机制

治理机制是农民用水合作组织运行的核心机制。它是指连接和规范经济组织（通常是指企业）的所有者、管理者、支配者等各相关主体之间的权、责、利所组成的系统制度安排。具体到农民用水合作组织中，它主要是指用水合作组织的用水户代表大会、理事会、监事会组成的一套完整的管理制度。用水户代表大会是农民用水合作组织的最高权力机构，可制定、修改、通过用水合作组织的章程，任职或是罢免理事会、监事会人员，对用水合作组织的发展、经营和财务具备审议权利，定期召开用水户代表大会；用水合作组织的理事会为用水合作组织的执行机构，主要负责制定用水合作组织的工作计划、发展计划、聘任用水合作组织的管理者、负责主持用水合作组织的日程事宜；监事会是用水合作组织设置的内部监督机构，代表全体用水户成员监督用水合作组织的经营和发展情况、财务管理情况和业务执行情况。用水合作组织的内部规范运营和生存活力，主要体现在用水合作组织的治理机制上。而目前黑龙江省运行的农民用水合作组织内部治理机制缺乏统一的约束和规范，大部分用水合作组织的治理结构并不健全，部分用水合作组织甚至还没有规范的组织章程，即使设立章程但不按章行事的现象时常发生。在财务管理中，用水合作组织账务同村集体账务混杂，财务不公开，管理随意性较大，对组织的持续发展极为不利。为此，黑龙江省农民用水合作组织当前的一个紧要任务是健全用水合作组织内部治理机制，第一需要建立完善的组织机构；第二明确各方责权；第三完善内部财务管理，保证公开透明；第四规范运行，按章办事。

4. 决策机制

决策机制是农民用水合作组织内部运行的重要机制，主要由决策程序、决策内容、决策者、决策方式方法、决策结果组成，对农民用水合作组织发展成败起关键作用。农民用水合作组织的决策机制同其他合作经济组织决策机制原则上相同，都是组织的决策者通过相关必要的决策程序，按照民主决策的方式，形成一致意见，减少个人或是少数人决策失误造成重大损失，保证整个决策过程和决策结果的正确性，但目前黑龙江省运行的农民用水组织受各种内外部力量控制，并没有成为用水户自己的组织，而是依靠行政领导，大部分是用水合作组织主席（村干部）来决定农民用水合作组织事务，普通用水户在组织中处于从属地位，话语权较少甚至不具备发言权。用水户大会在决策中流于形式，民主决策、民主管理成为空话。为此，加强农民用水合作组织内部决策机制，按照合作组织经典原则——民主管理、民主决策原则，合作组织中不论会员投入股份大小，按照一人一票的方式民主决策。好处是农田水利工程及设施的终端使用者——用水户最了解需要建设、维护、管理哪些设施，通过民主决策的方式用水户可以将自己的需求表达给供给主体，使其农田水利设施的供给脱离“政绩”和“利益”决策驱动。组建农民用水合作组织使处于弱势地位的用水户有表达意愿的载体，使得农田水利工程及设施的建设，更加符合农业发展需求，推动现代农业发展。

5. 激励机制

激励机制是农民用水合作组织规范有序运行的重要治理机制，其主要内容应包括：激励对象、激励措施、激励方式、激励成效等。在用水户与农民用水合作组织所组成的封闭灌溉管理系统中，实施激励机制的对象主要由用水合作组织的管理者（主席、副主席、执委、组长）和用水户两大类群体组成，为实现农民用水合作组织在参与式灌溉管理中的作用，需要充分调动农民用水合作组织利益相关者积极性，特别是用水合作组织的管理者和用水户。而对待二者要根据实际情况，采取不同的激励方式和激励手段，如对管理者需要对其进行物质奖励与精神奖励相结合。物质奖励方面按照管理者的绩效（事先由用水户代表大会制定绩效评价指标体系）对其工作的执行情况进行打分，根据打分情况对其进行工资提升或是年终奖励，使管理者收到的回报同其自身管理绩效紧密相连；精神奖励方面，对于农民用水合作组织的管理者（大部分为村干部）可以从职位的提升方面进行奖励，进而增强管理者的工作热情。从实际调查中发现，一个好的有才能、富有责任心的农民用水合作组织领导者，必定会领导出一个富有成效的农民用水合作组织，为此注重对农民用水合作组织管理者的激励，这对农民用水合作组织的发展至关重要。

用水户作为农民用水合作组织的重要组成者，加强对用水户的激励，提高用水户参与积极性，是促使农民用水合作组织长久发展的重要保障，而采用何种激励方式和方法是关键。从实地调查和模型分析结果看出，对用水户的激励主要着手点是灌溉用水。具体评价方法可根据用水户参与农民用水合作活动情况、参与灌溉工程建设投入、管理维护次数、灌溉节水情况等综合指标来评价用水户的灌溉行为（表现优秀、表现良好、表现及格、表现不及格）等几个标准，来规定灌溉用水次序（特别是干旱或是用水紧张时段）、对灌溉用水量给予优惠，对积极参与的用水户进行免费技术指导、免费培训等，让用水户看到参与农民用水合作组织的好处，增强用水户参与农民用水合作组织的信心。

6. 约束机制

约束机制主要是为便于组织有序运转而颁布实施的具有规范性要求的规章制度的总称。农民用水合作组织内部运行机制中除要建立激励机制外，还要对农民用水合作组织利益相关者的行为进行约束。激励与约束对等，有奖有罚才能够更好地规范农民用水合作组织的运行。对农民用水合作组织利益相关者的约束机制包括物质惩罚、纪律约束、道德约束和舆论约束等，具体约束机制实施对象同激励机制对象一样为用水合作组织管理者和用水户。对用水合作组织管理者的约束主要包括对主席、副主席权力行使的监督，防止其滥用权力。一旦发现用水合作组织的管理者有不合乎章程或是损害用水户利益的行为发生，应及时对其行为进行阻止，根据产生效果的损害程度进行物质惩罚或是降低其职位，影响恶劣者要及时排除到用水合作组织之外；而对于用水户的约束机制建立主要是对用水户灌溉用水的“搭便车”行为、损害灌溉设施行为、浪费灌溉用水行为等进行监督与约束，对于“搭便车”和损害灌溉设施行为的用水户除进行物质惩罚外，还要规定在一定时期内不能够享受用水合作组织提供的服务，要将约束和惩罚的损失程度升高到“搭便车”所得到的收益程度，这样，理性的用水户会发现一旦其“不合作”行为被发现，损失要远高于收益，真正起到约束作用。

2.6.3 外部协调机制构建

农民用水合作组织的运行机制中分为外部运行机制和内部运行机制。外部运行机制在系统运行中更多地体现在协调机制上，同内部运行机制相比，农民用水合作组织的外部机制稍显不那么重要。但外部协调机制如处理不好，直接会影响到内部运行机制的发展，甚至是整个系统的运行。为此，本小节将针对黑龙江省农民用水合作组织的外部协调机制进行分析。

1. 政策法律先行机制

农民用水合作组织的发展离不开法律政策的支持与保障，该支持是对农民用水合作组织法律地位的最好体现。目前，国内专门针对参与式灌溉管理及农民用水合作组织发展的相关法律文件尚不健全，在灌溉管理方面一直采用的法律法规是《中华人民共和国水法》《小型农田水利和水土保持补助费管理规定》《水利工程水费核定、计收和管理办法》《灌区管理暂行办法》等，但这些法律法规对于现行的参与式灌溉管理及农民用水合作组织的发展并不具备有效的法律保障作用。黑龙江省对农民用水合作组织发展的政策法规方面的支持力度还较低，曾出台《关于加快推进农民用水户协会建设管理工作的意见》（以下简称《意见》），《意见》的出台一定时期在促进农民用水合作组织数量增长上起到相应作用，但并不具备法律地位。国家立法对参与式灌溉管理或是农民用水户协会的支持是其取得成功的共性经验，主要法律体系分为三个方面：一是现行法律；二是用水户协会组织章程；三是用水户协会与灌溉机构之间的转让协议（赵翠萍，2012）[57]。国外通过完善相关法律体系来为农民用水合作组织的成立、组建和运行提供法律保障，如日本依靠《土地改良法》在土地改良区依法治水，依法用水；美国根据各个州的特点颁布适用于农民用水户协会有效运行的法律。为此，黑龙江省农民用水合作组织外部协调机制中法律先行机制必不可少，应该尽快出台同黑龙江省农民用水合作组织发展相结合的《黑龙江省农民用水合作组织管理条例》，将农民用水合作组织纳入到农村小型水利工程建设体系当中，从法律层面来明确农民用水合作组织的法律地位、权利与责任，依法进行水利工程的管理与维护活动。

2. 农民用水合作组织与政府的互动机制

农民用水合作组织与政府的互动机制是农民用水合作组织得以发展的最重要保障。政府不支持的灌溉组织是不会长期存在的（胡继连、葛颜祥、周玉玺，2005）[58]。农民用水合作组织作为市场经济条件下发展起来的灌溉管理组织，在其发展中更多地强调市场化的运行方式，但是农民用水合作组织由于经营商品的特殊性——农业灌溉用水，承担责任的特殊性——农村小型水利工程建设、运行与维护。为此无论是农业灌溉用水还是农村小型水利工程都决定了农民用水合作组织的发展不可能脱离政府的扶持，去完全按照市场价值规律进行发展。从国外发达国家的做法来看，其政府在参与式灌溉管理及其组织方式农民用水户协会的发展过程中均是以引导者的身份出现，给予农民用水户协会政策、资金、技术、人员培训等方面的支持。如在农田水利建设资金支持上，日本依据《土地改良法》规定农村的水利建设和管理要遵循"受益者负担"原则，但在具体农田水利建设和管理中，仍是政府投入为主，政府将渠道及水利设施进行维护检修，并对用水户进行培训，在用水户协会具备自主运行和管理所辖区域的水利设施后，再将水利工程转移到用水户协会手中。韩国在农村小型农田水利建设中成立了以国家财政为主体的金融贷款支持政策保证了参与式灌溉管理的顺利推进。美国与欧盟成员国对小型农田水利的建设属于高补贴的国家和区域，一些项目补贴额最高占总投资额的80%。由此，处于初级发展阶段的黑龙江省农民用水合作组织在发展中应加强与政府互动，争取到政府扶持与引导。

3. 农民用水合作组织与市场的联结机制

农民用水合作组织与市场的联结机制并不是对农民用水合作组织与政府互动机制的否定。农民用水合作组织作为灌溉管理体制改革的新生事物，在其发展的初级阶段离不开政府扶持，甚至由于经营产品的特殊性在未来发展中仍离不开政府支持。但这并不表明，农民用水合作组织的发展仍要坚持政府计划管理。农民用水合作组织作为开放系统中的一个组织，需要建立起与市场的联结机制。那么从意识上要看到农民用水合作组织与市场的关系——农民用水合作组织是一类新型的市场主体。市场主体是市场上进行交易活动的个人及组织。用水户作为农业灌溉用水的需求方（买方），供水单位或水管单位作为农业灌溉用水的供给方（卖方），传统灌溉管理存在着信息不对称或双方地位不对等的现象。为此出现农民用水合作组织作为买方和卖方进行公平交易的载体，成为市场经济中企业组织的一种替代形式，具备一定的社会功能。另外，农民用水合作组织是灌溉管理和用水户进入市场的途径。农民用水合作组织的成立将分散的用水户结合起来，是用水户和市场之间的桥梁与纽带。因此，农民用水合作组织的优化有序发展需要与市场机制联结，需要根据市场的变化来适时调整农民用水合作组织的发展定位和发展规划。

参考文献

[1] 2011年中央1号文件中共中央国务院关于加快水利改革发展的决定.

[2] 陈雷.水利部部长陈雷解析2011年中央1号文件[EB/OL]，新华网，http://news.xinhuanet.com/politics/2011-01/29/c1210391644.htm，2011-01-29/2012-06-10.

[3] [5] 中华人民共和国水利部网站.全国人大常委会专题询问农田水利建设工作情况问答实录，http://www.mwr.gov.cn/slzx/slyw/201204/ t20120427_319722.html，2012-4-27.

[4] 罗兴佐.论新中国农田水利政策的变迁[EB/OL]. 中国改革网，http://www.chinareform.org.cn/Economy/Agriculture/Practice/201109/t20110915_121692_3.htm.

[6] [8] 黑龙江省2011年粮食总产量跃居全国首位探访（之一）[EB/OL] http://www.hlj.gov.cn/zwdt/system/2012/02/27/010304427.shtml，2012-2-27.

[7] 陈雷.大力加强农田水利，保障国家粮食安全[N]. 人民日报，2012-03-22.

[9] Douglas L. Vermillion，Carlos Garces - Restrepo. Irrigation Management Transfer In Colombia：A Pilot Experiment and Its Consequences [J]. Short Report Series on Locally Managed Irrigation，1996 (6)：1-18.

[10] Vermillion D. L，C. Garces - Restrepo. Impacts' s Current Irrigation Management Transfer Program [R]. Research Report 25. Colombo，sri Lanka：International Water Management Institute，1998：22-28.

[11] Vermillion，D. L. Impacts of irrigation management transfer：A review of the Evidence [R]. Research Report 11. Colombo，Sri Lanka：International Irrigation Management Institute，1997：225-238.

[12] Mark Svendsen and Gladys Nott. Irrigation Management Transfer in Turkey：Process and Outcomes. EDI Participatory Irrigation Management Case Studies Series [R]. Consultant Report to the Economic Development Institute. The World Bank，1997.

[13] Wichelns，D. Economic issues regarding tertiary canal improvement programs [J]. Irrigation and Drainage Systems，1998 (12)：227-251.

[14] Margreet Z. Zwarteveen. Identifying Gender Aspects of New Irrigation Management Ploicies [J]. Agriculture and Human Values，1998 (5)：301-312.

[15] Moguel A. Marnio，Slobodan P. simonovic. Integrated Water Resourees Management [M]. IAHS，2001：456-473.

[16] Agrawal A. Common Property Institutions and Sustainable Governance of Resources [J]. World Development，2001，29 (10)：1649-1672.

[17] 韩东.当代中国的公共服务社会化研究——以参与式灌溉管理改革为例[M]. 北京：中国水利水电出版社，2011：40.

[18] Douglas L. Vermillion. Irrigation Management Transfer In the Columbia Basin，USA：

A Review of Context, Process and Results [R]. International E - mail Conference on Irrigation Management Transfer, June - October 2001.

[19] Yuko Tanaka, yohei Sato. An institutional case study of Japanese Water Users Association: towards successful Participatory Irrigation Management [J]. Paddy Water Environ, 2003 (1): 85 - 90.

[20] Wim H. Kloezen, Carlos Gares - Restrepo, and Sam H. Johnson Ⅲ. Impact Assessment of Irrigation Management Transfer in Alto Rio Lerma Irrigation District [R]. IIMI Report15. Colombo, Sri Lanka: International Irrigation Management Institute. 1997: 112 - 132

[21] Mark Svendsen and Gladys Nott. Irrigation Management Transfer in Turkey: Process and Outcomes [R]. EDI Participatory Irrigation Management Case Studies Series. Consultant Report to the Economic Development Institute. The World Bank, 1997.

[22] Kolavalli S., Jeffery D. B. Facilitating User Participation in Irrigation Management [J]. Irrig Drainage Syst, 1999 (13): 249 - 273.

[23] Murat Yecan. Management Turning - over and Participatory Management of Irrigation Schemes: A Case Study of the Gediz River Basin in Turkey [J]. Agricutural Water Management, 2003 (62): 205 - 214.

[24] Peter J. R. Participatory Irrigation Management [J]. International Network on Participatory Irrigation Management, Washington D. C. INWERPF/SY, 2004 (6): 542 - 548.

[25] Kiran Prasad Bhatta, Akira Ishida, Kenji Taniguchi, Raksha Sharma. Performance of agency - managed and farmer - managed irrigation systems: A Comparative case study at Chitwan, Nepal [J]. Irrigation and Drainage Systems, 2005 (20): 177 - 191.

[26] Murat Yildirim, Belgin Cakmak and Zeki Gokalp, Benchmarking and Assessment of Irrigation Management Transfer Effects On Irrigation Performance In Turkey [J]. Journal of Biological Sciences, 2007, 7 (6): 911 - 917.

[27] Sushenjit Bandyopadhyay, Priya Shyamsundar, Mei Xie. Yield Impact of Irrigation Management Transfer: A success Story from the Philippines [R]. World Bank Policy Research Working Paper, 2007: 4298.

[28] Insa Theesfeld. Constraints on Collective Action in a Transitional Economy: The Case of Bulgaria's Irrigation Sector [J]. World Development, 2004, 32 (2): 251 - 271.

[29] Guanghua Qiao, Lijuan Zhao, K. K. Klein. Water User Associations in Inner Mongolia: Factors that Influence Farmers to Join [J]. Agricultural Water Management, 2008 (11): 9 - 18.

[30] Qiuqiong Huang, Seott Rozelle, Jinxia Wang. Water Management Institutional Reform: A Representative Look at Northen China [J]. Agricultural Water Management, 2009 (96): 215 - 225.

[31] Abraham Mehari, Barbara Van Koppen, Matthew McCartney, Bruce Lankford. Un-

chartered Innovation? Local reforms of national formal Water management in the Mkoji sub-catchment, Tanzania [J]. Physics and Chemistry of the Earth, Parts A/B/C, 2009, 34 (4-5): 299-308.

[32] 贾仰文．让农民积极参与灌溉管理——参加联合国粮农组织亚太地区研讨会的情况和体会 [J]. 农田水利与小水电，1990 (9)：12-14.

[33] 王雷，赵秀生，何建坤．农民用水户协会的实践及问题分析 [J]. 农业技术经济，2005 (1)：36-39.

[34] 翟浩辉．大力推进农民用水户参与管理促进社会主义新农村水利建设 [J]. 中国水利，2006 (15)：1-5.

[35] 张陆彪，刘静，胡定寰．农民用水户协会的绩效与问题分析 [J]. 农业经济问题，2003 (2)：29-33.

[36] 应若平．参与式公共服务的制度分析——以农民参与灌溉管理为例 [J]. 求索，2006 (7)：75-77.

[37] 曾桂华．农民用水协会参与灌溉管理的研究——以山东省为例 [D]. 济南：山东大学，2010.

[38] 刘其武．漳河灌区用水户参与式灌溉管理的实践与探索 [J]. 节水灌溉，2001 (6)：32-33.

[39] 李代鑫．中国灌溉管理与用水户参与灌溉管理 [J]. 中国农村水利水电，2002 (5)：1-3.

[40] 伏新礼．关于建立农民用水户协会的实践 [J]. 中国农村水利水电，2003 (4)：21-22.

[41] 胡学家．发展农民用水户协会的思考 [J]. 中国农村水利水电，2006 (5)：8-10.

[42] 王建鹏，崔远来，张笑天．漳河灌区农民用水户协会绩效评价 [J]. 中国水利，2008 (7)：40-42.

[43] 孟德锋．农户参与灌溉管理改革的影响研究——以苏北地区为例 [D]. 南京：南京农业大学，2009.

[44] 刘静，Ruth Meinzen-Dick，钱克明．中国中部用水者协会对农户生产的影响 [J]. 经济学，2008 (2)：465-479.

[45] 姜东晖，胡继连，武华光．农业灌溉管理制度变革研究——对山东省 SIDD 试点的实证考察及理论分析 [J]. 农业经济问题，2007 (9)：44-50.

[46] 高雷，张陆彪．自发性农民用水户协会的现状及绩效分析 [J]. 农业经济问题，2008 (增刊)：127-132.

[47] 王金霞，黄季焜，Scott Rozell. 激励机制、农民参与和节水效应：黄河流域灌区水管理制度改革的实证研究 [J]. 中国软科学，2004 (11)：8-14.

[48] 杜鹏，徐中民．农民用水户协会参与式灌溉管理组织的熵模型分析——以黄河中游张掖市甘州区为例 [J]. 开发研究，2008 (3)：45-48.

[49] 王建鹏，崔远来，张笑天．基于灰色关联法的灌区用水户协会绩效综合评价 [J]. 武

汉大学学报（工学版），2008（5）：40-44.
[50] 李树明．甘肃省农民用水户协会运行绩效综合评价［D］．兰州：甘肃农业大学，2008.
[51] 马智晓，崔远来，王建鹏．基于投影寻踪分类模型的灌区农民用水户协会绩效评价［J］．节水灌溉，2009（8）：42-45.
[52]“内蒙古农民用水户协会建立、运行和管理问题研究”课题组．农民用水户协会形成及运行机理研究——基于内蒙古世行 WUA 项目的分析［M］．北京：经济科学出版社，2010：47.
[53] 李天霄，白雪峰，刘东．基于 AHP 的方正县农民用水户协会影响因素评价研究［J］．节水灌溉，2011（7）：1-6.
[54] 陈勇，王猛，徐得潜．农民用水户协会的灰色层次综合评价［J］．水利经济，2010（6）：12-14.
[55] 姜启源，谢金星，叶俊．数学模型［M］．第 3 版．北京：高等教育出版社，2010：248-253.
[56] 张启文，吕拴军，周洪鹏．社员与合作社系统稳定性分析——以黑龙江省阿城市料甸乡合作社为例［J］．农业技术经济，2011（12）：100-107.
[57] 赵翠萍．参与式灌溉管理的国际经验与借鉴［J］．世界农业，2012（2）：18-22.
[58] 胡继连，葛颜祥，周玉玺．水权市场与农用水资源配置研究——兼论水利设施产权及农田灌溉的组织制度［M］．北京：中国农业出版社，2005：232.

专题3

龙凤山灌区农民用水合作组织运行机制研究

3.1 引言

灌溉是维持生态环境的重要因素，灌溉是经济社会可持续发展的保证，特别是在粮食主产区，发展灌溉是增加粮食产量的关键措施。

为了解决灌溉管理体制存在的各种弊端，转移用水责任、提高灌溉水平，世界农业范围内进行了一次灌溉管理体制改革[1]。国外参与式灌溉管理取得了一定的成果，1990年初中国开始在发达国家取得相对好的成效的基础上进行对农民用水户协会改革，主要试点在湖南铁山灌区与湖北漳河灌区，随后在全国范围内快速推动[2]。

2005年国家有关部门颁布了《关于加强农民用水户协会建设的意见》（水农［2005］502号），促进农民用水户协会建设，改善农业生产条件及加快农业经济发展，在中央农村政策的引导下，正处在初级阶段的农民用水合作组织呈现出快速发展的势头。黑龙江省作为国家的粮食主要承载地，粮食产量直接关系到我国的粮食安全问题，2011年，黑龙江省成为全国粮食总产量和商品量双第一的省份，其中粮食总产量达到1 114.1亿斤，水利对于粮食的增产起了很大的作用。农民用水合作组织的出现在一定程度上带动了用水户参与灌溉管理，而我国农民用水合作组织的发展仍然处于初级阶段，运行机制不完善是其发展中面临的突出问题。本研究以龙凤山灌区农民用水合作组织为研究对象，研究农民用水合作组织在运行中存在的问题，提出完善其运行机制的对策[3-4]。

3.2 文献回顾

3.2.1 国外研究现状

发达国家是最初发展参与式灌溉管理的，随着社会经济发展，带动了发展中国家逐渐开展参与式灌溉管理[5]。

国外学者对参与式灌溉管理的研究主要有：Douglas L，Vermillion（2001）对美国参与式灌溉管理研究发现，在美国用水户参与灌区灌溉工程设施的管理是基本的[6]。灌区具有权利和责任相对等的关系。

裕子田中洋平佐藤（2003）对日本的参与式灌溉管理进行探究，认为日本农民用水合作组织的发展完全只靠农田改良[7]。卡洛斯·加雷斯·雷斯特雷波（1997）对墨西哥参与式灌溉管理进行探究，从1980年开始墨西哥的灌溉管理改革已经停滞，农业受到重大打击，发展前景不容乐观[8]。

Insa Theesfeld（2004）对保加利亚参与式灌溉管理进行探究，认为经济社会的变动所带来的相关带动是保加利亚的参与式灌溉管理的原因[9]。K. K. Klein（2008）对中国参与式灌溉管理进行研究，认为灌溉改革中虽然建立了农民用水户协会，但是相关的制度章程都不是很完善，尤其是其运行机制还不相匹配[10]。

3.2.2 国内研究动态

我国有些灌区较多的地区把农民用水户协会作为灌区末级渠系改革的主要形式[11]。随着我国灌溉管理事业的不断发展，学者们对农民用水户协会的研究主要集中在以下四个方面：

1. 农民用水户协会的发展特点研究

我国灌区以农民用水户协会作为主要形式，张兵、王翌秋等人（2004）对农民用水户协会的特点进行探究，得出结论：一是根据竞争、供求等机制来买卖水；二是调动农民的积极性；三是确定农民用水户协会的主体；四是农村经济发展要紧紧依靠用水户协会；五是良性、章程运作[12]。

2. 农民用水户协会的发展成效研究

张陆彪、刘静、胡定寰（2003）对湖北省农民用水户协会进行探究，认为：现阶段的农民用水户协会存在一定的问题[13]。孟德峰（2009）研究参与式灌溉管理，得出农民用水户协会在农田增收和粮食增产方面起到最基本的作用，真正能够造福人们[14]。

3. 农民用水户协会发展中存在的问题及对策研究

王雷、赵秀生、何建坤（2005）在调查的基础上指出，我国很多农村的农民用水户协会发展停滞不前，没有起到一点价值，只是收取用水户灌溉用水的钱。在发展对策上，研究学者从政府、社会、法律等方面和农民用水户协会的关系等方面提出了相关建议[15]。

3.2.3 国内外研究述评

从研究的内容看，国外的专家学者更多地针对不同国家进行了参与式灌溉研究，我国学者的研究更多地集中在农民用水户协会发展的特点、成效、问题与对策方面，研究成果具有理论价值和应用价值。

从研究方法上看，倾向于区域经验调研法，呈现出零散、不成体系的特点，在以往的研究中主要通过实证调查、案例分析、理论探讨等定性分析方法和少量的定量分析。

3.3 龙凤山灌区农民用水合作组织运行机制

黑龙江省龙凤山灌区处于五常市拉林河支流牤牛河中游，龙凤山水库以下牤牛河两岸滩地和台地。龙凤山灌区内现有大型龙凤山水库一座，小型（Ⅰ）水库三座，小型（Ⅱ）水库一座。

目前龙凤山灌区内共有 5 个灌溉站，11 个乡镇，96 个行政村，521 个自然屯。龙凤山灌区的小型农田水利设施相对完整，大型农田水利设施也和国家农田水利设施的标准相匹配，灌溉设施及其配套的标准都达到了国家级标准。2004 年位于五常市的龙凤山灌区开始进行农民用水户协会的推广试点工作，在农村地区根据当地实际情况组建农民用水户协会，从灌区管理单位统一指挥、调配转换成灌区管理单位和农民用水户协会以及用水户共同参与进行管理，共同承担责任，承担风险。至今为止，龙凤山灌区共建立一个总协会，27 个分协会，对龙凤山灌区参与式灌溉充分管理，并且构成用水户参与灌溉管理“总协会＋分协会＋用水户”的灌溉管理模式。

龙凤山灌区农民用水合作组织目前还处于起步阶段，怎样构建一套合理、有效的运行机制就成为了农民用水合作组织发展的问题。

3.3.1 产权机制

农民用水合作组织的构建有利于明晰水利资产的产权关系，形成持续的投入机制。农民用水合作组织成立以后水利工程服务区接收了政府赋予的原集体经济组织和水利主管部门对设施的经营管理权。设施的建、管、护决策由全体用水户民主作出，更有利于渠系工程的维护、维修和改造。

1. 农村小型水利工程设施产权

目前大多数的龙凤山灌区农村小型水利设施由集体所有。龙凤山灌区积极发展灌溉，着重对灌区工程体系的管理和维护任务进行加强，使 27 个分协会和用水户提高对水利工程的重视程度。现阶段，龙凤山灌区把非重点的工程已都交给用水户来管理，由国家和集体来对龙凤山灌区的斗渠以上工程进行管理，农村小型水利设施的所有权和管理权归农户所有，明确用水者协会的主体是农民，明确灌溉单位属于合同关系，而不再是以前的上下级关系。

根据调研，截止到 2014 年年底，龙凤山灌区农民用水合作组织的小型农村水利工程设施情况如表 3－1 所示。

表 3－1　龙凤山灌区农民用水合作组织小型农村水利工程设施

龙凤山灌区农民用水合作组织 小型农村水利工程设施	数量（条）	长度（千米）
总干渠	2	98.3
干渠	5	142
分干渠	9	107
支渠	176	358.9
排水干沟	28	200.55
排水支沟	12	49.4
规划支渠以上建筑物 373 座		

数据来源：根据调研数据整理。

2. 农业灌溉的用水权

（1）水费来源构成。龙凤山灌区农民用水合作组织的灌溉属于公益性工程，主要为农业生产服务，为增加用水户收入服务。龙凤山灌区农民用水户协会的水费来源主要由两部分形成：一部分是上交给农民用水户协会的上级单位，即灌溉管理单位，另一部分是剩余的用于农民用水户协会的平时开支。如图3－1所示。经调研，7 家龙凤山灌区的农民用水户协会的水费 70％都上交了龙凤山灌区灌溉管理局，用于供水单位的基本开销，其余 5 家农民用水户协会的水费 30％用于用水户协会本身的管理开支，主要是对农民用水户协会水文边界范围内的用水户的斗渠之上和之下进行管理、维修、养护和运行。龙凤山灌区 70％的水费上交给灌溉管理站。

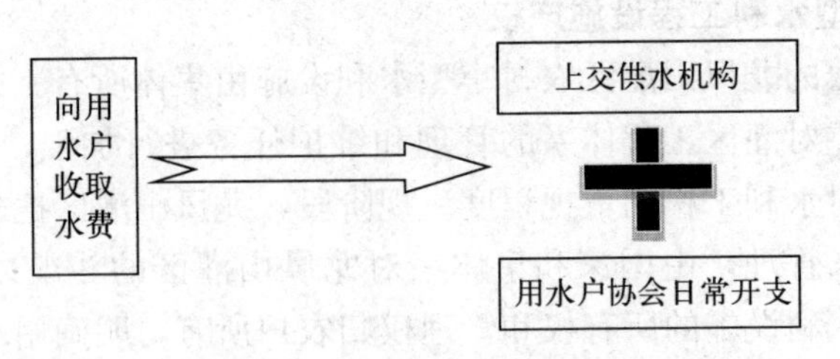

图 3-1　龙凤山灌区水费构成

（2）农业供水日常运行管理。龙凤山灌区主要供水机构就是灌溉管理局（站），灌溉管理局（站）的农业灌溉用水管理工作包括以下几个方面：编制供水计划、与农民用水户协会签订供水合同、负责供水管理、工程检查维修、水费收取和技术服务。如图 3-2 所示，龙凤山灌区灌溉管理单位发挥了其灌溉管理的职能，对于龙凤山灌区的排灌、用水、水费的收取起到了积极的作用，提高了农民用水户协会的管理水平，保障了龙凤山灌区的正常工作，灌溉管理单位的工作人员、农民用水户协会成员以及用水户都参与到灌溉管理中来。

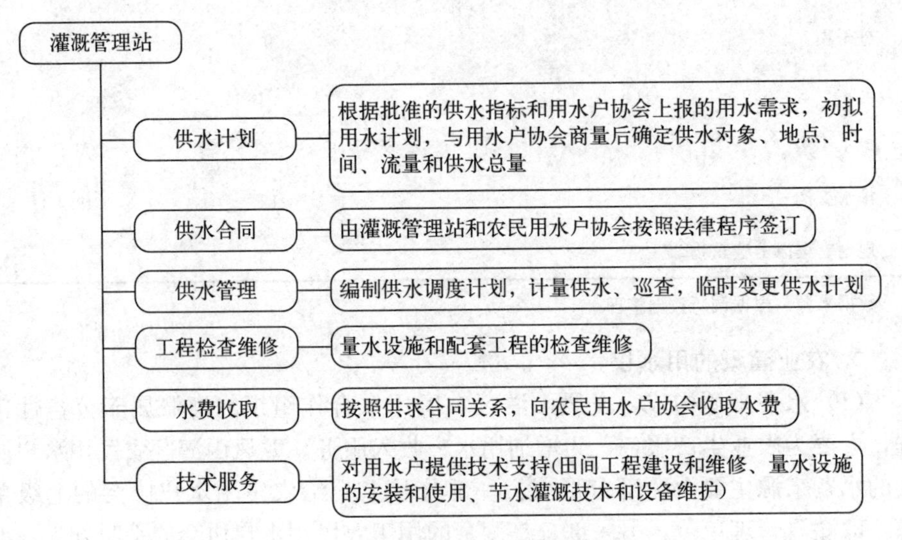

图 3-2　灌溉管理站运行示意图

3.3.2　民主管理机制

从 2003 年 3 月开始，龙凤山灌区逐渐成立了 27 个农民用水户协会，有会员552人，会员分布在10个乡镇的521个自然屯，经过试点、推广、整顿规范后，龙凤山灌区确定了按渠系边界组建、由群众推荐用水户代表民主选举产生农民用水户协会，具备法人资格的身份，“灌区＋用水户协会＋用水户”的这种管理模式也慢慢成形。

1. 组织管理

龙凤山灌区农民用水户协会是农民用水合作组织中最根本的形式。

（1）农民用水户协会的组建程序。龙凤山灌区农民用水户协会以自愿公开、以人为本为宗旨，协会主要以支渠和大型斗渠为主进行划分协会和成立协会筹备组，根据龙凤山灌区的实际情况，选取场地作为农民用水户协会的办公场所、召开会员代表大会讨论决定章程制度的建立以及协会各个机构的组成人员以及人员人数的限制，农民用水户协会的成立必须在民政局登记注册，取得独立法人资格。

（2）农民用水户协会的组织机构与责任。总体上来说，农民用水户协会的组织机构是由用水户代表大会、用水组大会、执行委员会构成。用水户代表大会起着全程领导的作用，用水组的决策机构是用水组大会，执行委员会是具体的办事机构，负责具体工作的执行。按照治理需要，农民用水户协会还需要设立监事会，龙凤山灌区农民用水户协会的组织机构框架图如图3-3所示。

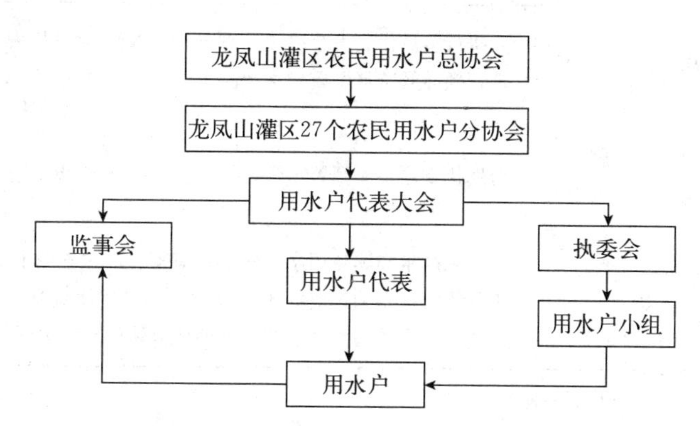

图3-3 龙凤山灌区农民用水户协会组织机构图

用水户小组：用水户小组是用水户协会与用水户之间联系的纽带。正常情况下每个用水户小组的用水户代表负责用水户成员的供水、管水以及用水工作，具体工作内容包括：遵从会员代表大会的领导，执行用水户代表大会作出的决定，调查农户田地实际用水的情况以及用水的效率，对用水户小组成员收取水费，以及其他日常协会管理工作。

会员代表大会：会员代表大会是由用水户通过公开选举出的用水户代表组成的，会员代表分布在各个用水户小组，人数较少。会员代表大会秉承为人民服务的宗旨为用水户服务。会员代表大会的主要职责是：召开会员代表大会确立协会的制度及章程；决定协会各个机构的成立及其人数和产生办法；选举和免职协会各个机构的成员、副主席、主席；共同讨论决定协会的各种灌溉管理的方案，包含用水计划及其合同、工程养护、管理方案等；决定处理其他重大事项。

执行委员会：执行委员会成员由农民用水户协会召开会员代表大会，以投票选举的方式选出，按照差额选举的原则选举主席1名，副主席2名，组长若干名。执委会的职权是：服从会员代表大会的领导，向其报告工作；负责会员代表大会的前期召开准备；协会工作人员的选举；制定用水计划及其合同、工程养护、管理方案等，执委会主席是协会的主要负责人，在其领导下开展灌溉管理工作。副主席和其他管理人员起辅助作用，负责行使各项管理职能。以龙凤山灌区小石庙子协会为例，其执委会具体分工如表3-2所示。

表3-2 龙凤山灌区小石庙子协会执委会分工情况

姓名	性别	职务	工作职责
刘迎志	男	主席	执行会员代表大会决议；领导协会贯彻会员代表大会的各项决定；领导及监督所属用水组的工作；向会员代表大会报告工作
杨春江 孙振洲	男 男	副主席 副主席	协助执委会主席开展工作，执委会主席不在期间代行其职责
用水户组长10名			选举产生和罢免用水户代表；审查、通过本用水组的用水计划、工程维修计划和集资办水利计划；制定用水计划、工程维修计划和资金筹措计划，并检测水的消费群体的年度预算、决算

数据来源：根据调研数据整理。

监督机构：监事会是农民用水合作组织的监督机构，专门负责整理农民用水户协会的财务档案以及相关财务方面的信息。监事会是农民用水户协会中起监管、督促作用的机构，对协会执委会人员的工作、协会收取水费的情况等进行有效监督，保证水费收取透明。监督机构主要由三部分组成：协会会员代表、村委会、灌区专管机构部门。监事会成员由用水户通过公开方式选举出来的，人数为3～5人。执行委员会成员（包括主席、副主席和成员）和财务人员不得兼任监事。

2. 章程制度建设

（1）农民用水户协会运行目标。农民用水户协会的总体方向大致包含五个方面：第一，最大程度地满足用水农户灌溉用水需要；第二，最大范围内对灌溉水资产进行配置；第三，加强灌区管理，保证农民用水户协会能够正常运行发展；第四，增强用水农户参与农民用水户协会的积极性及民主参与程度；第五，农民用水户协会的建立能够达到预期效果。

（2）农民用水户协会章程。根据我国《社会团体登记条例》的规定，任何社会团体都应制订“社会团体章程”。用水户协会章程是协会监事会对执行委员会工作监管的法律证据。协会章程中比较重要的内容如下：协会姓名、协会登记部门、协会办公地点、成立协会的基本条件；协会的管理内容；设备管理、使用方法，协会机构产生办法以及其相对应的权利和责任。

3.3.3　激励机制

1. 农民用水合作组织管理者参与激励机制

（1）薪酬激励。首先，薪酬奖励方面按照农民用水合作组织管理者的绩效对管理者的业务实绩进行评估，根据评估情况对其进行工资提升或是年终奖励，让农民用水合作组织管理者对自己所付出的工作得到应有的回报；其次，龙凤山灌区农民用水合作组织按照组织者的工作情况对其进行奖励，根据所收水费提取10％～20％用作组织者的薪酬收入。在实际调研中，龙凤山灌区农民用水户协会还定期召开用水户代表大会，对协会执委进行考核评定，目前已有两位执委被选举更换。龙凤山灌区与用水户彼此之间签订供水合同，如工程维修费、办公费、邮电费、活动经费及分会成员工资和误工补助（包括参加代表大会、量测水、核实面积的误工补助）等，如提取各种经费后仍有结余的，则纳入工程维修费用。2004年小石庙子协会主席得到补贴2 000元，各组长每人得到补贴300元。

（2）政策激励。在龙凤山灌区农民用水合作组织农村调研过程中，发现管理者对国家相关政策的了解程度较高，黑龙江省也出台了相关政策，每年黑龙江省灌溉管理局都根据各个农民用水户协会的组织结构健全程度、用水户积极参与程度等指标进行评比，管理者从中看到了国家政策的走势，在实际中也得到了相关项目的资金扶持，因此更加激发了管理者对于农民用水户协会的工作热情。

（3）精神激励。龙凤山灌区农民用水合作组织对管理者进行精神奖励，对于农民用水合作组织的管理者主要是从工作岗位的晋升作为出发点，进而调动管理者的工作热情。从实际调查中发现，领导者的综合素质以及他们的业务水平，会影响一个农民用水户协会的发展水平。

2. 用水户参与激励机制

农民用水户协会中，用水户是主要用水者，要提升用水户参与用水的积极性，会对农民用水户协会的发展起到积极的作用。龙凤山灌区农民用水户协会自 2003 年组建以来，在协会管辖范围内扩灌面积达 2.9 万亩，农田灌溉得到了保障，提高了用水户种田种粮的积极性。如表 3－3。

表 3－3　龙凤山灌区农民参与农民用水户协会情况

龙凤山灌区农民用水户协会名称	涉及行政村数（个）	社员人数（户）	社员比例
小石庙子用水户协会	3	1 467	44%
胜远用水户协会	4	1 271	23%
胜丰用水户协会	2	1 473	44%
双山用水户协会	2	1 009	22%
双利用水户协会	1	734	17%
背荫河用水户协会	4	2 766	91%
营城子用水户协会	6	2 425	90%
彩桥用水户协会	6	2 105	86%
穆家屯用水户协会	3	1 108	32%
徐家屯用水户协会	5	1 621	21%

数据来源：根据调研数据整理。

3.3.4　决策机制

决策机制是农民用水合作组织内部运行的重要机制，对农民用水合作组织发展起重要作用。农民用水合作组织的决策机制由决策程序、决策内容、决策者、决策方式方法组成。农民用水合作组织的决策机制相对来说比较普通，都是决策者按照正常法定的决策程序进行民主决策，达到结果上的一致，避免个人或者决策者的风险失误，从而可以顺利进行决策。

1. 决策程序及内容

龙凤山灌区农民用水户协会的决策机构主要由会员代表大会、执行委员会和监事会组成；农民用水户协会实行主席负责制。根据实际调研，目前来看，龙凤山灌区农民用水户协会决策机构比较健全。

龙凤山灌区农民用水户协会原则上要遵循以下决策程序：

（1）由会员代表大会、执委会、监事会、1/10 以上用水户联名或 1/5 以上用水户小组联名提出议案；

（2）由会员代表大会从总体上进行掌控，同时组织召开会员代表大会会议；

（3）由会员代表大会组织代表大会会议或用水户代表会议共同讨论协商；

（4）由委员会民主决策事项；

（5）对于用水户提交会员代表大会或用水户代表会议实施办理的事项，会前必须以公告的形式征求意见；

（6）会员的投票结果及时公布，自觉接受用户监督。

龙凤山灌区农民用水户协会的决策内容包括：建立健全的管理制度及实施细则；讨论协会的人数及其选举办法；讨论确定协会成员的工资、待遇标准，确定协会的各项管理制度，决定处理其他重大事项。

2. 决策者及决策方法

在龙凤山灌区农民用水户协会调研中，管理者为民主选举产生（所占比例为 70%），而且大部分协会都是按照用水户协会《章程》规定的选举办法进行的。在实际调研的 12 个农民用水户协会中，管理者中 10.7%为普通农民，10.7%曾任村干部，其他为现任村干部。如图 3-4。

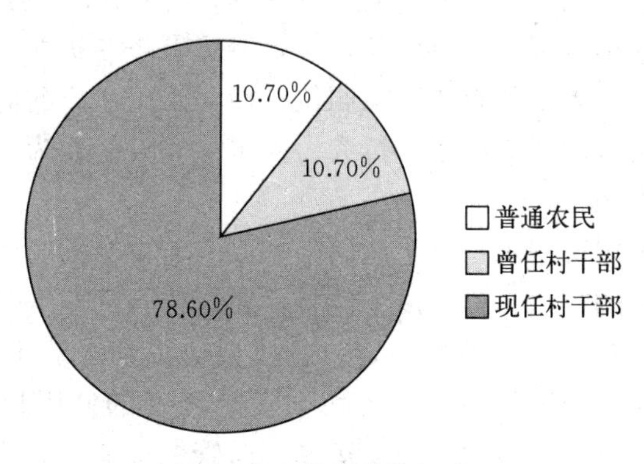

图 3-4 管理者的组成

在协会组建之初，农民用水户协会主要由村干部任职，一方面协会的各项任务都可以顺利进行，另一方面协会与外界机构以及村委会的联系也会更加方便。但也存在管理者在决策上受到行政干预的问题，村干部担任农民用水户协会管理者各有利弊。

在决策的过程中，管理者采用民主决策的方式，实行一人一票制，龙凤山灌区有些地方用水户反映，要改变表决时采用举手"同意"或"不同意"的表决方式，对于在会员代表大会中提出的重大事项的决策，如果出现主要领导否定多数人意见做出的决定，必须在记录中特别注明以及说明原因；有的用水户还提出宜采用无记名投票表决方式。

3.3.5 监督机制

监管机制是农民用水合作组织运行机制的重要组成部分，并根据农民用水合作组织的规定和条例，依据农民用水合作组织章程和准则实施监督。农民用水合作组织要完善建立用水户代表大会、理事会、监事会组成的一套完整的管理制度，由用水户代表大会、理事会、监管会三个既彼此联系又相对独立的机构在农民用水合作组织内部形成相互支持、相互制约、相互监督的有机整体，充分发挥"三会"的内部监管职能。

1. 内部监管

在政府推动下，龙凤山灌区农民用水户分协会是用水户自愿组建的非营利性组织，并已在市民政局注册。对农民用水合作组织利益相关者的内部监管机制主要针对的是用水合作组织管理者和用水户。对用水合作组织管理者的监管主要包括对核心领导成员的权力行使的监督，避免其滥用职权。如果发现用水合作组织的管理者滥用其职权或者超出职权范围内做出不符合规章制度的行为，应该立即对管理者进行防范以及阻拦，避免事态的扩大，根据其行为的后果进行相应处理，后果严重者要开除职位；而对于用水户的监管机制建立主要是对用水户灌溉用水的"搭便车"行为、损害灌溉设施行为、浪费灌溉用水行为等进行监督（表 3-4）。

在龙凤山灌区农民用水户协会调研中，设有监事会的农民用水户协会都具备规范、发展较好的特点，实行民主监督，履行监督的职责。但是在调研中也发现各协会没有财务人员。按照规定，各协会应得到水费 10%的经费，但财务设在总会，由龙凤山灌区代管，各协会没有经费的使用权。按照《章程》，龙凤山各分协会应设独立账户、独立运作、监管保护。

表 3-4 龙凤山灌区农民用水户协会内部监管情况

龙凤山灌区农民用水户协会名称	是否在民政部门注册	是否设立监事会	是否有健全的规章制度	是否有财务部门	是否公开水务
小石庙子用水户协会	是	否	是	否	是
胜远用水户协会	是	否	是	否	是
胜丰用水户协会	是	是	是	否	是
双山用水户协会	是	是	是	否	是
双利用水户协会	是	否	否	否	是
背荫河用水户协会	是	是	是	否	是
营城子用水户协会	是	是	是	否	是
彩桥用水户协会	是	是	是	否	是
穆家屯用水户协会	是	是	是	否	是
徐家屯用水户协会	是	是	是	否	是

数据来源：根据调研数据整理。

2. 外部监管

农民用水户协会的建立、发展和有效运行离不开政府的支持和保护，健全农民用水户协会的相关法律法规，是农民用水户协会运行发展坚定的制度基础。农民用水者协会应积极利用法律来确保自身的正常运转，切实把自己的工作做得更好，使农村用水合作组织健康有序发展。

3.3.6 利益分配机制

龙凤山灌区农民用水合作组织的利益机制实质是合作组织为成员谋求利益最大化宗旨的一种体现，龙凤山灌区农民用水合作组织的利益分配机制主要是为成员提供服务和收取水费后所提取的公积金，农民用水户协会主要支出有：一是用于协会日常管理的开支，二是工程设施的管护开支。通过调研龙凤山灌区农民用水合作组织，在所调查的龙凤山灌区农民用水户协会中，灌区与用水户间签订供用水合同，灌区提取当年应收水费总额的10%～20%后，所分配比例都是一致的，从水费中所提取的各项费用所占比例如表3-5，其中营城子农民用水户协会把水费的60%用于成员工资费用，30%用于工程维护费用，10%用于其他开支。

表 3-5　龙凤山灌区农民用水户协会水费所占比例

龙凤山灌区农民用水户协会名称	工资费用所占比例（%）	工程维护费用所占比例（%）	其他（%）
双山用水户协会	75	20	5
双利用水户协会	90	10	0
背荫河用水户协会	80	10	10
营城子用水户协会	60	30	10
胜远用水户协会	60	40	0

数据来源：根据调研数据整理。

通过调查发现，有些农民用水户协会在利益分配计划中的利润返还比例不仅不规范，还没有标准，甚至一些农民用水户协会根本就没有进行利益分配，并没有按照章程中的10%～20%分配利润提取公积金等，在利益分配的过程中，并没有体现如何分配成员的利润，大部分体现的是用水户协会管理人员的工资、工程维护费用等管理费用的支出。

3.4　龙凤山灌区农民用水合作组织运行机制存在的问题

3.4.1　渠系工程产权不明晰

1. 农村小型水利工程设施产权不清晰

产权不清、责任不明是龙凤山灌区现行管理体制的最大弊病。龙凤山灌区农民用水合作组织的工作中群众管理被行政干预所制约，使得农民用水户协会的资产属于哪一方，不明确不清楚。同时，政府部门和灌区管理单位的职责和权力交叉，权责不清，没有明确的界限。例如，灌区斗渠以上的大型水利工程设施的维修、管护工作，本应该由政府部门进行承担，但是在实际中都转交给灌区管理单位负责，而灌区管理单位根本没有经济能力，难以承担起相应责任，从而导致农田水利工程设施老化，无人维修。

2. 水价形成及水费征收制度不合理

目前，农业水价仍然没有体现出灌溉水资源的稀缺性。首先，由于供水单位长期亏损，导致对工程更新改造功能不强，末级渠道无人管理，灌溉作用不能得到有效发挥，从而使得资源不能有效配置。其次，从水费征收制度来看，用水户总是抱着过去传统的想法，认为灌溉用水就是公用的，习惯了喝“大锅水”，还没有形成缴纳水费的概念，支付水费的意识比较薄弱，甚至一些农民产生了严重的投机心理和“搭便车”现象，加之农民用水户协会收缴水费也十分困难，致使龙凤山灌区农民用水户协会难以正常运行和发展。

3.4.2 内部治理机构不健全

1. 组织管理

五常市龙凤山灌区农民用水户协会从开始组建到目前为止，都处于起步阶段，还存在很多问题和缺陷。例如：在农村地区的用水户会认为农民用水户协会只是响应国家政策而建立起来的组织，并不是真正为农民考虑，而且建立起来的农民用水户协会也不积极与用水户联系，不深入群众内部去，协会只是独立存在于农村地区，用水户的想法以及实际所遇到的困难也不能得到有效解决，农民用水户协会运作尚欠规范，组织机构尚未健全，主要表现在以下几个方面：

（1）全灌区只注册成一个协会，27 个协会是其分协会。由于民政部门对社团组织的登记管理非常严格，为了便于管理，控制社团组织的数量，而且每个协会成立还需有一定的注册资金。因此只批准龙凤山灌区注册了一个协会，其他 27 个协会为分协会，总协会会长由龙凤山灌区管理局副局长担任，其他分协会受其领导。所以每个分协会都不是一级法人。

（2）27 个分协会主席基本是村干部。各分协会主席基本不由用水户代表大会产生，而是由村干部兼任。分协会是村委会的工作之一，基本靠村委会在发挥作用，联系相对松散。

（3）各分协会没有财务人员。按照规定，各分协会应得到水费 10%的经费使用权，但财务设在总会，由龙凤山灌区代管，各分协会没有经费的使用权，应该独立开设账户，独立运作。

（4）从硬件方面看，农民用水户协会的办公地点多没有独立的办公场所，目前各分协会和村委会一个办公地点，挂两块牌子，组织机构欠缺完善。协会成员以及机构组成人员都是临时组织在一个地方开会，这种管理的随意性导致其日常运行的难度加大。

2. 章程制度建设缺失

章程的建设包括协会章程、项目管理系统、水管理系统、财务管理系统等。龙凤山灌区在实际运行中，章程制度建设欠缺，实际操控性比较低，导致协会不能正常运行。实际调研的 7 家龙凤山灌区农民用水户协会，其管理制度建设都很欠缺，如表 3－6 所示。

表 3-6 章程制度建设情况

农民用水户协会	独立财权	水费剩余管理	管理人员	管理章程
小石庙子用水户协会	无	用水单位	村干部不兼任	有
胜丰用水户协会	无	用水单位	村干部兼任	有
胜远用水户协会	无	无剩余资金	村干部兼任	有
营城子用水户协会	无	无剩余资金	村干部兼任	无
背荫河用水户协会	无	无剩余资金	村干部兼任	有
双山用水户协会	无	用水单位	村干部兼任	有
双利用水户协会	无	无剩余资金	村干部兼任	无

数据来源：根据调研数据整理。

3.4.3 激励机制不完善

1. 对管理者激励不足

在农村实际调研中了解到，龙凤山灌区灌溉管理中农民用水合作组织不是农田用水的真正主人公，从而导致管理者不从农民利益出发，对管理者激励的缺乏也往往会导致农民用水户协会的不正常运行。

龙凤山灌区农民用水户协会管理者往往是由主席、副主席和执委会成员组成，这些管理者，没有专业知识和经验，更没有管理的动力和进取心。因为他们仅仅拿的是政府给的工资，没有额外的补助制度激励和政府补贴，也没有额外的动力和理由来牺牲自己的利益而为集体着想。

龙凤山灌区农民用水合作组织特别缺乏精神激励，管理者的热情难以持续，没有优秀的管理者仅靠用水户是无法维持农民用水户协会的正常运转，管理者在受教育程度、业务水平、道德素质以及专业技能方面都没有达到最基本的水平，更没有正规、统一的培训进行学习。在实际调查中部分农民用水户协会长期处于空壳状态，无人管理、无人参与。

2. 农民参与不足

用水户分散性的特点导致其在灌溉水管理中的不力，用水户只是在灌溉管理中充当用水的消费者，而灌区的发展以及内部事务管理只是灌区单方面的事情，用水户并不关心。在实际调研中发现，龙凤山灌区农民用水户协会对用水户的有效激励不足，用水户对农民用水户协会的认知程度不高，对农民用水户协会的工作不够配合，只是单方面地解决自己农田所遇到的困难，对于农民用水户协会表示不关心。

调研中发现，对于农民用水户协会有9.94%的被调查用水户认为了解，有25.60%的用水户认为相对了解，有42.05%的用水户认为有点了解，22.41%的用水户认为不了解；还有少量用水户对于用水户协会不想了解，比较排斥，经过介绍、解释才慢慢愿意接受去了解。根据实际调研总结，用水户对用水户协会并不完全接受，需要进行大量的宣传。用水户是否愿意参加农民用水户协会的情况如表3-7。

表3-7　农户参与用水者协会的情况

农民用水户协会	非常了解 (9.94%)	比较了解 (25.60%)	有点了解 (42.05%)	不了解 (22.41%)
愿意且加入	92%	90.32%	60.78%	37.04%
愿意但没加入	8%	9.68%	23.23%	14.81%
不愿意但加入	0	0	1.96%	18%
不愿意也没加入	0	0	13.73%	29.63%

数据来源：根据调研数据整理。

从表3-7中可以看出，农户对用水户协会参与的积极性主要影响因素是农户对用水户协会的认知程度，认知程度越高，用水户参与的积极性也高；相反，用水户不了解协会及运行情况的性质，就不愿意参与用水户协会。在实际调研过的地区，大部分农民用水户协会还是没有发展起来，只是挂名而已。

3.4.4 决策机制难以贯彻

1. 决策权不合理

农民用水户协会以用水户利益最大化为目标。由于农民用水户协会成员文化程度低、专业知识缺乏，农民用水户协会即使在民政局进行了注册登记，并没有设置执委会、监事会，对一些重大事项和活动没有提前通过成员大会讨论，不能保障农民在会员代表大会重大决策表决中做到公平、理性，也会影响农民用水户协会正常运行和发展。

总体上，目前龙凤山灌区农民用水户协会的会员代表大会的决策权尚没有得到充分体现。如确定干渠及支渠的人员分段管理，水费的收取标准等内容并不是由成员代表大会做出。在实际运作中，大部分的农民用水户协会的主席、副主席，监事会或执行委员会成员的产生，都是由发起人提名，很少由普通农民担任，农民即使有一票的表决权也没有价值，当场进行表决时，采取“一人一票＋附加表决权”的方式仍最多。

2. 领导决策代替民主决策

实际调研中，农民用水户协会的最高和最终决策权掌控在少数几个领导人手中，会员代表大会或执委会的作用没有得到充分发挥，仅仅起告知监督的作用。在农民用水户协会的机构组成中，这些“领导者”在资金投入、社会地位及社会关系上具有一定的优势，在决策中起主要作用。由于受条件、资源等方面条件的局限，普通成员在会员代表大会的发言权和表决权受到约束，农民用水户协会决策的制定等大都由主席或副主席一个人做主。

3.4.5 缺乏有效的监督机制

1. 内部监督不健全

监管机制是参与式灌溉管理的主要机制。对农民用水户户协会来说，监事会是用水户对协会的监督机构，对内部事务和人员进行监督，以保证农民用水户协会的正常运行，监督协会的各项任务。龙凤山灌区农民用水户协会的监管机制不健全，根据《章程》规定，协会执行委员会及其机构内部成员和财务人员不得兼任监事，但是在实际调研中发现，基本上一半农民用水户协会都是监事会和其他部门合并，部门人员同时兼任监事会成员和其他部门职责，内部管理欠缺规范，缺乏科学的民主管理和监管机制。

2. 外部监督不完善

从龙凤山灌区的实际情况分析得出，若协会是由农民自发产生的，相比之下运转情况就好得多。因为灌区管理单位能力和权力有限，导致部分协会成立时没有良好的基础，甚至个别协会只是注重形式，有的农民用水户协会在实际操作中很难开展。但它涉及的范围广，需要农民对农民用水者户协会的认可。协会成立初期的宣传工作，运行时期协会各个机构的成立及其选举产生机构人员的工作等各方面都需要政府、社会的支持和引导。

迄今为止，龙凤山灌区也没有根据当地的实际情况，制定出符合国家法律政策的、符合从农民本身利益出发的政策或者法规。当农民用水户协会在收取水费出现利益纠纷时，仍无法有效解决。

3.4.6 利益分配不合理

灌区的收入来源最重要的是水费收取。龙凤山灌区农民用水户协会利益分配机制不健全，制约了用水户利益及农民用水协会的可持续发展。

通过调研发现，龙凤山灌区农民用水户协会的收入在支付成员工资报酬、工程维护费用和其他费用后，主要用于公积金、盈余返还和股份分红，如表3-8。

表3-8 12个农民用水户协会最近一年的盈余分配状况

单位：万元，%

农民用水户协会盈余分配	所占比例（＜20%）	所占比例（＜50%）	所占比例（70%）
盈余返还	30	50	10
股份分红	20	30	10
公积金	40	20	10

数据来源：根据调研数据整理。

由表3-8可知，农民用水合作组织在利益分配中主要存在以下突出问题：

1. 盈余分配很不规范

在12个农民用水户协会中，仅仅有7个用水户协会进行了盈余返还，占33.33%，进行股份分红的占19.5%的比例，提取公积金的占36.90%的比例。

2. 盈余返还比例普遍偏低

农民用水合作组织水费的盈余是按惠顾额返还给社员，而在进行了盈余返还的7个组织中，盈余返还比例低于20%的占30%，返还比例小于50%的占50%，仅有10%的用水户协会的盈余返还比例大于70%。

3. 股份分红比例过高

在实际调研的几个进行股份分红的用水户协会中，盈余返还比例较高的用水户协会中有30%按股份分红，导致分配方式过于简单。龙凤山灌区农民用水合作组织大部分缺乏合理的利益分配机制。

3.5 完善龙凤山灌区农民用水合作组织运行机制的措施

3.5.1 构建“产权明晰、责任明确”的产权机制

1. 明确农村小型水利工程设施产权

龙凤山灌区农民用水合作组织小型农田水利工程的特点是数量多，据不完全统计大概有2万多处，具有各类工程，包括引水、蓄水和提水灌溉，还有各种形式的灌排设施和机具等。这样庞大的一个水利系统，仅仅通过政府管理、维修，负担相当重，也不能科学高效管理。因此应明确水利工程设施产权，科

学合理地进行管理、维护，通过农民用水户协会的形式，将斗渠以下的田间管理、农村小型水利工程设施交由用水户管理，将斗渠以上的工程设施交托给灌溉管理单位进行管护，达到斗渠以上和斗渠以下都能明确管理权，工程量都能得到解决，其管理和维护以及费用问题也能合理解决。

2. 进一步明晰水权

水权也叫水资源产权，水资源产权的重点是所有权，而水资源的优化配置是重中之重，因此在明晰农村小型水利工程设施产权的同时，还应有相应的水权。

首先，龙凤山灌区日常运行中也存在着水事纠纷，由于灌区管理单位以及农民用水户协会的职责和权利不对等，再加上用水户自身素质不高，当出现用水紧张情况时，用水户会先从自己利益出发，解决自己农田的用水灌溉问题，从而引发用水矛盾。通过进一步明晰水权，制定相关的水权规则制度，对水资产进行明确公开管理，共同进行监督，不仅对农民用水户协会的发展有利，也使得用水户更加有效利用水资源，珍惜水资源，水事纠纷也必将日趋减少，并避免水资源的低效使用。

其次，农民用水户协会还需要积极配合灌区水费收缴工作。2014 年是龙凤山灌区水价改革第 11 年，水费收取存在诸多困难。由于水费的收取关系协会的经费，需要广大农民积极配合用水户协会，根据“民管、民办、民受益”的原则，让用水户不再缺水能够正常用水，都积极上交水费，而协会工作人员也积极配合灌区的收费员按户进行收缴，对新政策进行宣传和解答，努力完成水费收缴工作。

3.5.2 实行“一事一议”的民主管理机制

农民用水户协会是农民自己的组织。在实际调研中发现，龙凤山灌区分协会在运行中依然出现运作不规范、管理能力低下、服务质量不好的问题。为解决这些问题，农民用水户协会应该从以下几个方面做好工作：

首先，完善用水组织管理制度，规范其运作程序。在协会组建初期，龙凤山灌区各分协会需要根据自己的实际情况，制定适合本地区严格的规章制度，使农民用水户协会运行管理更加完善。

其次，要坚持“一事一议”原则。自身能力的建设是相当重要的，提高协会服务管理水平，使协会遵守公平、民主的宗旨运行，以用水户利益作为协会一切工作的出发点，一切为了用水户着想。用水户组织每年至少召开两次成员代表大会，也就是年初计划和年终总结，平时还需要对于重大问题进行专题会议研究，坚持“一事一议”原则，共同商量、讨论决定。

3.5.3 健全“双向结合”的激励机制

1. 加强对农民用水合作组织激励

加强对农民用水合作组织的激励，每一个单位或者组织都需要上级单位或者组织的监督管理、扶持指导，否则，处于一种无人管理的状态对组织的发展是很不利的，后期会出现一系列的问题。笔者认为，政府有必要授权水利管理部门对用水户协会各方面进行管理、监督与考核，并且需要制定适合本组织的奖励制度。如灌区可采取对先进的农民用水户协会以不同等级的财物进行奖励扶持，这样对农民用水户协会积极性和创造性的激发有很重要的作用。

2. 加强对用水户激励

从龙凤山灌区实地调查的结果看出，灌溉用水是对用水户激励的根本方法。对用水户激励主要从设定标准、评价指标以及奖惩的程度等几方面进行激励。其中设定尺度包括优秀、良好、及格、不及格等几个准则，评价指标包括用水户参与用水的情况、水利工程设施的完善情况等，奖惩程度包括对于优秀的用水户给予特殊待遇，增加灌溉用水的次数，优先进行灌溉用水，可以免费对优秀的用水户进行专业知识培训和技术指导，使得用水户参与农民用水合作组织能够得到利益。

3.5.4 贯彻“民主公开”的决策机制

1. 合理配置决策权

农民用水合作组织是非盈利的民主自治组织，农民用水户协会的主要决策权在农民自己手中。决策权有两个实现方式：一是直接决策，用水户直接在会议上进行表决；二是间接决策，将决策权委托于执委会。目前，龙凤山灌区农民用水户协会大部分事务都是由主席（副主席）主持日常经营的，用水户并不具有那么多的表决权，也即不够民主。

按照农民用水户协会目前的章程，必须坚持“会员代表大会制”，最高权力机构是会员代表大会，要明确执委会在会员代表大会授权下履行职责，要将会员代表大会和执委会主席的权力进行合理分配，来明确其授权关系；形成会员代表大会决定重大事务，执委会决定协会日常工作，主席（副主席）决定正常的运作机制。

2. 规范决策程序

“一事一议”是农民用水户协会表决机制的原则，实行“民主公开”决策程序，严格按照章程和规则制度进行决策，约束协会领导层人员的掌控行为，防止领导层人员对协会进行私自控制、谋求私利。

在规范农民用水户协会的决策程序，主要是引入核心成员回避表决制度。为防止核心人员控制普通用户，也为了防止普通用水户利益发生侵害，必须建立核心成员回避表决制度。即当某个决策涉及核心成员的利益时，该核心成员不能出席表决会议，必须要回避，不能对该决策进行表决，同时也不能代理其他成员表决，而且出席执委会会议的人数必须超过半数，与该项决策无关的人员，也必须按投票的规定进行决策。

3.5.5 完善“内外双重”的监督机制

建立有效的监督机制，对于农民用水户协会的发展是至关重要的。从龙凤山灌区现在的情况看，建立组织监督机制主要包括以下几个方面：第一，地方基层自治组织的监督，村“两委”组织的监督；第二，内部监管即协会中监事会、用水户代表的监督；第三，乡镇水务部门的监督；第四，灌溉管理部门的监督。

首先，内部监管主要包括对其内部的职责、财务管理等进行监督。第一，监事会作为内部监管的部门机构，主要负责会员代表大会决策事项的监督以及对协会机构人员的监督。第二，监事会对农民用水户协会的日常管理进行监督，对于会员代表的建议、意见及时向会员代表大会通报，体现用水户的意志，让用水户参与到会员代表大会的决策中来，提高协会的工作水平及服务质量。

其次，外部监管也是一种非常重要的手段，充分发挥外部监督主体如村“两委”组织的作用。龙凤山灌区农民用水合作组织要加快管理体制改革，协会单独办公，村“两委”组织不干预协会的具体事务，但是对于协会中所收取的水费如何分配以及怎么分配进行必要的监督。

外部监管和内部监管是相互独立又互相关联的，外部监管主体可以通过内部监管主体的监督来促使其职能的发挥，使内部监管更有效率，更加完善。龙凤山灌区农民用水合作组织实行“内外双重”的监管，对农民用水户协会不管是在民主管理上还是在财务运转上都会起到监管作用，内部监督主要保证农民用水户协会成员民主权利的实现和内部财务的运行情况，外部监管对农民用水户协会的水费收支情况进行严格的审查。实行内外部相结合的全面而严格的监管，保证农民用水合作组织的可持续发展。

3.5.6 构建“有效激励成员”的利益分配机制

龙凤山灌区农民用水户协会在利益分配上不够规范，需要建立一套完善的利益分配机制，保证用水户的利益不受侵害。龙凤山灌区要完善利益联结和分配机制，重点在于构建“剩余利润按股分红”的利益分配机制，主要有以下几个方面：

首先，应该提取用水户协会积累。农民用水户协会的积累应在税后利润分配中优先提取。用水户协会的积累主要由公积金、公益金、发展基金构成。正常的提取比率是：税后利润提4%～10%作为公积金和公益金，税后利润提10%～20%作为发展基金。公积金主要用于农民用水户协会的发展和扩大再生产，公益金主要用于用水户协会的集体福利事业。

其次，在提取积累后，要将剩下的利润减去开支和负担后进行分配。合理的分配计划是由执委会建议的。农民用水户协会的开支和负担包括：各项税费、工程维护费用、设备折旧、用水户协会管理人员的工资等。

参　考　文　献

[1] 郝亚光，姬生翔．回顾与展望：近十年我国农民用水户协会研究述评［J］．华中农业大学学报，2013（5）．

[2] 李远华．我国农民用水户协会发展状况及努力方向［J］．中国水利，2009（21）：15－16.

[3] 水利部，国家发展和改革委员会，民政部．关于加强农民用水户协会建设的意见［J］．中国水利，2005（23）：106－108.

[4] 胡益强．用水户参与灌溉管理探索与研究［M］．北京：中国水利水电出版社，2001.

[5] 韩东．当代中国的公共服务社会化研究——以参与式灌溉管理改革为例［M］．北京：中国水利水电出版社，2011：40.

[6] Douglas L. Vermillion. Irrigation Management Transfer In the Columbia Basin，USA：A Review of Context，Process and Results［R］. International E－mail Conference on Irrigation Management Transfer June－October，2001.

[7] Yuko Tanaka，yohei Sato. An institutional case study of Japanese Water Users Association：towards successful Participatory Irrigation Management［J］. Paddy Water Environ，2003，1（2）：85－90.

[8] Insa Theesfeld. Constraints on Collective Action in a Transitional Economy：The Case of Bulgaria's Irrigation Sector［J］. World Development，2004，32（2）：251－271.

[9] Guanghua Qiao，Lijuan Zhao，K. K. Klein. Water User Associations in Inner Mongolia：Factors that Influence Farmers to Join [J]. Agricultural Water Management，2008 (11)：9-18.

[10] Qiuqiong Huang，Seott Rozelle，Jinxia Wang. Water Management Institutional Reform：A Representative Look at Northen China [J]. Agricultural Water Management，2009 (96)：215-225.

[11] 杨海燕，贾艳彬．农民用水户协会功能与绩效分析 [J]. 吉林水利，2009 (12)：72-74.

[12] 张兵，王翌秋．农民用水者参与灌区用水管理与节水灌溉研究——对江苏省皂河灌区自主管理排灌区模式运行的实证分析 [J]. 农业经济问题，2004 (3)：48-52.

[13] 张陆彪，刘静，胡定寰．农民用水户协会的绩效与问题分析 [J]. 农业经济问题，2003 (2)：29-33.

[14] 孟德锋．农户参与灌溉管理改革的影响研究——以苏北地区为例 [D]. 南京：南京农业大学，2009.

[15] 王雷，赵秀生，何建坤．农民用水户协会的实践及问题分析 [J]. 农业技术经济. 2005 (1)：36-39.

图书在版编目（CIP）数据

农民用水合作组织：成员行为、组织绩效与激励机制/颜华著．—北京：中国农业出版社，2019.6
ISBN 978-7-109-25322-3

Ⅰ．①农…　Ⅱ．①颜…　Ⅲ．①农村给水-农业合作组织-研究-中国　Ⅳ．①S277.7

中国版本图书馆 CIP 数据核字（2019）第 044909 号

中国农业出版社出版
（北京市朝阳区麦子店街 18 号楼）
（邮政编码 100125）
责任编辑　赵　刚

北京中兴印刷有限公司印刷　新华书店北京发行所发行
2019 年 6 月第 1 版　2019 年 6 月北京第 1 次印刷

开本：720mm×960mm　1/16　印张：14.5
字数：260 千字
定价：45.00 元
（凡本版图书出现印刷、装订错误，请向出版社发行部调换）